모든 교재 정보와 다양한 이벤트가 가득!
EBS 교재사이트 book.ebs.co.kr

본 교재는 EBS 교재사이트에서
eBook으로도 구입하실 수 있습니다.

50일
수학 하

KB214476

기획 및 개발	집필 및 검토	검토	편집 검토
이소민	김민정(관악고)	박성복	임영선
최다인	노창균(서울과학고)	임상현	정미란
이은영(개발총괄위원)	윤기원(용문고)	정 란	조정임
	홍창섭(경희고)		

본 교재의 강의는 TV와 모바일 APP, EBS*i* 사이트(www.ebsi.co.kr)에서 무료로 제공됩니다.

발행일 2016. 12. 15. **28쇄 인쇄일** 2024. 3. 13.
신고번호 제2017-000193호 **펴낸곳** 한국교육방송공사 경기도 고양시 일산동구 한류월드로 281
표지디자인 ㈜무닉 **인쇄** ㈜타라티피에스 **편집디자인** ㈜동국문화 **편집** ㈜동국문화
인쇄 과정 중 잘못된 교재는 구입하신 곳에서 교환하여 드립니다. 신규 사업 및 교재 광고 문의 pub@ebs.co.kr

정답과 풀이는 EBS*i* 사이트(www.ebsi.co.kr)에서 다운로드 받으실 수 있습니다.

EBS*i* 사이트에서 본 교재의 문항별 해설 강의 검색 서비스를 제공하고 있습니다.

교재 내용 문의 교재 및 강의 내용 문의는 EBS*i* 사이트(www.ebsi.co.kr)의 학습 Q&A 서비스를 활용하시기 바랍니다.
교재 정오표 공지 발행 이후 발견된 정오 사항을 EBS*i* 사이트 정오표 코너에서 알려 드립니다. 교재 → 교재 자료실 → 교재 정오표
교재 정정 신청 공지된 정오 내용 외에 발견된 정오 사항이 있다면 EBS*i* 사이트를 통해 알려 주세요. 교재 → 교재 정정 신청

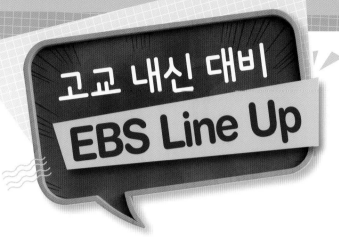

고교 내신 대비
EBS Line Up

고등학교 0학년 필수 교재
고등예비과정

국어, 영어, 수학, 한국사, 사회, 과학 6책

모든 교과서를 한 권으로,
교육과정 필수 내용을 빠르고 쉽게!

국어 · 영어 · 수학 내신 + 수능 기본서
올림포스

국어, 영어, 수학 16책

내신과 수능의 기초를 다지는 기본서
학교 수업과 보충 수업용 선택 No.1

국어 · 영어 · 수학 개념+기출 기본서
올림포스
전국연합학력평가
기출문제집

국어, 영어, 수학 8책

개념과 기출을 동시에 잡는 신개념 기본서
최신 학력평가 기출문제 완벽 분석

한국사 · 사회 · 과학 개념 학습 기본서
개념완성

한국사, 사회, 과학 19책

한 권으로 완성하는 한국사, 탐구영역의 개념
부가 자료와 수행평가 학습자료 제공

수준에 따라 선택하는 영어 특화 기본서
영어 POWER 시리즈

Grammar POWER 3책
Reading POWER 4책
Listening POWER 2책
Voca POWER 2책

원리로 익히는 국어 특화 기본서
국어 독해의 원리

현대시, 현대 소설, 고전 시가, 고전 산문,
독서 5책

국어 문법의 원리

수능 국어 문법, 수능 국어 문법 180제 2책

유형별 문항 연습부터 고난도 문항까지
올림포스 유형편

수학(상), 수학(하), 수학 Ⅰ, 수학 Ⅱ,
확률과 통계, 미적분 6책

올림포스 고난도

수학(상), 수학(하), 수학 Ⅰ, 수학 Ⅱ,
확률과 통계, 미적분 6책

최다 문항 수록 수학 특화 기본서
수학의 왕도

수학(상), 수학(하), 수학 Ⅰ, 수학 Ⅱ,
확률과 통계, 미적분 6책

개념의 시각화 + 세분화된 문항 수록
기초에서 고난도 문항까지 계단식 학습

단기간에 끝내는 내신
단기 특강

국어, 영어, 수학 8책

얇지만 확실하게, 빠르지만 강하게!
내신을 완성시키는 문항 연습

50일
수학 하

CONTENTS

EBS 50일 수학 하

CONTENTS

CONTENTS

THEME 07 도형의 방정식

STRUTURE

50일 수학이란

"50일만에 초·중·고 수학의 맥을 잡다."

예 방정식의 맥

초등	중학	고교
혼합 계산 — □가 사용된 덧셈식과 뺄셈식	식의 계산 / 일차방정식 / 연립일차방정식 / 이차방정식	여러 가지 방정식

초등, 중학교 때 방정식을 못했어도 이제 잘 할 수 있다.
고등학교에서 배우는 수학은 초등, 중학교의 내용을 기초로 하고 있습니다. 그래서 초등, 중학교의 수학 개념에 대한 이해가 부족하면 고등학교 수학을 제대로 공부할 수 없습니다. 그러나 50일 수학은 중학교 때 일차방정식과 이차방정식을 이해하지 못했어도 고등학교 여러 가지 방정식을 배울 수 있게 해줍니다.

취약점을 파악하여 선택적으로 학습한다.
수학을 공부하면서 어려웠던 단원을 생각해 보고, 그 단원에 맞는 주제를 선택하여 그 주제부터 공부해 봅시다. 예를 들어 다항식 단원을 공부하면서 어려웠다면 중학교 때의 곱셈 공식, 인수분해 공식 뿐만 아니라 초등학교 때의 분수의 사칙연산까지도 개념 이해가 부족한 것일 수 있습니다. 이때 50일 수학의 'THEME 01 다항식'을 선택하여 학습한다면 다항식에 대한 모든 것을 알 수 있습니다.

방학 특강, 방과 후 수업 등 특강용 교재로 활용한다.
방정식 특강, 함수 특강, 도형 특강 등 영역별로 특강을 통해 바탕부터 확실히 기본기를 다질 수 있습니다. 방학이나 방과 후 수업 등 보충 특강용 교재로 활용하면 부족한 수학 개념을 단기간에 보충할 수 있습니다.

중학교 때 못했어도 50일만에 수학의 맥을 잡다.
50일 수학은 주제별로 초등부터 고 1까지의 수학 개념을 하나의 맥으로 연결시켜주는 개념 유형 문제집입니다. 고등학교 교과서에 수록된 기본적인 수학 문제에 요구되는 초등, 중학교 수학 개념을 되짚어 보고 유형 유제를 통해 원리를 연습하여 주제별로 개념을 마스터 할 수 있습니다. 중학교 때 수학을 못했어도 50일만에 수학의 맥을 잡아봅시다. 그동안 수학의 기초가 부족해서 어떻게 공부해야 할 지 몰라서 답답했다면 이제부터 50일 수학과 함께 수학을 다시 시작해 봅시다.

문항별 해설 강의 검색 안내

EBS에서 제공하고 있는 해설 강의를 문항 코드로 빠르게 확인할 수 있는 검색 서비스입니다.
문항 코드 서비스와 본 교재의 프로그램은 EBS*i* PC 모바일 사이트 및 APP에서 더 자세한 내용을 확인할 수 있습니다.

1 교재에서
문항별 고유 코드를 교재에서 확인하세요.

> 001　　　　　□7881-0001
> a에 알맞은 값은?
>
> 7881-0001

▶

2 PC/스마트폰에서
문항 코드를 검색창에 입력하세요.

EBS*i* ◯●　　7881-0001　🔍 ⚡QUICK 빠른강의찾기

▶

3 해설 강의를 수강합니다.

함수

유형 05-1 정비례

x와 y가 정비례 관계 → x, y의 관계식은 $y=ax(a≠0)$의 꼴이다.

x가 2배, 3배, 4배, … ⇨ y가 2배, 3배, 4배, …

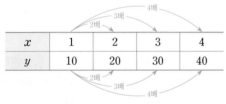

x	1	2	3	4
y	10	20	30	40

| 예 | 종이 한 장의 가격이 10원일 때, 종이 x장을 샀을 때 지불해야 하는 금액 y원 ⇨ $y=10x$

[001~002] 한 개의 무게가 40 g인 과자가 있다. 과자의 개수에 따른 무게의 관계가 다음 표와 같다.

과자의 개수 x(개)	1	2	3	4
과자의 무게 y(g)	40	80	a	160

다음 물음에 답하여라.

001
⊃7881-0001

a에 알맞은 값은?

① 90 ② 100 ③ 120
④ 140 ⑤ 150

002
⊃7881-0002

위의 x와 y의 대응 관계를 식으로 나타내면 $y=kx$이다. 상수 k의 값은?

① 20 ② 40 ③ 60
④ 80 ⑤ 100

003
⊃7881-0003

다음 식 중 x와 y가 정비례 관계인 것을 모두 고르면?

(정답 2개)

① $y=10x$ ② $y=2x+1$ ③ $xy=3$
④ $y=15x$ ⑤ $y=20x+20$

004
⊃7881-0004

다음 보기 중 정비례 관계인 것을 있는 대로 고른 것은?

| 보기 |
ㄱ. 한 자루에 500원 하는 연필의 수 x자루와 구입한 연필의 값 y원
ㄴ. 하루 중 낮의 길이 x시간과 밤의 길이 y시간
ㄷ. 휘발유 1 L당 9 km를 갈 수 있는 자동차에 넣은 휘발유의 양 x L와 자동차가 달릴 수 있는 거리 y km

① ㄱ ② ㄴ ③ ㄷ
④ ㄱ, ㄷ ⑤ ㄴ, ㄷ

005
⊃7881-0005

한 개의 무게가 2 kg인 철근이 있다. 철근이 x개일 때의 총 무게를 y kg이라 할 때 x와 y의 대응 관계를 식으로 나타내어라.

유형 **05-2** 반비례

x와 y가 반비례 관계 ⟶ x, y의 관계식은 $xy=a(a\neq0)$의 꼴이다.

x가 2배, 3배, 4배, … ⟹ y가 $\frac{1}{2}$배, $\frac{1}{3}$배, $\frac{1}{4}$배, …

x	1	2	3	4
y	12	6	4	3

| 예 | 넓이가 6인 삼각형에서 밑변의 길이 x와 높이 y

⟹ $xy=12$ ⟶ $\frac{1}{2}xy=6$에서 $xy=12$

[006~007] 넓이가 24인 직사각형을 그리려고 한다. 가로의 길이에 따른 세로의 길이의 관계가 다음 표와 같이 주어져 있다.

가로의 길이 x	1	2	3	4
세로의 길이 y	24	12	a	6

다음 물음에 답하여라.

006
⟹7881-0006

a에 알맞은 값은?

① 7 ② 8 ③ 9
④ 10 ⑤ 11

007
⟹7881-0007

위의 x와 y의 대응 관계를 식으로 나타낸 것은?

① $xy=24$ ② $xy=12$ ③ $xy=8$
④ $y=12x$ ⑤ $y=24x$

008
⟹7881-0008

다음 식 중 x와 y가 반비례 관계인 것을 모두 고르면? (정답 2개)

① $y=20x$ ② $xy=20$ ③ $xy=3$
④ $y=2x-2$ ⑤ $x+y=10$

009
⟹7881-0009

다음 **보기** 중 반비례 관계인 것을 있는 대로 고른 것은?

| 보기 |

ㄱ. 지우개 12개를 나누어 가질 때, 철수가 가진 지우개의 개수 x와 영희가 가진 지우개의 개수 y
ㄴ. 곱이 30인 두 수 x, y
ㄷ. 주스 10 L를 x명이 똑같이 나누어 마실 때, 한 사람이 마시는 주스의 양 y L

① ㄱ ② ㄴ ③ ㄷ
④ ㄱ, ㄷ ⑤ ㄴ, ㄷ

010
⟹7881-0010

수철이네 반 학생들은 50000원의 성금을 모아 복지 재단에 기부하려고 한다. x명이 서로 같은 금액을 낼 때 한 사람이 내야 하는 금액을 y원이라 하자. x와 y의 대응 관계를 식으로 나타내어라.

유형 05-3 함수의 뜻

함수 : x의 값이 정해지면 y의 값이 오직 하나로 정해지는 관계 ⇒ y가 x의 함수일 때, 기호로 $y=f(x)$로 나타낸다.

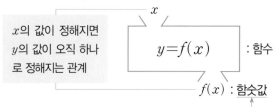

x의 값이 정해지면 y의 값이 오직 하나로 정해지는 관계

$y=f(x)$: 함수

$f(x)$: 함숫값

| 예 | 한 변의 길이가 x인 정삼각형의 둘레의 길이 y x의 값을 대입하여 얻은 y의 값

x	1	2	3	$\cdots$
y	3	6	9	$\cdots$

⇒ $y=3x$

y가 x의 함수이므로 $f(x)=3x$로 나타내기도 한다.
이때 $f(1)=3, f(2)=6, f(3)=9, \cdots$이다.

011
⊃7881-0011

다음 보기 중 y가 x의 함수인 것을 모두 골라라.

┤ 보기 ├
ㄱ. $y=3x$ ㄴ. y는 x의 배수
ㄷ. 둘레의 길이가 y인 정사각형의 한 변의 길이 x
ㄹ. 자연수 x와 서로소인 자연수 y

012
⊃7881-0012

넓이가 100 m^2인 직사각형의 가로의 길이를 x m, 세로의 길이를 y m라 할 때, y는 x의 함수이다. 이 함수를 $y=f(x)$라 할 때, $f(x)$를 구하여라.

013
⊃7881-0013

함수 $f(x)=2x$에 대하여 $f(4)$의 값은?

① 2   ② 4   ③ 6
④ 8   ⑤ 10

유형 05-4 순서쌍과 좌표

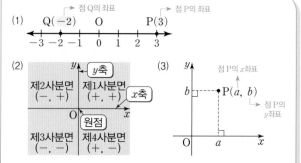

(1) 점 Q의 좌표 → Q(-2)   점 P의 좌표 → P(3)

(2)

제2사분면 $(-, +)$	제1사분면 $(+, +)$
제3사분면 $(-, -)$	제4사분면 $(+, -)$

y축, x축, 원점

(3) 점 P의 x좌표, P(a, b), 점 P의 y좌표

| 예 | x좌표가 2, y좌표가 -3인 점 P의 좌표는

$$P(2, -3)$$ 이고 점 P는 제4사분면 위에 있다.
$(+, -)$

014
⊃7881-0014

다음 수직선 위의 두 점 A, B의 좌표를 각각 구하여라.

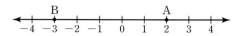

015
⊃7881-0015

오른쪽 좌표평면 위의 점 A, B의 좌표를 각각 구하고 점 C$(2, 1)$을 좌표평면에 표시하여라.

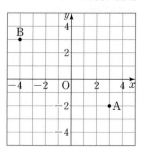

016
⊃7881-0016

다음 중 제4사분면에 있는 점은?

① $(1, 2)$ ② $(2, 3)$ ③ $(-1, -2)$
④ $(1, -1)$ ⑤ $(0, 0)$

유형 05-5   일차함수와 그 그래프

(1) 일차함수는

$y=ax+b$ (a, b는 상수, $a \neq 0$) 꼴이다.

$\underline{x에 대한 일차식}$

(2) 일차함수 $y=ax+b$의 그래프

는 일차함수 $y=ax$의 그래프

를 y축의 방향으로 b만큼 평행이동한 직선이다.

| 예 | $y=3x$의 그래프를 y축의 방향으로 2만큼 평행이동한

직선의 식은 $y=3x+2$이다.

017
⊃7881-0017

다음 중 일차함수가 <u>아닌</u> 것은?

① $y=4x$ 　　② $y=-x+3$

③ $y=\dfrac{x}{2}$ 　　④ $y=x^2-x+1-x^2$

⑤ $y=\dfrac{x-1}{x}$

018
⊃7881-0018

다음 중 y가 x에 대한 일차함수가 <u>아닌</u> 것을 모두 고르면?

(정답 2개)

① 한 변의 길이가 x cm인 정사각형의 둘레의 길이 y cm

② 하루 중 낮의 길이 x시간과 밤의 길이 y시간

③ 반지름의 길이가 x cm인 원의 넓이 y cm^2

④ 시속 x km로 2시간 동안 간 거리 y km

⑤ x각형의 대각선의 총 개수 y

019
⊃7881-0019

다음 일차함수의 그래프를 y축의 방향으로 [　] 안의 수만큼 평행이동한 그래프가 나타내는 일차함수의 식을 구하여라.

(1) $y=2x$ [3] 　　(2) $y=3x-5$ [-4]

(3) $y=-3x+2$ [-1] 　(4) $y=4x+1$ [2]

유형 05-6   기울기와 절편

일차함수 $y=ax+b$ ($a \neq 0$)에 대하여

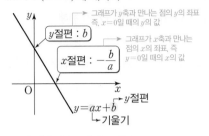

y절편 : b → 그래프가 y축과 만나는 점의 y의 좌표 즉, $x=0$일 때의 y의 값

x절편 : $-\dfrac{b}{a}$ → 그래프가 x축과 만나는 점의 x의 좌표, 즉 $y=0$일 때의 x의 값

$y=ax+b$ → y절편 → 기울기

| 예 | $y=3x+1$의 기울기와 x절편, y절편

$y=\underset{\text{기울기}}{3}x+\underset{y절편}{1}$

$y=0$을 대입하면 $x=-\dfrac{1}{3}$이므로 x절편은 $-\dfrac{1}{3}$이다.

→ $0=3x+1$, $3x=-1$, $x=-\dfrac{1}{3}$

020
⊃7881-0020

다음 함수의 x절편을 구하여라.

(1) $y=2x+2$ 　　(2) $y=-x+4$

021
⊃7881-0021

기울기가 2이고 y절편이 -1인 직선을 그래프로 하는 일차함수의 식을 구하여라.

022
⊃7881-0022

일차함수 $y=2x+4$의 기울기를 a, x절편을 b, y절편을 c라 할 때, $a+b+c$의 값은?

① 1 　　② 2 　　③ 3

④ 4 　　⑤ 5

유형 05-7 일차함수의 식 (1)

기울기가 a이고 한 점 (x_1, y_1)을 지나는 직선을 그래프로 하는 일차함수의 식을 구하기 위해

① 일차함수를 $y = ax + b$로 놓는다.

② ①의 식에 $x = x_1$, $y = y_1$을 대입하여 b의 값을 구한다.

| 예 | 기울기가 -3이고 점 $(1, 2)$를 지나는 직선을 그래프로 하는 일차함수의 식을 $y = -3x + b$로 놓자.
$\quad$→ 기울기를 x의 계수로 놓는다.

$x = 1$, $y = 2$를 대입하면

$2 = -3 + b$, $b = 5$

따라서 구하는 일차함수의 식은 $y = -3x + 5$
$\qquad\qquad\qquad\qquad$→ 기울기

023
○7881-0023

기울기가 3이고 점 $(1, 6)$을 지나는 직선을 그래프로 하는 일차함수의 식은?

① $y = 2x + 4$ ② $y = x + 6$ ③ $y = 3x + 3$

④ $y = 3x + 6$ ⑤ $y = 6x + 3$

024
○7881-0024

기울기가 -2이고 점 $(2, 4)$를 지나는 직선의 y절편은?

① 2 ② 4 ③ 6

④ 8 ⑤ 10

025
○7881-0025

기울기가 2이고 x절편이 6인 직선을 그래프로 하는 일차함수의 식을 구하여라.

유형 05-8 일차함수의 식 (2)

서로 다른 두 점 (x_1, y_1), (x_2, y_2)를 지나는 직선을 그래프로 하는 일차함수의 식을 구하기 위해

① 기울기를 $\dfrac{y_2 - y_1}{x_2 - x_1}$로 구한다.
$\qquad\qquad$→ $\dfrac{(y\text{의 값의 증가량})}{(x\text{의 값의 증가량})} = (\text{기울기})$
$\qquad\qquad\qquad$→ (x_2, y_2)를 지나는 직선을 구해도 된다.

② 앞에서 구한 기울기를 가지며 점 (x_1, y_1)을 지나는 직선을 그래프로 하는 일차함수의 식을 구한다.

| 예 | 두 점 $(1, -1)$, $(3, 2)$를 지나는 직선을 그래프로 하는 일차함수의 식은

$(\text{기울기}) = \dfrac{2 - (-1)}{3 - 1} = \dfrac{3}{2}$이므로 $y = \dfrac{3}{2}x + b$로 놓자.
$\qquad\qquad\qquad\qquad\qquad$→ 기울기

$x = 1$, $y = -1$을 대입하면 $-1 = \dfrac{3}{2} + b$, $b = -\dfrac{5}{2}$

따라서 구하는 일차함수의 식은 $y = \dfrac{3}{2}x - \dfrac{5}{2}$

026
○7881-0026

두 점 $A(0, 1)$, $B(1, 0)$을 지나는 직선을 그래프로 하는 일차함수의 식을 구하여라.

027
○7881-0027

x절편이 -3이고 점 $(1, 2)$를 지나는 직선을 그래프로 하는 일차함수의 식이 $y = ax + b$일 때, ab의 값은?

(단, a, b는 상수이다.)

① $\dfrac{1}{4}$ ② $\dfrac{1}{2}$ ③ $\dfrac{3}{4}$

④ $\dfrac{5}{4}$ ⑤ $\dfrac{3}{2}$

028
○7881-0028

일차함수의 그래프가 세 점 $A(2, 3)$, $B(4, 5)$, $C(a, 7)$을 지난다고 할 때, a의 값은?

① 3 ② 5 ③ 6

④ 8 ⑤ 9

유형 05-9   일차함수의 그래프의 성질 (1)

일차함수 $y=ax+b$의 그래프에 대하여

(1) $a>0$일 때, x의 값이 증가하면 y의 값도 증가한다. (↗) ← 그래프가 오른쪽 위로 향한다.

(2) $a<0$일 때, x의 값이 증가하면 y의 값은 감소한다. (↘) 그래프가 오른쪽 아래로 향한다.

(3) $b>0$일 때, y축의 양의 부분과 만난다.

(4) $b<0$일 때, y축의 음의 부분과 만난다.

| 예 | $y=x+2$는 x의 값이 증가하면 y의 값도 증가하며 y축의 양의 부분과 만난다. └→ y절편

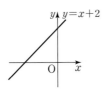

유형 05-10   일차함수의 그래프의 성질 (2)

두 일차함수 $y=ax+b$, $y=cx+d$에 대하여 두 그래프의 위치 관계는 다음과 같다.

(1) $a=c$, $b=d$이면 두 그래프는 서로 일치 ← 기울기와 y절편이 모두 같을 때

(2) $a=c$, $b\neq d$이면 두 그래프는 서로 평행 ← 기울기는 같고 y절편은 다를 때

(3) $a\neq c$이면 두 그래프는 한 점에서 만남 ← 기울기가 다를 때

| 예 | $y=-3x+1$ 같다 다르다 서로 평행 $y=-3x+2$ $y=2x-3$ 다르다 한 점에서 만난다 $y=4x+2$

029

⊃7881-0029

다음 중 일차함수 $y=3x-1$의 그래프에 대한 설명으로 옳지 <u>않은</u> 것은?

① x의 값이 증가하면 y의 값도 증가한다.

② x절편은 양수이다.

③ y절편은 음수이다.

④ 제1, 3, 4사분면을 지난다.

⑤ y축의 양의 부분과 만난다.

030

⊃7881-0030

$a>0$, $b<0$일 때, $y=ax+b$의 그래프가 될 수 있는 것은?

①   ②   ③

④ 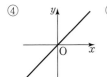 ⑤

031

⊃7881-0031

다음 중 일차함수 $y=2x+1$의 그래프와 서로 평행한 그래프를 가지는 일차함수를 모두 고르면? (정답 2개)

① $y=3x+1$ ② $y=2x-1$ ③ $y=2x+1$

④ $y=-2x-1$ ⑤ $y=2x$

032

⊃7881-0032

일차함수 $y=-2x+3$의 그래프와 평행하고 점 $(2, -4)$를 지나는 직선을 그래프로 하는 일차함수의 식은?

① $y=x-6$ ② $y=-2x$ ③ $y=-2x+2$

④ $y=-2x+4$ ⑤ $y=2x-8$

033

⊃7881-0033

일차함수 $y=ax+1$의 그래프는 일차함수 $y=-3x+2$의 그래프와 평행하고, 점 $(1, b)$를 지날 때, ab의 값은?

(단, a는 상수이다.)

① 3   ② 6   ③ 8

④ 10   ⑤ 12

유형 05-11 일차함수와 일차방정식 (1)

미지수가 2개인 일차방정식 $ax+by+c=0$ (a, b, c는 상수, $a\neq0, b\neq0$)의 그래프는 일차함수 $y=-\dfrac{a}{b}x-\dfrac{c}{b}$의의 그래프와 같다.

$$ax+by+c=0 \iff y=-\dfrac{a}{b}x-\dfrac{c}{b}$$

y를 x에 대한 식으로 정리 → 기울기, y절편

| 예 | $2y-3x+6=0$의 그래프는

y를 x에 대한 식으로 바꾼다.

$y=\dfrac{3}{2}x-3$의 그래프와 같다.

034
⟳7881-0034

다음 일차함수 중 그 그래프가 일차방정식 $2x+4y+9=0$의 그래프와 같은 것은?

① $y=-\dfrac{1}{2}x-\dfrac{9}{4}$ ② $y=-\dfrac{1}{2}x+\dfrac{9}{4}$

③ $y=\dfrac{1}{2}x+\dfrac{9}{4}$ ④ $y=\dfrac{1}{2}x-\dfrac{9}{4}$

⑤ $y=2x+\dfrac{9}{4}$

035
⟳7881-0035

일차방정식 $2ax+2y+1=0$의 그래프의 기울기가 3일 때, 상수 a의 값은?

① 3 ② 2 ③ -3

④ -2 ⑤ -1

036
⟳7881-0036

일차방정식 $2x+3y+12=0$의 그래프의 x절편을 a, y절편을 b라 할 때, $a+b$의 값은?

① -8 ② -10 ③ -12

④ -14 ⑤ -16

유형 05-12 일차함수와 일차방정식 (2)

(1) $x=p$ ($p\neq0$, p는 상수)의 그래프는 점 $(p, 0)$을 지나고, y축에 평행한 직선이다. → $x=p$ 위의 점의 x좌표가 모두 p이다.

(2) $y=q$ ($q\neq0$, q는 상수)의 그래프는 점 $(0, q)$를 지나고, x축에 평행한 직선이다. → $y=q$ 위의 점의 y좌표가 모두 q이다.

(3) $x=0$의 그래프는 y축이고, $y=0$의 그래프는 x축이다.

| 예 |

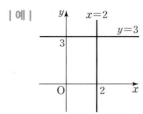

$x=2$의 그래프는 y축에 평행하며 점 $(2, 0)$을 지나고, $y=3$의 그래프는 x축에 평행하며 점 $(0, 3)$을 지난다. 점 $(0, 3)$, $(1, 3)$, $(2, 3)$ 등 y좌표가 3인 점들을 모두 지난다.

037
⟳7881-0037

두 점 $(1, 1)$, $(1, 3)$을 지나는 직선을 그래프로 하는 일차방정식을 구하여라.

038
⟳7881-0038

일차방정식 $ax+y+b=0$의 그래프가 x축과 평행하며 점 $(3, 2)$를 지난다고 한다. 이때 상수 a, b에 대하여 $a+b$의 값은?

① -1 ② -2 ③ -3

④ -4 ⑤ -5

039
⟳7881-0039

두 점 $(1, 2a-2)$, $(4, -a+1)$을 지나는 직선이 y축에 수직일 때, a의 값은?

① 1 ② 2 ③ 3

④ 4 ⑤ 5

유형 05-13 두 직선의 교점과 연립방정식

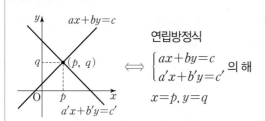

| 예 | 두 직선

$$\begin{cases} y=-2x+4 \\ y=-\dfrac{1}{2}x+\dfrac{5}{2} \end{cases} \iff \begin{cases} 2x+y=4 \\ x+2y=5 \end{cases}$$

연립방정식

그래프의 교점 : $(1, 2)$ 해 : $x=1, y=2$

유형 05-14 이차함수와 $y=x^2$의 그래프

(1) 함수 $y=f(x)$가 이차함수
 $\Rightarrow y=ax^2+bx+c$ ($a\neq0$, a, b, c는 상수)
 └ x에 대한 이차식

(2) $y=x^2$의 그래프

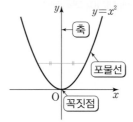

① 포물선은 y축에 대하여 대칭이다.
② 포물선과 축의 교점이 꼭짓점이다. 즉, 원점이 꼭짓점이다.
③ 축의 방정식은 $x=0$, 즉 y축이다.

040
⊃7881-0040

연립방정식 $\begin{cases} -2x+y=0 \\ x+y-3=0 \end{cases}$ 에서 두 일차방정식의 그래프가 오른쪽 그림과 같을 때, 이 연립방정식의 해는?

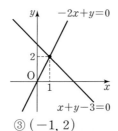

① $(0, 2)$ ② $(1, 3)$ ③ $(-1, 2)$
④ $(2, 1)$ ⑤ $(1, 2)$

041
⊃7881-0041

연립방정식 $\begin{cases} x-2y+1=0 \\ ax+y+1=0 \end{cases}$ 에서 두 일차방정식의 그래프가 오른쪽 그림과 같을 때, 상수 a의 값을 구하여라.

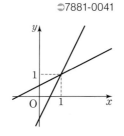

042
⊃7881-0042

연립방정식 $2x+3y=2$, $4x+ay=5$의 해가 존재하지 않을 때, 상수 a의 값은? (단, $a\neq0$이다.)

① 8 ② 6 ③ 4
④ -2 ⑤ -5

043
⊃7881-0043

다음 중 y가 x에 대한 이차함수가 아닌 것을 모두 고르면? (정답 2개)

① $y=2x^2+x-1$ ② $y=x^2-(2+x+x^2)$
③ $y=x(x+2)$ ④ $y=\dfrac{1}{x^2+x}$
⑤ $y=x^2+2$

044
⊃7881-0044

점 $(2, a)$가 이차함수 $y=x^2$의 그래프 위의 점일 때, a의 값을 구하여라.

045
⊃7881-0045

다음 중 이차함수 $y=x^2$의 그래프에 대한 설명으로 옳지 않은 것은?

① 원점을 지난다.
② 꼭짓점의 좌표는 $(0, 0)$이다.
③ $x<0$일 때, x가 증가하면 y는 감소한다.
④ 축의 방정식은 $y=0$이다.
⑤ y축에 대하여 대칭인 포물선이다.

유형 05-15 이차함수 $y=ax^2$의 그래프의 성질

(1) 원점을 꼭짓점으로 하고, y축을 축으로 하는 포물선이다.

(2) $a>0$이면 아래로 볼록하고, $a<0$이면 위로 볼록하다.

(3) a의 절댓값이 클수록 포물선의 폭이 좁아진다.

(4) $y=-ax^2$의 그래프와 x축에 대하여 대칭이다.

| 예 |

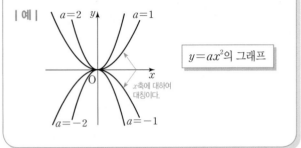

$y=ax^2$의 그래프

유형 05-16 이차함수 $y=a(x-p)^2+q$의 그래프

이차함수 $y=ax^2$의 그래프를 x축의 방향으로 p만큼, y축의 방향으로 q만큼 평행이동하면

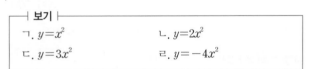

| 예 | $y=-2x^2$의 그래프를 x축의 방향으로 1만큼 평행이동 하면 $y=-2(x-1)^2$이고, 이를 y축의 방향으로 3만큼 평행이동하면 $y=-2(x-1)^2+3$이다.
꼭짓점의 좌표는 $(1, 3)$이다.

046
⊃7881-0046

다음 **보기**에 있는 이차함수의 그래프 중 아래로 볼록한 것의 개수는?

| 보기 |
ㄱ. $y=x^2$　　　　　　ㄴ. $y=2x^2$
ㄷ. $y=3x^2$　　　　　　ㄹ. $y=-4x^2$

① 0　　　　② 1　　　　③ 2
④ 3　　　　⑤ 4

047
⊃7881-0047

오른쪽 그림과 같이 $y=ax^2$의 그래프가 $y=x^2$의 그래프보다 폭이 좁을 때, 다음 중 상수 a의 값이 될 수 있는 것은?

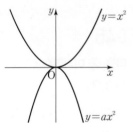

① $-\dfrac{1}{4}$　　　② $-\dfrac{1}{2}$

③ $-\dfrac{2}{3}$　　　④ $-\dfrac{3}{4}$

⑤ $-\dfrac{5}{4}$

048
⊃7881-0048

이차함수 $y=-2x^2$의 그래프를 x축의 방향으로 3만큼 평행이동한 그래프의 식을 구하고, 꼭짓점의 좌표를 구하여라.

049
⊃7881-0049

이차함수 $y=ax^2$의 그래프를 x축의 방향으로 1만큼, y축의 방향으로 3만큼 평행이동한 이차함수의 그래프가 점 $(2, 7)$을 지날 때, 상수 a의 값은?

① 1　　　　② 2　　　　③ 3
④ 4　　　　⑤ 5

050
⊃7881-0050

이차함수 $y=-\dfrac{1}{2}x^2$의 그래프를 x축의 방향으로 2만큼 평행이동하면 점 $(4, k)$를 지난다. 이때 k의 값은?

① -1　　　② -2　　　③ -3
④ -4　　　⑤ -5

유형 **05-17** 이차함수의 최대, 최소 (1)

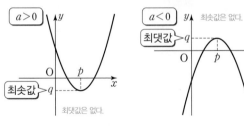

(1) $y=a(x-p)^2+q$의 최댓값 또는 최솟값

$x=p$일 때, 최솟값 q $x=p$일 때, 최댓값 q

(2) $y=ax^2+bx+c$는 $y=a(x-p)^2+q$ 꼴로 바꾸어 최 댓값 또는 최솟값을 구한다.

| 예 | $y=3x^2+6x+2$는 $y=3(x+1)^2-1$이므로 $x=-1$ 일 때 최솟값 -1을 갖고, 최댓값은 없다.
└▶ 양수이므로 최솟값만 가진다.

051
⮑7881-0051

이차함수 $y=2(x-1)^2-3$에 대한 설명으로 옳은 것은?

① 최댓값 -3을 갖고, 최솟값은 없다.

② 최댓값 -1을 갖고, 최솟값은 없다.

③ 최솟값 -3을 갖고, 최댓값은 없다.

④ 최솟값 -1을 갖고, 최댓값은 없다.

⑤ 최솟값 -5를 갖고, 최댓값은 없다.

052
⮑7881-0052

$x=-2$일 때 최댓값은 130이고, 그 그래프가 점 $(1, 4)$를 지 나는 이차함수의 식은?

① $y=(x+2)^2-13$ ② $y=(x-2)^2-13$

③ $y=2(x-2)^2+13$ ④ $y=-(x+2)^2+13$

⑤ $y=-2(x+2)^2+13$

053
⮑7881-0053

이차함수 $y=x^2+2x-4$의 최솟값은?

① -1 ② -3 ③ -5

④ -7 ⑤ -9

054
⮑7881-0054

이차함수 $y=2x^2+4x+k$의 최솟값이 2일 때, 상수 k의 값 은?

① 1   ② 2   ③ 3

④ 4   ⑤ 5

055
⮑7881-0055

다음 이차함수 중 최솟값이 없는 것은?

① $y=x^2+1$ ② $y=2(x-1)^2$

③ $y=x^2+2x$ ④ $y=-(x+3)^2+1$

⑤ $y=2x^2+4x+3$

유형 05-18 이차함수의 그래프와 이차방정식의 관계

(이차함수 $y=ax^2+bx+c$의 그래프와 x축의 교점의 개수)
=(이차방정식 $ax^2+bx+c=0$의 실근의 개수)
이차방정식 $ax^2+bx+c=0$의 판별식을 $D=b^2-4ac$라 할 때, 다음이 성립한다.

D의 부호	$ax^2+bx+c=0$의 근	$ax^2+bx+c=0$의 그래프와 x축과의 위치 관계
$D>0$	서로 다른 두 실근	서로 다른 두 점에서 만난다.
$D=0$	중근	한 점에서 만난다(접한다).
$D<0$	서로 다른 두 허근	만나지 않는다.

→ 이차방정식의 해는 이차함수의 그래프와 x축이 만나는 점의 x좌표이다.

056
○7881-0056

이차함수 $y=x^2+3x+2$의 그래프와 x축의 교점의 x좌표를 모두 구하여라.

057
○7881-0057

다음 이차함수의 그래프와 x축의 교점의 개수를 구하여라.

(1) $y=2x^2+x-1$

(2) $y=x^2+2x+1$

(3) $y=-2x^2+2x-8$

(4) $y=x^2-3x+2$

058
○7881-0058

이차함수 $y=3x^2+6x+k$의 그래프가 x축과 한 점에서 만날 때, 상수 k의 값은?

① 1 　　　　② 2 　　　　③ 3

④ 4 　　　　⑤ 5

059
○7881-0059

이차함수 $y=x^2+2ax+a^2+2a-3$의 그래프가 x축과 만나지 않을 때, 상수 a의 값의 범위를 구하여라.

060
○7881-0060

이차함수 $y=x^2-2x+a$의 그래프를 y축의 방향으로 -2만큼 평행이동한 그래프가 x축과 접할 때, 상수 a의 값은?

① 1 　　　　② 2 　　　　③ 3

④ 4 　　　　⑤ 5

유형 05-19 이차함수의 그래프와 직선의 위치 관계

이차함수 $y=ax^2+bx+c$의 그래프와

직선 $y=mx+n$의 위치 관계는 $ax^2+bx+c=mx+n$을 (좌변)=(이차식), (우변)=0이 되도록 정리한 식이다.

$ax^2+(b-m)x+c-n=0$의 판별식을 D라 할 때

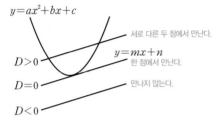

| 예 | $y=x^2+3x$와 $y=2x+1$에 대하여 $x^2+3x=2x+1$,
즉, $x^2+3x-(2x+1)=x^2+x-1=0$의 판별식 D는
$D=1^2-4\times1\times(-1)=5>0$이므로 두 그래프는 서 $ax^2+bx+c=0$에 대하여 $D=b^2-4ac$이다.
로 다른 두 점에서 만난다.

061

⊃7881-0061

이차함수 $y=x^2-3x+a$의 그래프가 직선 $y=2x-1$과 만나는 점의 x좌표가 1과 4일 때, 상수 a의 값은?

① 1 　　② 2 　　③ 3

④ 4 　　⑤ 5

062

⊃7881-0062

이차함수 $y=-2x^2-x+1$의 그래프와 다음 직선의 위치 관계를 말하여라.

(1) $y=x-1$

(2) $y=3x+3$

063

⊃7881-0063

이차함수 $y=x^2-3x+1$의 그래프와 직선 $y=x+k$가 한 점에서 만날 때, 상수 k의 값은?

① -3 　　② -1 　　③ 2

④ 4 　　⑤ 6

064

⊃7881-0064

이차함수 $y=x^2$의 그래프와 직선 $y=-2x+k$가 만날 때, 상수 k의 최솟값을 구하여라.

065

⊃7881-0065

이차함수 $y=x^2-2x+4$의 그래프와 직선 $y=-4x-k$가 만나지 않도록 하는 정수 k의 최솟값은?

① -1 　　② -2 　　③ -3

④ -4 　　⑤ -5

유형 **05-20** 이차함수의 최대, 최소 (2)

이차함수 $y=ax^2+bx+c$의 최댓값 또는 최솟값은 $y=a(x-p)^2+q$꼴로 변형하여 구한다.

(1) x의 값의 범위가 실수 전체인 경우

  ① $a>0$이면

    $x=p$일 때 최솟값 q를 가지며 최댓값은 없다.

  ② $a<0$이면

    $x=p$일 때 최댓값 q를 가지며 최솟값은 없다.

(2) $\alpha \leq x \leq \beta$인 경우 → x의 값의 범위가 주어질 경우 경계의 값도 고려해야 한다.

  $f(\alpha), f(\beta), f(p)$ 중 최댓값과 최솟값을 찾으면 된다.

| 예 | $-2 \leq x \leq 2$에서 $y=x^2+2x+4$
에 대하여
$f(x)=x^2+2x+4=(x+1)^2+3$ → 경계값인 $x=-2$, $x=2$와 꼭짓점의 x좌표인 $x=-1$의 함숫값을 비교한다.
이다.
$f(-2)=4, f(-1)=3,$
$f(2)=12$이므로
최댓값은 12, 최솟값은 3이다.

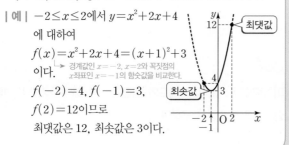

066

⊃7881-0066

이차함수 $y=2(x-1)^2-1$은 x의 값의 범위가 실수 전체일 때 $x=\alpha$에서 최솟값을 가지며, $2 \leq x \leq 3$에서는 $x=\beta$일 때 최솟값을 가진다. 이때 $\alpha+\beta$의 값은?

① 1   ② 2   ③ 3

④ 4   ⑤ 5

067

⊃7881-0067

실수 전체의 집합에서 정의된 이차함수 $y=x^2+4x+6$은 $x=a$에서 최솟값 b를 가진다. 상수 a, b에 대하여 $a+b$의 값은?

① -3 ② -2 ③ -1

④ 0   ⑤ 1

068

⊃7881-0068

$2 \leq x \leq 5$일 때, 이차함수 $y=x^2-6x+4$의 최댓값과 최솟값을 각각 구하여라.

069

⊃7881-0069

$0 \leq x \leq 3$일 때, 이차함수 $y=-x^2+4x+k$는 최댓값 5를 가진다. 이때 상수 k의 값은?

① 1   ② 2   ③ 3

④ 4   ⑤ 5

070

⊃7881-0070

이차함수 $y=-x^2+2kx+4k$의 최댓값이 6이 되도록 하는 모든 실수 k의 값의 합은?

① -1 ② -2 ③ -3

④ -4 ⑤ -5

유형 05-21 함수의 정의역, 공역, 치역

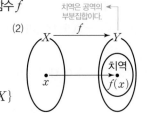

집합 X에서 집합 Y로의 함수 f

(1) $f : X \longrightarrow Y$
      정의역 공역

(2) 치역은 공역의 부분집합이다.

(3) (치역) $= \{ f(x) \mid x \in X \}$
      함숫값

정의역과 공역이 각각 같은 함수 f, g에 대하여 $f(x)=g(x)\,(x \in X)$이면, f와 g는 서로 같다고 한다.

| 예 | 집합 $X=\{1, 2, 3\}$이 정의역이고 정수 전체의 집합이 공역인 함수 $f(x)=2x$에 대하여
$$f(1)=2, f(2)=4, f(3)=6$$
이므로 치역은 $\{2, 4, 6\}$이다.
    치역은 공역의 부분집합이며 함숫값들이 치역의 원소가 된다.

071

➲7881-0071

함수 f가 오른쪽 그림과 같을 때, 정의역, 공역, 치역을 각각 구하여라.

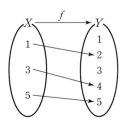

072

➲7881-0072

두 집합 $X=\{0, 1, 2\}$, $Y=\{-1, 0, 1, 2\}$에 대하여 다음 중 X에서 Y로의 함수인 것은?

① $f(x)=x^2$ ② $f(x)=\dfrac{1}{x}$ ③ $f(x)=|x-1|$

④ $f(x)=\sqrt{x}$ ⑤ $f(x)=2x-1$

073

➲7881-0073

정의역이 집합 $X=\{-2, -1, 0, 1\}$인 함수 $f(x)=x^2+1$의 치역의 모든 원소의 합은?

① 10   ② 8   ③ 6

④ 4   ⑤ -2

074

➲7881-0074

두 집합 $X=\{0, 1, a\}$, $Y=\{0, b\}$에 대하여 X에서 Y로의 함수 f가 $f(x)=x^2$일 때, 실수 a, b에 대하여 $a+b$의 값은? (단, $a<0$이다.)

① -2 ② 0   ③ 2

④ 4   ⑤ 6

075

➲7881-0075

집합 $X=\{a, b\}$를 정의역으로 하는 두 함수 f, g가 $f(x)=x^2-x-1$, $g(x)=2x-3$이다. $f=g$가 성립하도록 하는 상수 a, b에 대하여 $a+b$의 값은? (단, $a \neq b$이다.)

① 1   ② 2   ③ 3

④ 4   ⑤ 5

유형 05-22 일대일함수와 일대일 대응

(1) 일대일함수

정의역의 임의의 두 원소 x_1, x_2에 대해

$x_1 \neq x_2$이면 $f(x_1) \neq f(x_2)$이다.

(2) 일대일 대응

일대일함수이며, 공역과 치역이 같은 함수

| 예 |

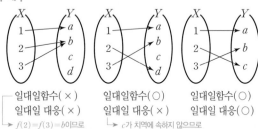

일대일함수(×)
일대일 대응(×)
$f(2)=f(3)=b$이므로
일대일함수가 아니다.

일대일함수(○)
일대일 대응(×)
c가 치역에 속하지 않으므로
일대일 대응이 아니다.

일대일함수(○)
일대일 대응(○)

076

⊃7881-0076

다음 중 일대일함수를 모두 찾아라.

(1) $y=x^2$ (2) $y=2x-1$

(3) $y=|x|$ (4) $y=\sqrt{x}$

077

⊃7881-0077

두 집합 $X=\{a, b, c\}$, $Y=\{1, 2, 3, 4\}$에 대하여 다음을 구하여라.

(1) X에서 Y로의 함수의 개수

(2) X에서 Y로의 일대일함수의 개수

078

⊃7881-0078

정의역이 $X=\{x \,|\, 0 \leq x \leq 4\}$, 공역이 $Y=\{y \,|\, 2 \leq y \leq 10\}$인 함수 $f(x)=ax+b$가 일대일 대응일 때, 상수 a, b에 대하여 ab의 값은? (단, $a>0$이다.)

① 12   ② 8   ③ 6

④ 4   ⑤ −6

유형 05-23 항등함수와 상수함수

(1) 항등함수 → 함숫값이 자기 자신이어야 한다.

$f : X \longrightarrow X$에 대하여 $f(x)=x$인 함수

(2) 상수함수 → x의 값에 관계없이 함숫값이 일정하다.

$f : X \longrightarrow Y$에 대하여 $f(x)=c$ (c는 상수)인 함수

| 예 |

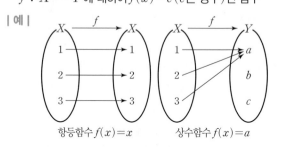

항등함수 $f(x)=x$ 상수함수 $f(x)=a$

079

⊃7881-0079

집합 $X=\{1, 2, 3\}$에 대하여 X에서 X로의 상수함수의 개수를 a, 항등함수의 개수를 b라 할 때, $a+b$의 값은?

① 2   ② 4   ③ 6

④ 8   ⑤ 10

080

⊃7881-0080

집합 $X=\{0, 1\}$에서 정의된 함수 f가 **보기**와 같을 때, 다음 중 항등함수인 것만을 있는 대로 고른 것은?

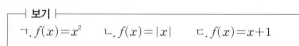

| 보기 |

ㄱ. $f(x)=x^2$ ㄴ. $f(x)=|x|$ ㄷ. $f(x)=x+1$

① ㄱ   ② ㄴ   ③ ㄱ, ㄴ

④ ㄴ, ㄷ   ⑤ ㄱ, ㄴ, ㄷ

081

⊃7881-0081

집합 $X=\{0, 1, 2\}$에 대하여 함수 f는 X에서 X로의 상수함수, 함수 g는 X에서 X로의 항등함수라 한다. $f(1)=2$일 때, $f(2)+g(2)$의 값은?

① 1   ② 2   ③ 3

④ 4   ⑤ 5

유형 05-24 합성함수와 그 성질

(1) 두 함수 $f : X \longrightarrow Y, g : Y \longrightarrow Z$의 합성함수 $g \circ f$는
$$g \circ f : X \longrightarrow Z, (g \circ f)(x) = g(f(x))$$

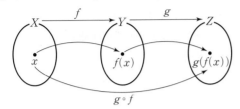

(2) 합성이 가능한 세 함수 f, g, h에 대하여
  ① 일반적으로 $f \circ g \neq g \circ f$
   (함수의 합성에 관한 교환법칙이 성립하지 않는다.)
  ② $(f \circ g) \circ h = f \circ (g \circ h)$
   (함수의 합성에 관한 결합법칙이 성립한다.)

| 예 | $f(x) = 2x, g(x) = x^2$에 대하여
$$(f \circ g)(x) = f(g(x)) = f(x^2) = 2x^2$$
$$(g \circ f)(x) = g(f(x)) = g(2x) = 4x^2$$ $\Big] f \circ g \neq g \circ f$

082
⊃7881-0082

두 함수 $f(x) = x^2 + 2, g(x) = -2x + 1$에 대하여 다음을 구하여라.

(1) $(f \circ g)(x)$

(2) $(g \circ f)(x)$

083
⊃7881-0083

함수 $f(x) = x + k$가 $(f \circ f)(2) = 6$을 만족할 때, 상수 k의 값은?

① 1   ② 2   ③ 3

④ 4   ⑤ 5

084
⊃7881-0084

실수 전체의 집합에서 정의된 두 함수
$f(x) = x - 2, g(x) = x^2$에 대하여
$(f \circ f)(0) + (f \circ g)(1) - (g \circ f)(1)$의 값은?

① -6 ② -4 ③ -2

④ 1   ⑤ 3

085
⊃7881-0085

두 함수 $f(x) = x^2 + x, g(x) = 2x + 1$에 대하여
$(f \circ g)(a) = (g \circ f)(a)$를 만족시키는 모든 실수 a의 값의 합은?

① -1 ② -2 ③ -3

④ -4 ⑤ -5

086
⊃7881-0086

이차함수 $y = f(x)$의 그래프가 오른쪽 그림과 같다. 함수 h를 $h(x) = (f \circ f)(x)$라 할 때, $h(0) + h(2)$의 값은?

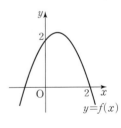

① 0   ② 1

③ 2   ④ 4

⑤ 5

유형 **05-25** 역함수

일대일 대응인 함수 f의 역함수 $f^{-1} : Y \longrightarrow X$

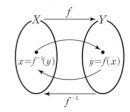

$$y=f(x) \iff x=f^{-1}(y)$$

| 예 | (1) $f(x)=3x+1$에 대하여 $f(1)=4$이므로

$f^{-1}(4)=1$이다. ⌐→ $f(a)=b$이면 $f^{-1}(b)=a$이다.

(2) $y=3x+1$ $\xrightarrow{x\text{에 관하여}}$ $x=\dfrac{y-1}{3}$ $\xrightarrow{x, y\text{를 서로}}$ $y=\dfrac{x-1}{3}$

이므로 $f(x)=3x+1$에 대하여 $f^{-1}(x)=\dfrac{x-1}{3}$이다.

유형 **05-26** 역함수의 성질

(1) $f : X \longrightarrow Y$, $f^{-1} : Y \longrightarrow X$에 대하여

① $(f^{-1} \circ f)(x)=x$ $(x \in X)$

② $(f \circ f^{-1})(y)=y$ $(y \in Y)$

(2) $f : X \longrightarrow Y$, $g : Y \longrightarrow Z$에 대하여

$(g \circ f)^{-1}=f^{-1} \circ g^{-1}$

| 예 | $f(x)=2x+3$이라 하면 $f^{-1}(x)=\dfrac{x-3}{2}$

$(f \circ f^{-1})(x)=f(f^{-1}(x))=f\left(\dfrac{x-3}{2}\right)$

$=2 \times \dfrac{x-3}{2}+3=x$

$(f^{-1} \circ f)(x)=f^{-1}(f(x))=f^{-1}(2x+3)$

$=\dfrac{2x+3-3}{2}=x$

$f \circ f^{-1}$와 $f^{-1} \circ f$가 모두 항등함수가 된다.

087
⊃7881-0087

오른쪽 그림과 같은 함수
$f : X \longrightarrow Y$에 대하여 다음 값을
구하여라.

(1) $f(3)$

(2) $f^{-1}(-3)$

(3) $f^{-1}(-1)+f^{-1}(-4)$

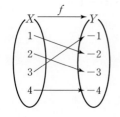

088
⊃7881-0088

함수 $f(x)=2x+1$의 역함수 $f^{-1}(x)$를 구하여라.

089
⊃7881-0089

두 함수 $f(x)=-3x+2$, $g(x)=2x-3$에 대하여
$(f \circ g^{-1})(k)=-1$을 만족시키는 실수 k의 값은?

① 1 ② -1 ③ 2

④ -2 ⑤ 3

090
⊃7881-0090

오른쪽 그림과 같은 함수
$f : X \longrightarrow Y$에 대하여 다음을
구하여라.

(1) $f(2)$ (2) $f^{-1}(8)$

(3) $(f^{-1} \circ f)(2)$ (4) $(f \circ f^{-1})(6)$

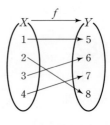

091
⊃7881-0091

두 함수 $f(x)=6x+10$, $g(x)=-5x+4$에 대하여
$((g \circ (f \circ g)^{-1} \circ f) \circ g)(1)$의 값을 구하여라.

092
⊃7881-0092

두 함수 $f(x)=x+1$, $g(x)=-2x+4$에 대하여
$(f^{-1} \circ g^{-1})(x)=ax+b$일 때, 상수 a, b에 대하여 $a+b$의
값을 구하여라.

유형 05-27 역함수의 그래프

$y=f(x)$의 그래프는 $y=f^{-1}(x)$의 그래프와 직선 $y=x$ 에 대하여 대칭이다.

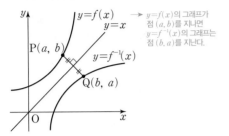

→ $y=f(x)$의 그래프가 점 (a, b)를 지나면 $y=f^{-1}(x)$의 그래프는 점 (b, a)를 지난다.

| 예 | $y=f(x)$의 그래프가 점 $(1, 2)$를 지나면 $y=f^{-1}(x)$의 그래프는 점 $(2, 1)$을 지난다.
└→ $f(1)=2$
└→ $f^{-1}(2)=1$

093
⊃7881-0093

다음은 $y=f(x)$의 그래프이다. 이를 이용하여 $y=f^{-1}(x)$의 그래프를 그려라.

(1) $f(x)=2x+1$

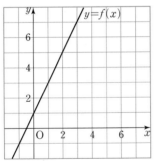

(2) $f(x)=-\dfrac{1}{2}x+2$

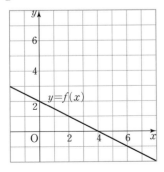

094
⊃7881-0094

함수 $y=f(x)$에 대하여 다음이 성립한다.

$$f(1)=3, \ f(3)=1, \ f(2)=2, \ f(4)=0$$

이때 함수 $y=f(x)$와 $y=f^{-1}(x)$의 그래프의 교점이 될 수 있는 것을 모두 고르면?

① $(1, 0)$ ② $(0, 4)$ ③ $(4, 0)$

④ $(1, 3)$ ⑤ $(2, 2)$

095
⊃7881-0095

함수 $f(x)=x^3$과 그 역함수 $f^{-1}(x)$에 대하여 두 함수 $y=f(x)$와 $y=f^{-1}(x)$의 그래프의 교점의 좌표를 모두 구하여라.

096
⊃7881-0096

함수 $f(x)=x^2 \ (x \geq 0)$과 그 역함수 $g(x)$에 대하여 두 함수 $y=f(x)$와 $y=g(x)$의 그래프의 두 교점을 P, Q라 할 때, 선분 PQ의 길이는?

① 1 ② $\sqrt{2}$ ③ $\sqrt{3}$

④ 2 ⑤ $\sqrt{5}$

유형 05-28 유리식의 연산

두 다항식 A, $B(B \neq 0)$에 대해 $\frac{A}{B}$꼴로 나타낸 식

(1) 유리식의 덧셈과 뺄셈

$$\frac{A}{B} + \frac{C}{D} = \frac{AD + BC}{BD}, \quad \frac{A}{B} - \frac{C}{D} = \frac{AD - BC}{BD}$$

통분하여 계산한다.   통분하여 계산한다.

(2) 유리식의 곱셈과 나눗셈

$$\frac{A}{B} \times \frac{C}{D} = \frac{AC}{BD}, \quad \frac{A}{B} \div \frac{C}{D} = \frac{A}{B} \times \frac{D}{C} = \frac{AD}{BC}$$

역수로 고쳐서 곱한다.

| 예 | (1) $\dfrac{1}{x} + \dfrac{2}{x-2} = \dfrac{x-2+2x}{x(x-2)} = \dfrac{3x-2}{x(x-2)}$

통분한다.

(2) $\dfrac{x+2}{x^2+x} \div \dfrac{2x+4}{x} = \dfrac{x+2}{x(x+1)} \times \dfrac{x}{2(x+2)}$

역수를 곱한다.

$$= \dfrac{1}{2(x+1)}$$

097
⊃7881-0097

다음 식을 간단히 하여라.

(1) $\dfrac{3x-6}{x-2}$

(2) $\dfrac{x^3+8}{x+2}$

098
⊃7881-0098

다음 식을 계산하여라.

(1) $\dfrac{1}{x-1} + \dfrac{1}{x+2}$

(2) $3 - \dfrac{2}{x+1}$

(3) $\dfrac{x+1}{2x} \times \dfrac{x^2}{x^2-1}$

(4) $\dfrac{x^2+3x+2}{x-3} \div \dfrac{x+2}{2x-6}$

099
⊃7881-0099

$\dfrac{1}{x(x+1)} + \dfrac{1}{(x+1)(x+2)}$을 간단히 하면 $\dfrac{a}{x(x+b)}$이다. 이때 상수 a, b에 대하여 $a+b$의 값은?

① 4　　　　② 6　　　　③ 8

④ 10　　　　⑤ 12

100
⊃7881-0100

등식 $\dfrac{2x}{x+1} - \dfrac{6}{x^2+3x+2} = \dfrac{2(x+a)(x+b)}{(x+1)(x+2)}$를 만족시키는 상수 a, b에 대하여 ab의 값은?

① -1　　　　② -2　　　　③ -3

④ -4　　　　⑤ -5

101
⊃7881-0101

$1 + \dfrac{1}{2 + \dfrac{1}{x+1}}$을 간단히 하여라.

유형 05-29 유리함수의 그래프 (1)

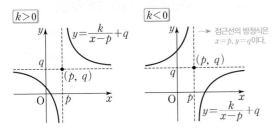

$y=\dfrac{k}{x-p}+q\ (k\neq0)$의 그래프

$\boxed{k>0}$ $\qquad$ $\boxed{k<0}$

→ 점근선의 방정식은 $x=p,\,y=q$이다.

$y=\dfrac{k}{x}$ $\xrightarrow[p만큼\ 평행이동]{x축의\ 방향으로}$ $y=\dfrac{k}{x-p}$ $\xrightarrow[q만큼\ 평행이동]{y축의\ 방향으로}$ $y=\dfrac{k}{x-p}+q$

| 예 | $y=\dfrac{3}{x}$을 x축의 방향으로 2만큼 평행이동한 그래프의
└→ x대신 $x-2$를 대입한다.

식은 $y=\dfrac{3}{x-2}$이고 이를 y축의 방향으로 1만큼 평행
└→ y대신 $y-1$을 대입한다.

이동한 그래프의 식은 $y=\dfrac{3}{x-2}+1$이다.

102

⋑7881-0102

유리함수 $y=\dfrac{2}{x}$의 그래프를 x축의 방향으로 1만큼 평행이동한 그래프는 점 $(2,a)$를 지난다. 이때 상수 a의 값은?

① 1 $\qquad$ ② 2 $\qquad$ ③ 3

④ 4 $\qquad$ ⑤ 5

103

⋑7881-0103

유리함수 $y=\dfrac{k}{x}$의 그래프가 두 점 $(3,4)$, $(2,m)$을 지날 때, 상수 k,m에 대하여 $k+m$의 값은?

① 6 $\qquad$ ② 12 $\qquad$ ③ 15

④ 18 $\qquad$ ⑤ 24

104

⋑7881-0104

$y=\dfrac{k}{x-p}+q$의 그래프가 점 $(0,4)$를 지나고, 점근선의 방정식이 $x=2$, $y=1$일 때, 상수 p,q,k의 값을 각각 구하여라.

105

⋑7881-0105

$y=\dfrac{k}{x-1}+2$의 그래프가 점 $(0,3)$을 지날 때, 이 그래프가 지나지 <u>않는</u> 사분면은?

① 제1사분면 $\qquad$ ② 제2사분면 $\qquad$ ③ 제3사분면

④ 제4사분면 $\qquad$ ⑤ 제2사분면, 제3사분면

106

⋑7881-0106

유리함수 $f(x)=\dfrac{k}{x-a}+b$의 그래프는 치역이 $\{y\,|\,y\neq2$인 실수$\}$이고, 원점과 점 $(2,4)$를 지난다. $3\leq x\leq6$에서 함수 $f(x)$의 최댓값은?

① 1 $\qquad$ ② 2 $\qquad$ ③ 3

④ 4 $\qquad$ ⑤ 5

유형 05-30 유리함수의 그래프 (2)

$y=\dfrac{ax+b}{cx+d}$ 의 그래프는 $y=\dfrac{k}{x-p}+q\,(k\neq0)$ 꼴로 바꾸어 그린다. ──▶ 점근선의 방정식은 $x=p$, $y=q$이다.

| 예 | $y=\dfrac{2x+3}{x+1}=\dfrac{2(x+1)+1}{x+1}=\dfrac{1}{x+1}+2$의 그래프

└▶ $y=\dfrac{1}{x}$의 그래프를 x축의 방향으로 -1만큼, y축의 방향으로 2만큼 평행이동한 그래프이다.

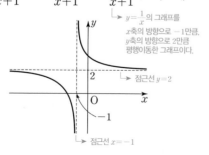

점근선 $y=2$

점근선 $x=-1$

107
○7881-0107

유리함수 $y=\dfrac{x+1}{x-1}$ 의 그래프는 $y=\dfrac{a}{x-1}+b$의 그래프와 같다. 상수 a, b에 대하여 $a+b$의 값은?

① 1 　　　　② 2 　　　　③ 3
④ 4 　　　　⑤ 5

108
○7881-0108

유리함수 $y=\dfrac{3x-1}{x+1}$의 그래프의 점근선의 방정식은 $x=a$, $y=b$이다. 이때 $a+b$의 값은?

① 1 　　　　② 2 　　　　③ 3
④ 4 　　　　⑤ 5

109
○7881-0109

다음 보기의 함수의 그래프 중 $y=\dfrac{3}{x}$의 그래프를 평행이동하여 겹쳐질 수 있는 것만을 있는 대로 고른 것은?

┤ 보기 ├
ㄱ. $y=\dfrac{2}{x}$ 　　　ㄴ. $y=\dfrac{3}{x-1}+2$ 　　　ㄷ. $y=\dfrac{-2x+5}{x-1}$

① ㄱ 　　　　② ㄴ 　　　　③ ㄷ
④ ㄴ, ㄷ 　　　　⑤ ㄱ, ㄴ, ㄷ

110
○7881-0110

$-3\leq x\leq1$에서 함수 $y=\dfrac{3x+1}{x-2}$ 의 최댓값을 M, 최솟값을 m이라 할 때, Mm의 값은?

① $\dfrac{31}{3}$ 　　　　② $\dfrac{1}{3}$ 　　　　③ $-\dfrac{4}{5}$
④ $-\dfrac{32}{5}$ 　　　　⑤ $-\dfrac{50}{7}$

111
○7881-0111

함수 $f(x)=\dfrac{x-1}{x+2}$ 의 역함수 $g(x)$에 대하여 $g(4)$의 값은?

① -1 　　　　② -2 　　　　③ -3
④ -4 　　　　⑤ -5

유형 05-31 무리식과 무리함수

(1) **무리식**

근호를 포함한 식 중 유리식으로 나타낼 수 없는 식

| 예 | $\sqrt{x-5}$, $\sqrt{x^2+y}$, $\dfrac{1}{\sqrt{x-1}}$ → 근호 안에 미지수가 있고 유리식으로 나타낼 수 없다.

(2) **무리함수**

$y = (x$에 대한 무리식$)$ → 근호 안이 0 이상이 되도록 정의역이 정해진다. $y=\sqrt{3x-1}$의 정의역 X는 $3x-1 \geq 0$이어야 하므로 $X=\left\{x \mid x \geq \dfrac{1}{3}\right\}$이다.

| 예 | $y=\sqrt{x}$, $y=\sqrt{3x-1}$

112

⊃7881-0112

다음 **보기** 중 무리식을 있는 대로 고른 것은?

┤ 보기 ├
ㄱ. $\dfrac{2\sqrt{x}+4}{\sqrt{x}+2}$ ㄴ. $(\sqrt{x+1})^2$

ㄷ. $\sqrt{x^2-x}$ ㄹ. $\dfrac{x}{\sqrt{x+1}}$

① ㄱ, ㄷ   ② ㄷ   ③ ㄴ, ㄷ

④ ㄷ, ㄹ   ⑤ ㄱ, ㄷ, ㄹ

113

⊃7881-0113

다음 무리식을 간단히 하여라.

(1) $\dfrac{x-1}{\sqrt{x}-1}$

(2) $\dfrac{2}{\sqrt{x+2}-\sqrt{x}}$

114

⊃7881-0114

무리식 $\sqrt{8-2x}+\sqrt{x+1}$의 값이 실수가 되도록 하는 모든 정수 x의 개수는?

① 3   ② 6   ③ 9

④ 12   ⑤ 15

115

⊃7881-0115

함수 $f(x)=\sqrt{2x-1}$의 정의역은 $\{x \mid x \geq a\}$이고 함수 $g(x)=\sqrt{2-3x}$의 정의역은 $\{x \mid x \leq b\}$라 할 때, 상수 a, b에 대하여 ab의 값은?

① 1   ② $\dfrac{1}{2}$ ③ $\dfrac{1}{3}$

④ -1 ⑤ $-\dfrac{3}{2}$

116

⊃7881-0116

정의역이 $\{x \mid x \leq 2\}$인 함수 $y=(x-2)^2+2$의 역함수가 $y=-\sqrt{x-a}+b$일 때, 상수 a, b에 대하여 $a+b$의 값은?

① 1   ② 2   ③ 3

④ 4   ⑤ 5

유형 **05-32** 무리함수의 그래프 (1)

(1) $a>0$일 때

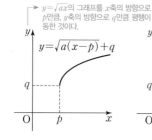

$y=\sqrt{ax}$의 그래프를 x축의 방향으로 p만큼, y축의 방향으로 q만큼 평행이동한 것이다.

(2) $a<0$일 때

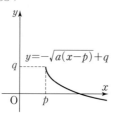

| 예 |

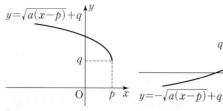

x축의 방향으로 1만큼
y축의 방향으로 2만큼
평행이동

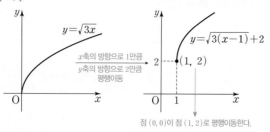

점 $(0, 0)$이 점 $(1, 2)$로 평행이동한다.

117
⊃7881-0117

무리함수 $y=\sqrt{3x}$의 그래프를 x축의 방향으로 2만큼, y축의 방향으로 3만큼 평행이동한 그래프의 식을 구하여라.

118
⊃7881-0118

무리함수 $f(x)=\sqrt{kx}$의 그래프가 점 $(8, 4)$를 지날 때, 상수 k에 대하여 $f(k)$의 값은?

① $\sqrt{2}$ ② 2   ③ $2\sqrt{2}$

④ 4   ⑤ 8

119
⊃7881-0119

무리함수 $f(x)=\sqrt{kx}$를 x축의 방향으로 2만큼, y축의 방향으로 3만큼 평행이동한 그래프가 점 $(6, 7)$을 지날 때, 상수 k의 값은?

① 1   ② 2   ③ 3

④ 4   ⑤ 5

120
⊃7881-0120

다음 **보기**의 무리함수 중 그 그래프가 제4사분면을 지나는 것을 있는 대로 고른 것은?

┤ 보기 ├
ㄱ. $y=\sqrt{x-2}-1$ ㄴ. $y=\sqrt{-(x-2)}+3$
ㄷ. $y=\sqrt{x}+2$ ㄹ. $y=-\sqrt{-(x-1)}+3$

① ㄱ   ② ㄱ, ㄴ   ③ ㄱ, ㄷ

④ ㄷ, ㄹ   ⑤ ㄴ, ㄷ, ㄹ

121
⊃7881-0121

다음 함수의 그래프 중 평행이동에 의하여 $y=\sqrt{2x-1}$의 그래프와 일치시킬 수 있는 것은?

① $y=\sqrt{-2x+1}$ ② $y=\sqrt{x+1}+2$

③ $y=\sqrt{2x+3}-1$ ④ $y=-\sqrt{2x-1}$

⑤ $y=\sqrt{\dfrac{1}{2}x-1}+1$

유형 05-33 무리함수의 그래프 (2)

$y=\sqrt{ax+b}+c=\sqrt{a\left(x+\dfrac{b}{a}\right)}+c$ → $x=-\dfrac{b}{a}$일 때, 최솟값 c를 갖는다.

$\Rightarrow y=\sqrt{ax}$의 그래프를 x축의 방향으로 $-\dfrac{b}{a}$만큼,

y축의 방향으로 c만큼 평행이동한 그래프

(i) $a>0$일 때

정의역 : $\left\{x\,\middle|\,x\geq-\dfrac{b}{a}\right\}$, 치역 : $\{y\,|\,y\geq c\}$

(ii) $a<0$일 때

정의역 : $\left\{x\,\middle|\,x\leq-\dfrac{b}{a}\right\}$, 치역 : $\{y\,|\,y\geq c\}$

| 예 | $y=\sqrt{2x+4}+3$의 그래프는

$y=\sqrt{2x+4}+3=\sqrt{2(x+2)}+3$이므로

$y=\sqrt{2x}$의 그래프를 x축의 방향으로 -2만큼, y축의 방향으로 3만큼 평행이동한 그래프이다.

정의역은 $\{x\,|\,x\geq-2\}$이고 최솟값은 3이다.

└→ 근호 $\sqrt{2x+4}$에서 $2x+4\geq0$

x대신 $x+2$를 y대신 $y-3$을 대입하여 얻을 수 있다.

122

⊃7881-0122

무리함수 $y=\sqrt{3x}$의 그래프를 x축의 방향으로 1만큼, y축의 방향으로 2만큼 평행이동한 그래프의 정의역과 치역을 각각 구하여라.

123

⊃7881-0123

무리함수 $y=\sqrt{x-2}+a$는 $x=b$일 때, 최솟값 3을 가진다. 이때, 상수 a, b에 대하여 $a+b$의 값은?

① 1   ② 2   ③ 3

④ 4   ⑤ 5

124

⊃7881-0124

무리함수 $y=a\sqrt{-x+c}+b$의 그래프가 다음과 같을 때, $a+b+c$의 값은? (단, a, b, c는 상수이다.)

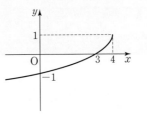

① 1   ② 2   ③ 3

④ 4   ⑤ 5

125

⊃7881-0125

$a\leq x\leq b$일 때, 무리함수 $y=-\sqrt{x-2}+3$의 최댓값은 1, 최솟값은 -20이다. 실수 a, b의 합 $a+b$의 값은?

① 27   ② 33   ③ 41

④ 44   ⑤ 47

126

⊃7881-0126

함수 $f(x)=\sqrt{ax+b}$에 대하여 $f(2)=3$, $f(3)=2$가 성립할 때, $-1\leq x\leq 3$에서 $f(x)$의 최솟값은? (단, a, b는 상수이다.)

① 1   ② 2   ③ 3

④ 4   ⑤ 5

도형

유형 06-1 직선, 반직선, 선분

선	직선 AB	반직선 AB	선분 AB
기호	$\overleftrightarrow{AB}$	$\overrightarrow{AB}$	$\overline{AB}$
그림	A ——— B	A ---→ B	A ——— B
특징	$\overleftrightarrow{AB}=\overleftrightarrow{BA}$	$\overrightarrow{AB}\neq\overrightarrow{BA}$	$\overline{AB}=\overline{BA}$

→ $\overrightarrow{AB}$와 $\overrightarrow{BA}$는 서로 다른 반직선으로 방향이 반대이다.

참고 • 한 직선 위의 두 점을 지나는 직선은 모두 같은 직선이다.
• 시작점과 방향이 각각 같은 반직선은 서로 같다.
• 양 끝점이 같은 선분은 서로 같다.

| 예 | 한 직선 위의 세 점 A, B, C 중에서 두 점을 골라 만들 수 있는 서로 다른 직선은 $\overleftrightarrow{AB}$의 1개, 서로 다른 반직선은 $\overrightarrow{AB}$, $\overrightarrow{BC}$, $\overrightarrow{CA}$, $\overrightarrow{BA}$의 4개, 서로 다른 선분은 $\overline{AB}$, $\overline{BC}$, $\overline{AC}$의 3개이다.

[001~002] 그림을 보고 물음에 답하여라.

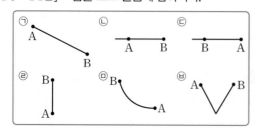

001

⊃7881-0127

선분을 모두 골라라.

002

⊃7881-0128

반직선 BA를 골라라.

003

⊃7881-0129

오른쪽 그림과 같이 한 직선 위에 있지 않은 세 점 A, B, C를 이용하여 그을 수 있는 서로 다른 직선의 개수를 구하여라.

A•

B•   •C

004

⊃7881-0130

오른쪽 그림과 같이 한 직선 위의 세 점 A, B, C에 대하여 다음 중 옳지 <u>않은</u> 것은?

A — B — C

① $\overline{AB}=\overline{BC}$ ② $\overleftrightarrow{AB}=\overleftrightarrow{AC}$ ③ $\overrightarrow{AB}=\overrightarrow{CA}$
④ $\overline{AC}=\overline{CA}$ ⑤ $\overrightarrow{CA}=\overrightarrow{CB}$

005

⊃7881-0131

다음 중 옳지 <u>않은</u> 것은?

① $\overleftrightarrow{AB}$와 $\overleftrightarrow{BA}$는 서로 같다.
② $\overrightarrow{AB}$와 $\overrightarrow{BA}$는 서로 같다.
③ $\overline{AB}$와 $\overline{BA}$는 서로 같다.
④ $\overline{AB}$는 두 점 A, B 사이의 가장 짧은 선이다.
⑤ 직선은 양쪽 끝이 정해지지 않은 곧은 선이다.

유형 06-2 두 점 사이의 거리와 중점

(1) 두 점 A, B 사이의 거리 : $\overline{AB}$의 길이
  └→ 두 점을 잇는 무수히 많은 선들 중 길이가 가장 짧은 선의 길이

(2) $\overline{AB}$의 중점 : $\overline{AB}$를 이등분하는 점

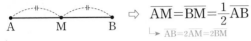
$\Rightarrow \overline{AM}=\overline{BM}=\frac{1}{2}\overline{AB}$
  └→ $\overline{AB}=2\overline{AM}=2\overline{BM}$
  └→ 선분의 중점에서 선분의 양 끝점에 이르는 거리가 같다.

| 예 | 점 M이 $\overline{AB}$의 중점이고

$\overline{AB}=6$ cm일 때,
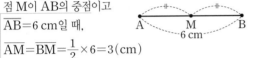
$\overline{AM}=\overline{BM}=\frac{1}{2}\times6=3$ (cm)
  └→ 점 M에서 두 점 A, B에 이르는 거리가 서로 같다.

006
⊃7881-0132

오른쪽 그림과 같은 사각형 ABCD에서 두 점 A, B 사이의 거리를 x cm, 두 점 B, C 사이의 거리를 y cm라 할 때, $x+y$의 값을 구하여라.

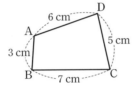

007
⊃7881-0133

다음 그림에서 $\overline{AB}$의 중점을 M, $\overline{MB}$의 중점을 N이라 할 때, 다음 중 옳지 않은 것은?

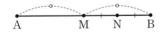

① $\overline{AB}=2\overline{AM}$ ② $\overline{MN}=\overline{NB}$ ③ $\overline{MB}=\frac{1}{2}\overline{AB}$

④ $\overline{MN}=\frac{1}{4}\overline{AB}$ ⑤ $\overline{AN}=4\overline{MN}$

008
⊃7881-0134

다음 그림에서 점 C, D는 각각 $\overline{AB}$, $\overline{AC}$의 중점이고 $\overline{DC}=3$ cm일 때, $\overline{AB}$의 길이를 구하여라.

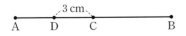

유형 06-3 각

(1) 각 AOB
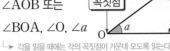
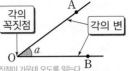
  ➡ 기호 : ∠AOB 또는

  ∠BOA, ∠O, ∠a
  └→ 각을 읽을 때에는 각의 꼭짓점이 가운데 오도록 읽는다.

(2) 각의 크기에 따른 분류

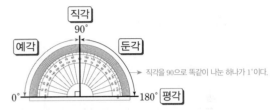
  └→ 직각을 90으로 똑같이 나눈 하나가 1°이다.

| 예 | 오른쪽 삼각형에서 각의 개수는 3 이고, ∠A=30°, ∠C=100° 이므로 ∠A는 예각, ∠C는 둔각이다.
  └→ ∠A, ∠B, ∠C의 3개이다.

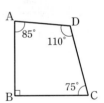

009
⊃7881-0135

오른쪽 도형에 대한 설명으로 옳지 <u>않</u>은 것은?

① ∠A는 예각이다.

② ∠B는 직각이다.

③ ∠C는 예각이다.

④ ∠D는 평각이다.

⑤ 내각의 개수는 4이다.

010
⊃7881-0136

각도에 대한 설명으로 옳지 <u>않</u>은 것은?

① 180°는 둔각이다.

② 각의 크기를 각도라 한다.

③ 평각은 예각보다 각의 크기가 더 크다.

④ 각도를 나타내는 단위에는 1도가 있다.

⑤ 직각을 90으로 똑같이 나눈 하나를 1도라 한다.

유형 06-4 각의 종류

(1) **맞꼭지각** : 서로 마주보는 두 각으로 크기가 서로 같다. → 교각 중의 두 각이다.

➡ $\angle a = \angle c$, $\angle b = \angle d$

(2) **동위각** : 같은 위치에 있는 각

➡ $\angle a$와 $\angle e$, $\angle b$와 $\angle f$,
  $\angle c$와 $\angle g$, $\angle d$와 $\angle h$

(3) **엇각** : 엇갈린 위치에 있는 각

➡ $\angle b$와 $\angle h$, $\angle c$와 $\angle e$
→ 동위각과 엇각은 두 직선이 한 직선과 만날 때 생긴다.

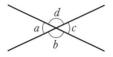

| 예 | 오른쪽 그림에서
$\angle a = 90°$ (맞꼭지각)
$\angle b = \angle c = 180° - 90° = 90°$
$\angle d = \angle e = 180° - 95° = 85°$
$\angle f = 95°$ (맞꼭지각) → 평각을 이루는 두 각의 크기의 합은 180°이다.
또, $\angle f$의 동위각은 $\angle c$,
$\angle f$의 엇각은 $\angle b$이다.

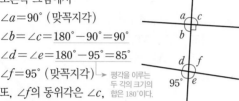

011

⊃7881-0137

오른쪽 그림에서 $\overleftrightarrow{AB}$, $\overleftrightarrow{CD}$, $\overleftrightarrow{EF}$가 한 점 O에서 만날 때, 다음 중 서로 맞꼭지각이 <u>아닌</u> 것은?

① $\angle AOF$와 $\angle EOB$
② $\angle COE$와 $\angle DOF$
③ $\angle BOC$와 $\angle AOD$
④ $\angle AOE$와 $\angle DOB$
⑤ $\angle EOD$와 $\angle COF$

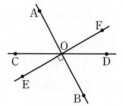

012

⊃7881-0138

오른쪽 그림에서 x의 값을 구하여라.

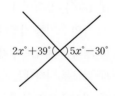

$2x° + 39°$ $5x° - 30°$

013

⊃7881-0139

오른쪽 그림에서 $\angle a$, $\angle b$의 크기를 각각 구하여라.

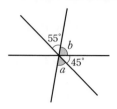

$55°$ b $45°$ a

014

⊃7881-0140

오른쪽 그림에서 $\angle a$의 동위각의 크기와 $\angle b$의 엇각의 크기의 합을 구하여라.

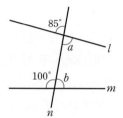

$85°$ a l
$100°$ b m
n

015

⊃7881-0141

오른쪽 그림에 대한 설명으로 옳지 <u>않</u>은 것은?

① $\angle b$의 동위각은 $\angle f$이다.
② $\angle c$의 엇각은 $\angle e$이다.
③ $\angle d$의 크기는 $\angle h$의 크기와 같다.
④ $\angle e$의 엇각의 크기는 $\angle a$의 크기와 같다.
⑤ $\angle f$의 동위각의 크기는 $\angle d$의 크기와 같다.

유형 06-5　도형의 각의 크기의 합

(1) 삼각형의 세 내각의 크기의 합은 180°이다.

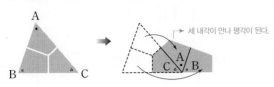

→ 세 내각이 만나 평각이 된다.

(2) 사각형의 네 내각의 크기의 합은 360°이다.

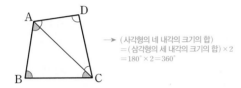

→ (사각형의 네 내각의 크기의 합)
　＝(삼각형의 세 내각의 크기의 합)×2
　＝180°×2＝360°

| 예 | 오른쪽 그림에서

$\angle A + \angle B + \angle C = 180°$

이므로

→ 세 내각의 크기의 합

$80° + \angle B + 55° = 180°$

따라서 $\angle B = 45°$

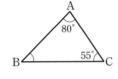

016

⇒7881-0142

다음 중 삼각형의 세 내각의 크기가 <u>아닌</u> 것은?

① 30°, 60°, 90°　　② 45°, 60°, 75°

③ 20°, 30°, 130°　　④ 15°, 65°, 90°

⑤ 10°, 55°, 115°

017

⇒7881-0143

오른쪽 그림과 같은 사각형 ABCD에
서 ∠D의 크기를 구하여라.

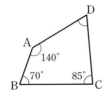

018

⇒7881-0144

오른쪽 그림에서 ∠x의 크기를 구하여
라.

유형 06-6　삼각형의 분류

(1) 각의 크기에 따른 삼각형의 분류

삼각형	예각삼각형	직각삼각형	둔각삼각형
그림	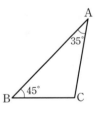		
특징	예각이 3개	직각이 1개	둔각이 1개

(2) 변의 길이에 따른 삼각형의 분류

→ 정삼각형도 이등변삼각형이다.

삼각형	이등변삼각형	정삼각형
그림		
뜻	$\overline{AB} = \overline{AC}$	$\overline{AB} = \overline{BC} = \overline{CA}$
성질	$\angle B = \angle C$	$\angle A = \angle B = \angle C$

019

⇒7881-0145

오른쪽 그림과 같은 삼각형 ABC에 대
한 설명으로 옳은 것은?

① ∠ABC는 직각이다.

② ∠C의 크기는 110°이다.

③ 삼각형 ABC는 둔각삼각형이다.

④ 두 변의 길이가 같은 삼각형이다.

⑤ ∠A와 ∠B의 크기의 합은 ∠ACB의 크기보다 크다.

020

⇒7881-0146

다음 그림과 같은 삼각형 ABC에서 ∠B의 크기를 구하여라.

(1)

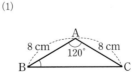

(2)

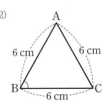

유형 06-7 삼각형의 작도

(1) 삼각형 ABC

➡ 기호 : △ABC

참고 사각형 ABCD

➡ 기호 : □ABCD

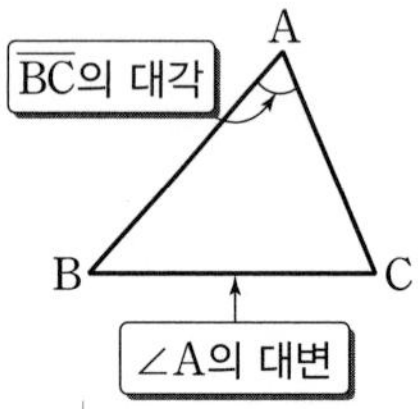

대변 : 각과 마주보는 변
대각 : 변과 마주보는 각

(2) 삼각형의 작도 : 눈금 없는 자와 컴퍼스만으로 삼각형을 그리는 것

(3) 삼각형이 하나로 정해지기 위한 조건

① 세 변의 길이를 알 때 → 단, 삼각형의 세 변의 길이는 다음을 만족해야 한다. (삼각형의 한 변의 길이)<(다른 두 변의 길이의 합)

② 두 변의 길이와 그 끼인각의 크기를 알 때

③ 한 변의 길이와 양 끝각의 크기를 알 때

| 예 | 두 변 $\overline{AB}$, $\overline{BC}$의 길이가 주어진 △ABC는 $\overline{AC}$의 길이 혹은 끼인각 ∠B의 크기를 알 때, 크기와 모양이 하나로 정해진다.

→ 삼각형의 세 변의 길이가 주어져도 삼각형의 가장 긴 변의 길이가 다른 두 변의 길이의 합보다 크거나 같으면 삼각형이 될 수 없다.

021

7881-0147

다음 중 삼각형의 세 변의 길이가 될 수 있는 것을 모두 고르면? (정답 2개)

① 2 cm, 3 cm, 4 cm ② 4 cm, 5 cm, 9 cm
③ 5 cm, 5 cm, 5 cm ④ 2 cm, 5 cm, 8 cm
⑤ 1 cm, 8 cm, 10 cm

022

7881-0148

다음 주어진 조건을 이용하여 △ABC를 작도하려고 할 때, △ABC를 하나로 작도할 수 없는 것은?

① $\overline{AB}=5$, $\overline{BC}=6$, $\overline{CA}=7$
② $\overline{AB}=6$, $\overline{BC}=5$, $\angle A=45°$
③ $\overline{BC}=7$, $\overline{CA}=5$, $\angle C=60°$
④ $\overline{AC}=8$, $\angle A=30°$, $\angle C=90°$
⑤ $\overline{BC}=9$, $\angle B=75°$, $\angle C=60°$

유형 06-8 수직

(1) $\overleftrightarrow{AB}$, $\overleftrightarrow{CD}$가 직각을 이룰 때, $\overleftrightarrow{AB}$와 $\overleftrightarrow{CD}$는 수직이다. (→ 직교한다.)

➡ 기호 : $\overleftrightarrow{AB}\perp\overleftrightarrow{CD}$

(2) $\overline{AB}\perp l$, $\overline{AM}=\overline{BM}$일 때, 직선 l은 $\overline{AB}$의 수직이등분선이다.

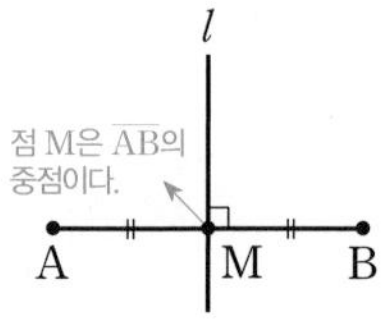

(3) 점 P에서 직선 l에 수선의 발을 내릴 때

① 점 H : 수선의 발 → $\overline{PH}\perp l$

② $\overline{PH}$: 점 P와 직선 l 사이의 거리

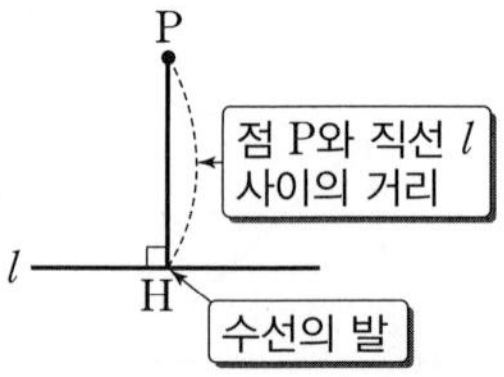

| 예 | 한 칸의 길이가 1인 모눈종이에서 점 A, B, C에서 직선 l에 내린 수선의 발은 각각 D, E, F이고, 점 C와 직선 l 사이의 거리는 2이다. (→ $\overline{CF}$의 길이와 같다.)

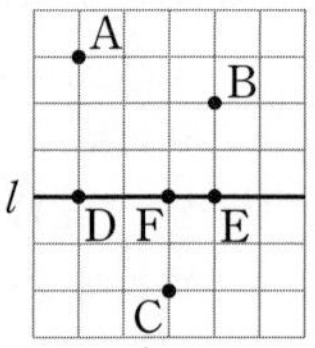

$\overline{AD}\perp l$, $\overline{BE}\perp l$, $\overline{CF}\perp l$

023

7881-0149

오른쪽 그림과 같은 사각형 ABCD에 대한 설명으로 옳지 않은 것은?

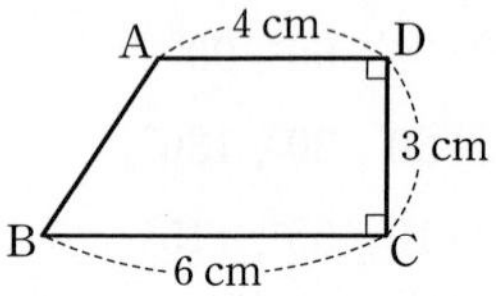

① $\overline{AD}\perp\overline{DC}$
② $\overline{DC}$는 $\overline{BC}$의 수선이다.
③ $\overline{DC}$와 $\overline{AD}$는 직교한다.
④ 점 A와 점 B 사이의 거리는 3 cm이다.
⑤ 점 C에서 $\overline{AD}$에 내린 수선의 발은 점 D이다.

024

7881-0150

오른쪽 그림에서 직선 l이 $\overline{AB}$의 수직이등분선이고, $\overline{AB}=4$ cm일 때, 다음 □ 안에 알맞은 수나 기호를 써라.

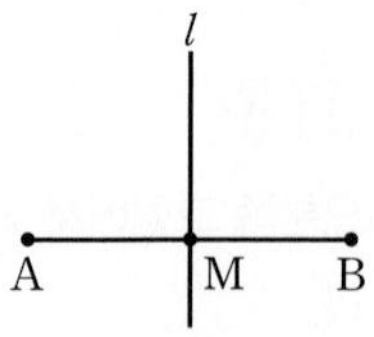

(1) $\overline{AB}=\square\overline{BM}$ (2) $\overline{AM}=\square$ cm (3) $l\square\overline{AB}$

THEME 06 도형

유형 06-9 평행

(1) 평행

그림의 화살표는 평행함을 나타낸다.

두 직선 l, m이 만나지 않을
때, 두 직선 l, m은 평행하다.

➡ 기호 : $l /\!\!/ m$

(2) 평행선의 성질

$l /\!\!/ m$이면

① $\angle a = \angle b$ (동위각)

② $\angle a = \angle c$ (엇각)

→ 평행할 때만 동위각, 엇각의 크기가 같고, 항상 같지는 않음에 유의한다.

| 예 | 오른쪽 그림에서 $l /\!\!/ m$일 때 $\angle x$의 크기를 구하기 위해 두 직선 l, m에 평행한 직선 n 을 그으면

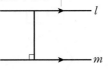

$l /\!\!/ n$이므로

$\angle a = 35°$ (엇각),

$n /\!\!/ m$이므로

$\angle b = 45°$ (엇각)

➡ $\angle x = \angle a + \angle b$

$= 35° + 45° = 80°$

→ 평행한 보조선을 그어 평행선의 성질을 이용한다.

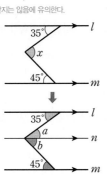

025

➲7881-0151

오른쪽 그림에서 $l /\!\!/ m$일 때, $\angle a$, $\angle b$의 크기를 각각 구하여라.

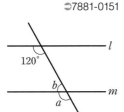

026

➲7881-0152

오른쪽 그림에서 $l /\!\!/ m$일 때, $\angle a$, $\angle b$, $\angle c$의 크기를 각각 구하여라.

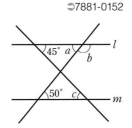

027

➲7881-0153

다음 그림에서 $l /\!\!/ m$일 때, $\angle x$의 크기를 구하여라.

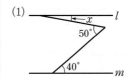 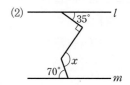

(1) (2)

028

➲7881-0154

오른쪽 그림에서 $l /\!\!/ m$이고,
$\angle ABD = 2\angle DBC$일 때, $\angle DBC$
의 크기는?

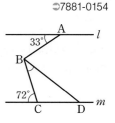

① $31°$　　② $32°$　　③ $33°$

④ $34°$　　⑤ $35°$

029

➲7881-0155

오른쪽 그림은 직사각형 모양의
종이를 $\overline{EF}$를 접는 선으로 하여
접은 것이다. $\angle GEF = 62°$일
때, $\angle EGF$의 크기는?

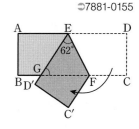

① $54°$　　② $56°$　　③ $58°$

④ $60°$　　⑤ $62°$

유형 06-10 두 직선이 평행할 조건

다음 조건 중 하나를 만족하면
$l /\!/ m$이다.

(1) $\angle a = \angle b$ (동위각)

(2) $\angle a = \angle c$ (엇각)

| 예 | 오른쪽 그림의 두 직선 l, m은 동위각의 크기가 같으 므로 $l /\!/ m$이고 → 그림에서 85°로 같다. 두 직선 l, n은 동위각의 크 기가 같지 않으므로 평행하 지 않다. → 그림에서 85°와 90°로 같지 않다.

유형 06-11 다각형과 정다각형

(1) 다각형 : 선분으로만 둘러싸인 평면도형
→ 곡선이나 끊어진 부분이 있는 도형은 다각형이 아니다.

⇨ 오각형의 꼭짓점, 변, 각의 개수는 각각 모두 5이다.
→ n각형의 꼭짓점, 면, 각의 개수는 각각 모두 n이다.

(2) 정다각형 : 변의 길이가 모두 같고 각의 크기가 모두 같은 다각형

| 예 | 둘레의 길이가 24 cm인 정육각형에서 한 변의 길이를
→ 변의 개수가 6이다.
x cm라 하면 $6x = 24$, $x = 4$
따라서 정육각형의 한 변의 길이는 4 cm이다.

030
⇨7881-0156

오른쪽 그림에서 $l /\!/ m$, $p /\!/ q$이기 위한 $\angle a$, $\angle b$의 크기를 각각 구하여라.

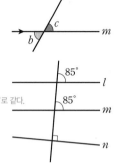

031
⇨7881-0157

오른쪽 그림에서 $l /\!/ m$이기 위한 $\angle x$의 크기는?

① 30° ② 40° ③ 50°
④ 60° ⑤ 70°

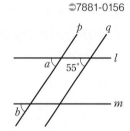

032
⇨7881-0158

오른쪽 그림에 대한 설명으로 옳은 것은?

① $\angle a = 60°$ ② $\angle b = 70°$
③ $l /\!/ m$ ④ $l /\!/ n$
⑤ $p \perp m$

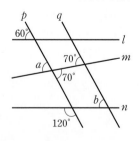

033
⇨7881-0159

다음 조건을 모두 만족하는 다각형의 이름을 써라.

- 변의 개수는 15이다.
- 변의 길이가 모두 같고, 각의 크기도 모두 같다.

034
⇨7881-0160

오른쪽 그림과 같은 정팔각형에서 한 변의 길이가 3 cm일 때, 이 정팔각형의 둘레의 길이를 구하여라.

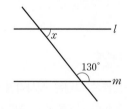

035
⇨7881-0161

한 변의 길이가 4 cm이고, 둘레의 길이가 40 cm인 정다각형의 변의 개수를 구하여라.

유형 **06-12** 다각형의 대각선

(1) 대각선 : 다각형의 이웃하지 않은 두 꼭짓점을 이은 선분

(2) n각형의 한 꼭짓점에서 그을 수 있는 대각선의 개수 :

$n-3$ → 자기 자신과 이웃한 두 점을 제외한 점의 개수와 같다.

(3) n각형의 대각선의 개수 : $\dfrac{n(n-3)}{2}$

| 예 | 오각형의 한 꼭짓점에서
그을 수 있는 대각선의 개수는

$5-3=2$ → $n=5$를 대입한다.

오각형의 대각선의 개수는

$\dfrac{5(5-3)}{2}=5$ → $n=5$를 대입한다.

036

⊃7881-0162

한 꼭짓점에서 그을 수 있는 대각선의 개수가 6인 다각형은?

① 육각형   ② 칠각형   ③ 팔각형

④ 구각형   ⑤ 십각형

037

⊃7881-0163

다음 다각형의 대각선의 개수를 구하여라.

(1) 육각형   (2) 이십각형

038

⊃7881-0164

대각선의 개수가 20인 다각형의 변의 개수를 구하여라.

유형 **06-13** 다각형의 내각과 외각의 성질

한 꼭짓점에서의 내각과 외각의 크기의 합은 $180°$이다.

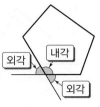

한 내각에 대한 외각은 2개이지만 두 외각은 ← 맞꼭지각으로 크기가 같아서 1개만 생각해도 된다.

| 예 | 정삼각형의 한 내각의
크기는 $60°$이므로→ 정삼각형은 세 내각의 크기가 모두 같다.
한 외각의 크기는
$180°-60°=120°$이다.

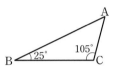

039

⊃7881-0165

오른쪽 그림의 △ABC에서 다음을 구하여라.

(1) ∠C의 외각의 크기

(2) ∠A의 외각의 크기

040

⊃7881-0166

오른쪽 그림과 같은 □ABCD에서 ∠BCD의 외각의 크기를 구하여라.

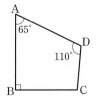

041

⊃7881-0167

한 외각의 크기가 $60°$인 정다각형의 한 내각의 크기를 구하여라.

유형 06-14 삼각형의 내각과 외각의 성질

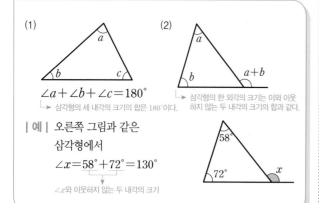

(1) $\angle a + \angle b + \angle c = 180°$
↳ 삼각형의 세 내각의 크기의 합은 $180°$이다.

(2) ↳ 삼각형의 한 외각의 크기는 이와 이웃하지 않는 두 내각의 크기의 합과 같다.

| 예 | 오른쪽 그림과 같은 삼각형에서
$\angle x = \underline{58° + 72°} = 130°$
↳ $\angle x$와 이웃하지 않는 두 내각의 크기

042
⤷7881-0168

다음 그림에서 $\angle x$의 크기를 구하여라.

(1)

(2)

043
⤷7881-0169

세 내각의 크기가 $2 : 3 : 4$인 삼각형에서 크기가 가장 작은 내각의 크기를 구하여라.

044
⤷7881-0170

오른쪽 그림의 $\triangle ABC$에서 $\angle BAD = \angle DAC$일 때, $\angle ADB$의 크기를 구하여라.

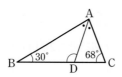

유형 06-15 다각형의 내각의 크기

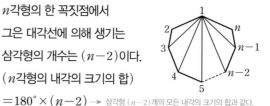

(1) n각형의 한 꼭짓점에서 그은 대각선에 의해 생기는 삼각형의 개수는 $(n-2)$이다.

(2) (n각형의 내각의 크기의 합)
$= 180° \times (n-2)$ → 삼각형 $(n-2)$개의 모든 내각의 크기의 합과 같다.

(3) (정n각형의 한 내각의 크기)$= \dfrac{180° \times (n-2)}{n}$
↳ 정다각형은 모든 내각의 크기가 같다.

| 예 | 정팔각형의 한 꼭짓점에서 그은 대각선에 의해 생기는 삼각형의 개수는

$n=8$을 대입한다.

→ $8-2=6$
정팔각형의 내각의 크기의 합은
$180° \times (8-2) = 1080°$
정팔각형의 한 내각의 크기는
$\dfrac{1080°}{8} = 135°$
↳ 정팔각형은 내각이 8개이고, 그 크기는 모두 같다.

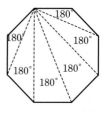

045
⤷7881-0171

한 꼭짓점에서 그은 대각선에 의해 생기는 삼각형의 개수가 3인 다각형의 내각의 크기의 합은?

① $180°$ ② $360°$ ③ $540°$
④ $720°$ ⑤ $900°$

046
⤷7881-0172

다음 그림에서 $\angle x$의 크기를 구하여라.

(1)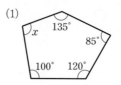

(2)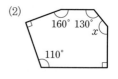

047
⤷7881-0173

한 내각의 크기가 $120°$인 정다각형을 구하여라.

유형 06-16 다각형의 외각의 크기

(1) (다각형의 외각의 크기의 합)$=360°$

(2) (정n각형의 한 외각의 크기)$=\dfrac{360°}{n}$

　→ 정다각형은 모든 외각의 크기가 같다.

| 예 | 정팔각형의 외각의 크기의 합은 $360°$이므로

정팔각형의 한 외각의 크기는 $\dfrac{360°}{8}=45°$ → $n=8$을 대입한다.

참고 정팔각형의 한 내각의 크기는 $180°-45°=135°$이다.

　→ 정다각형의 한 내각의 크기를 구할 때, 한 외각의 크기를
이용하여 구하면 편리하다.

048
⊃7881-0174

다음 그림에서 $\angle x$의 크기를 구하여라.

(1)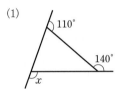

(2)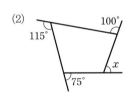

049
⊃7881-0175

오른쪽 그림에서 $\angle x$의 크기를 구하여라.

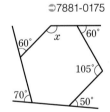

050
⊃7881-0176

한 내각의 크기와 한 외각의 크기의 비가 5 : 1인 정다각형은?

① 정팔각형　　② 정구각형　　③ 정십각형

④ 정십이각형　　⑤ 정십오각형

유형 06-17 도형의 합동

합동 : 도형을 포개었을 때 완전히 겹쳐지는 관계

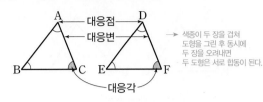

→ 색종이 두 장을 겹쳐
도형을 그린 후 동시에
두 장을 오려내면
두 도형은 서로 합동이 된다.

삼각형 ABC와 삼각형 DEF가 합동일 때

(1) $\triangle ABC \equiv \triangle DEF$ → 대응하는 꼭짓점 순서대로 쓴다.

(2) $\overline{AB}=\overline{DE}$, $\overline{BC}=\overline{EF}$, $\overline{CA}=\overline{FD}$

(3) $\angle A=\angle D$, $\angle B=\angle E$, $\angle C=\angle F$

→ 합동인 두 도형은 대응변의 길이, 대응각의 크기가 각각 같다.

051
⊃7881-0177

다음 그림에서 □ABCD와 □EFGH가 서로 합동일 때, 다음 중 옳은 것은?

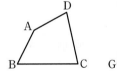

① $\overline{AB}=\overline{HG}$　　② $\overline{BC}=\overline{FG}$　　③ $\overline{DC}=\overline{EF}$

④ $\angle A=\angle H$　　⑤ $\angle C=\angle F$

052
⊃7881-0178

다음 그림에서 □ABCD≡□PQRS이다. $\overline{RQ}$의 길이를 x cm, $\angle QPS$의 크기를 $y°$라 할 때, $x+y$의 값을 구하여라.

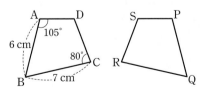

유형 06-18 삼각형의 합동 조건

다음 중 하나를 만족하면 △ABC≡△A'B'C'이다.

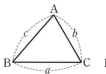

(1) $a=a'$, $b=b'$, $c=c'$ (SSS 합동)
  └ 세 쌍의 변의 길이가 각각 같을 때

(2) $a=a'$, $c=c'$, ∠B=∠B' (SAS 합동) → S(변 : Side)
  └ 두 쌍의 변의 길이가 각각 같고, 그 끼인각의 크기가 같을 때   A(각 : Angle)

(3) $a=a'$, ∠B=∠B', ∠C=∠C' (ASA 합동)
  └ 한 쌍의 변의 길이가 같고, 그 양 끝각의 크기가 각각 같을 때

| 예 | △ABC와 △DFE에서
$\overline{AB}=\overline{DF}$=4 cm,
$\overline{BC}=\overline{FE}$=6 cm,
∠B=∠F=65°
이므로
△ABC≡△DFE (SAS 합동)

053

⇒7881-0179

다음 그림에서 △ABC≡△DEF일 때, 다음을 구하여라.

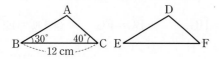

(1) ∠D의 크기
(2) $\overline{EF}$의 길이

054

⇒7881-0180

다음 두 삼각형이 합동일 때, 이를 기호로 나타내고 합동 조건을 말하여라.

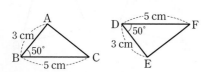

055

⇒7881-0181

다음 중 서로 합동인 것끼리 짝지어라.

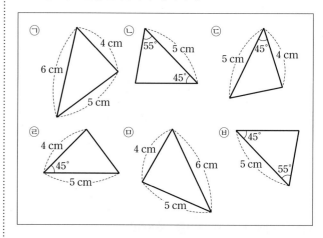

056

⇒7881-0182

오른쪽 그림과 같이 △ABC와 △DEF에서 $\overline{AB}=\overline{DE}$, $\overline{BC}=\overline{EF}$일

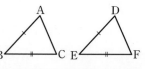

때, 다음 중 △ABC≡△DEF이기 위한 조건을 모두 고르면? (정답 2개)

① $\overline{AB}=\overline{BC}$ ② $\overline{AC}=\overline{DF}$ ③ ∠A=∠D

④ ∠B=∠E   ⑤ ∠C=∠F

057

⇒7881-0183

다음 그림에 대한 설명으로 옳은 것은?

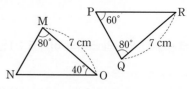

① ∠N=∠Q   ② ∠O=∠R   ③ $\overline{NO}$=7 cm

④ $\overline{MN}=\overline{PR}$ ⑤ △MNO≡△PQR

유형 06-19 여러 가지 사각형

(1) 여러 가지 사각형

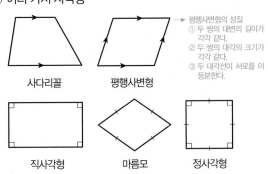

사다리꼴 　　평행사변형

→ 평행사변형의 성질
① 두 쌍의 대변의 길이가
　각각 같다.
② 두 쌍의 대각의 크기가
　각각 같다.
③ 두 대각선이 서로를 이
　등분한다.

직사각형　　마름모　　정사각형

(2) 여러 가지 사각형의 성질

① 직사각형과 정사각형은 두 대각선의 길이가 같다.

② 마름모와 정사각형은 두 대각선이 서로 수직이다.

③ 직사각형, 마름모, 정사각형은 평행사변형의 성질을
　모두 만족한다.

[058~059] 다음 그림을 보고 물음에 답하여라.

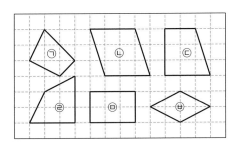

058
⊃7881-0184

평행사변형인 것만을 모두 골라라.

059
⊃7881-0185

사다리꼴이면서 평행사변형이 아닌 사각형을 골라라.

060
⊃7881-0186

오른쪽 그림과 같이 $\overline{AD}=5$ cm인 평행
사변형 ABCD의 네 변의 길이의 합이
26 cm일 때, $\overline{AB}$의 길이를 구하여라.

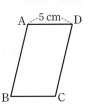

061
⊃7881-0187

마름모에 대한 설명으로 옳지 않은 것은?

① 마름모는 사다리꼴이다.

② 마름모는 정사각형이다.

③ 두 쌍의 대변이 각각 평행하다.

④ 두 쌍의 대변의 길이가 각각 같다.

⑤ 두 쌍의 대각의 크기가 각각 같다.

062
⊃7881-0188

오른쪽 그림과 같은 직사각형
ABCD에서 $\overline{AD}=4$ cm,
$\overline{DC}=2$ cm일 때, $\overline{AB}+\overline{BC}$의
길이를 구하여라.

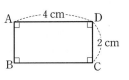

063
⊃7881-0189

다음 성질을 만족하는 사각형은?

• 두 대각선이 서로를 이등분한다.
• 두 대각선이 서로 수직이고, 두 대각선의 길이가 같다.

① 사다리꼴　　② 평행사변형　　③ 마름모

④ 직사각형　　⑤ 정사각형

(1) (직사각형의 둘레의 길이)
　　→ 직사각형의 대변의 길이는 각각 같다.
　= {(가로의 길이)+(세로의 길이)} × 2

|예| 가로의 길이가 5 cm, 세로의
　　길이가 2 cm인 직사각형의
　　둘레의 길이는
　　(5+2)×2=7×2=14(cm)
　　→ 정사각형의 네 변의 길이는 모두 같다.

(2) (정사각형의 둘레의 길이)=(한 변의 길이)×4

|예| 한 변의 길이가 3 cm인
　　정사각형의 둘레의 길이는
　　3×4=12(cm)

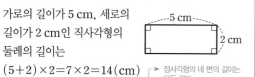

064
⊃7881-0190

직사각형의 가로의 길이가 6 cm이고 둘레의 길이가 30 cm
일 때, 세로의 길이를 구하여라.

065
⊃7881-0191

다음 직사각형과 정사각형의 둘레의 길이가 같을 때, 직사각
형의 가로의 길이를 구하여라.

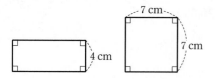

066
⊃7881-0192

오른쪽 직사각형과 둘레의 길이가 같
은 정사각형의 한 변의 길이를 구하여
라.

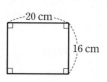

(1) (직사각형의 넓이)=(가로의 길이)×(세로의 길이)

|예| 가로의 길이가 5 cm, 세로의
　　길이가 2 cm인 직사각형의
　　넓이는 5×2=10(cm²)

(2) (정사각형의 넓이)=(한 변의 길이)²　→ 한 변의 길이를 두 번 곱한다.

|예| 한 변의 길이가 3 cm인
　　정사각형의 넓이는
　　3²=3×3=9(cm²)
　　→ 넓이의 단위에도 제곱을 붙여야 한다.

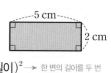

067
⊃7881-0193

오른쪽 직사각형과 넓이가 같은
정사각형의 한 변의 길이를 구하
여라.

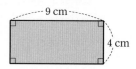

068
⊃7881-0194

한 변의 길이가 8 cm인 직사각형의 둘레의 길이가 22 cm일
때, 이 직사각형의 넓이를 구하여라.

069
⊃7881-0195

다음 도형의 넓이를 구하여라.

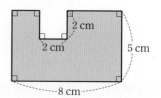

유형 06-22 평행사변형의 넓이

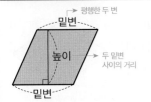

(평행사변형의 넓이)
= (밑변의 길이) × (높이)

↳ 밑변의 길이와 높이가 각각 같은
두 평행사변형의 넓이는 서로 같다.

| 예 | 밑변의 길이가 4 cm, 높이가
3 cm인 평행사변형의 넓이는
$4 \times 3 = 12 \,(\mathrm{cm}^2)$

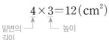

070
⊃7881-0196

오른쪽 평행사변형의 넓이를 구하
여라.

071
⊃7881-0197

다음 그림과 같은 두 평행사변형의 넓이가 서로 같을 때, x의
값을 구하여라.

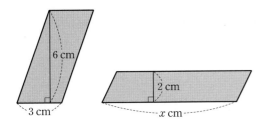

072
⊃7881-0198

오른쪽 그림과 같이 가로
의 길이가 20 cm, 세로의
길이가 6 cm인 직사각형
모양의 종이 2장을 겹쳐놓
았을 때, 겹친 부분의 넓이
를 구하여라.

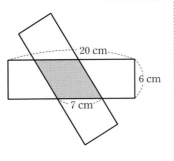

유형 06-23 삼각형의 넓이

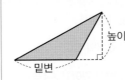

(삼각형의 넓이)
$= \dfrac{1}{2} \times$ (밑변의 길이) × (높이)

↳ 밑변의 길이와 높이가 각각 같은 두 삼각형의
넓이는 서로 같다.

| 예 | 밑변의 길이가 6 cm, 높이가
3 cm인 삼각형의 넓이는
$\dfrac{1}{2} \times 6 \times 3 = 9 \,(\mathrm{cm}^2)$

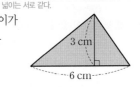

073
⊃7881-0199

다음 삼각형의 넓이를 구하여라.

(1) 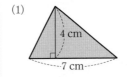 (2)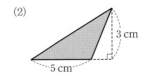

074
⊃7881-0200

오른쪽 삼각형에서 x의 값을
구하여라.

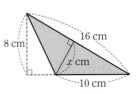

075
⊃7881-0201

오른쪽 그림과 같은 삼각형에서 색
칠한 부분의 넓이가 28 cm²일 때,
x의 값을 구하여라.

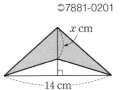

유형 06-24 사다리꼴의 넓이

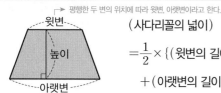

평행한 두 변의 위치에 따라 윗변, 아랫변이라고 한다.

(사다리꼴의 넓이)

$$= \frac{1}{2} \times \{ (\text{윗변의 길이}) + (\text{아랫변의 길이}) \} \times (\text{높이})$$

| 예 | 윗변의 길이가 5 cm, 아랫변의 길이가 7 cm, 높이가 6 cm인 사다리꼴의 넓이는

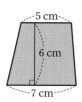

$$\frac{1}{2} \times (5+7) \times 6 = \frac{1}{2} \times 12 \times 6 = 36 \,(\text{cm}^2)$$

076
⊃7881-0202

다음 사다리꼴의 넓이를 구하여라.

(1)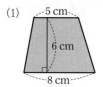

(2)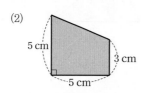

077
⊃7881-0203

오른쪽 그림과 같은 다각형의 넓이를 구하여라.

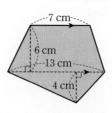

078
⊃7881-0204

오른쪽 그림과 같은 사다리꼴에서 높이와 넓이를 각각 구하여라.

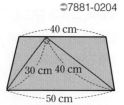

유형 06-25 마름모의 넓이

(1) 마름모의 두 대각선의 길이는 마름모와 네 점에서 만나는 직사각형의 가로, 세로의 길이와 각각 같다.

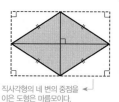

직사각형의 네 변의 중점을 이은 도형은 마름모이다.

(2) (마름모의 넓이)

$$= \frac{1}{2} \times (\text{한 대각선의 길이}) \times (\text{다른 대각선의 길이})$$

마름모의 두 대각선은 서로 수직이다.

| 예 | 두 대각선의 길이가 각각 8 cm, 4 cm인 마름모의 넓이는

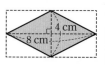

$$\frac{1}{2} \times 8 \times 4 = 16 \,(\text{cm}^2)$$

두 대각선의 길이

079
⊃7881-0205

다음 마름모의 넓이를 구하여라.

(1)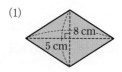

(2)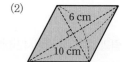

080
⊃7881-0206

가로의 길이가 16 cm, 세로의 길이가 12 cm인 직사각형의 각 변의 중점을 이어서 마름모를 만들었을 때, 이 마름모의 넓이를 구하여라.

081
⊃7881-0207

오른쪽 그림과 같이 중심이 O이고, 반지름의 길이가 12 cm인 원 위에 마름모의 네 점이 오도록 그렸을 때, 마름모의 넓이를 구하여라.

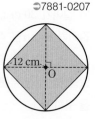

유형 06-26 직육면체와 정육면체

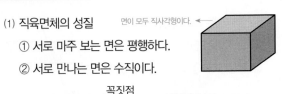

(1) **직육면체의 성질**

① 서로 마주 보는 면은 평행하다.

② 서로 만나는 면은 수직이다.

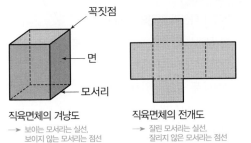

직육면체의 겨냥도 · 직육면체의 전개도

→ 보이는 모서리는 실선,
보이지 않는 모서리는 점선

→ 잘린 모서리는 실선,
잘리지 않은 모서리는 점선

(2) **정육면체** : 직육면체에서 각 면이 정사각형인 경우

→ 정육면체도 직육면체이다.

| 예 | 직육면체의 각 점을 전개도에 나타내면

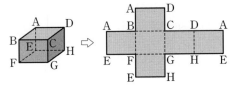

이때, 면 ABCD와 평행한 면은 면 EFGH의 1개이고,
면 ABCD와 수직인 면은
면 ABFE, 면 BFGC, 면 CGHD, 면 AEHD의
4개이다.

또, $\overline{AE}$와 평행한 모서리는
$\overline{BF}$, $\overline{CG}$, $\overline{DH}$의 3개이고,
$\overline{AE}$와 수직인 모서리는
$\overline{AB}$, $\overline{EF}$, $\overline{AD}$, $\overline{EH}$의 4개이다.

082
⊃7881-0208

직육면체에 대한 다음 설명 중 옳지 <u>않은</u> 것은?

① 3쌍의 평행한 면이 있다.

② 꼭짓점의 개수는 6이다.

③ 모서리의 개수는 12이다.

④ 한 면에 평행한 면의 개수는 1이다.

⑤ 한 면에 수직인 면의 개수는 4이다.

083
⊃7881-0209

직육면체의 면의 개수를 a, 모서리의 개수를 b, 꼭짓점의 개수를 c라 할 때, $a-b+c$의 값을 구하여라.

084
⊃7881-0210

오른쪽 그림과 같은 직육면체의 전개도에서 a, b, c의 값을 각각 구하여라.

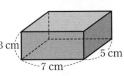

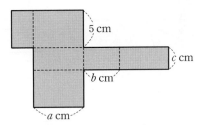

085
⊃7881-0211

정육면체의 한 모서리의 길이가 6 cm일 때, 이 정육면체의 모든 모서리의 길이의 합을 구하여라.

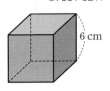

086
⊃7881-0212

다음 그림과 같은 직육면체와 정육면체의 모든 모서리의 길이의 합이 서로 같을 때, 정육면체의 한 모서리의 길이를 구하여라.

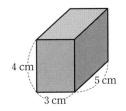

유형 06-27 위치 관계 (1)

(1) 점과 직선(평면)의 위치 관계

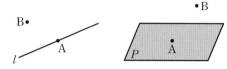

① 점 A가 직선 l(평면 P) 위에 있다.

② 점 B가 직선 l(평면 P) 위에 있지 않다.

(2) 평면에서 두 직선의 위치 관계

두 직선이 겹쳐지는 경우 →   → 만나지 않는다.

① 한 점에서 만난다. ② 일치한다. ③ 평행하다.($l /\!/ m$)

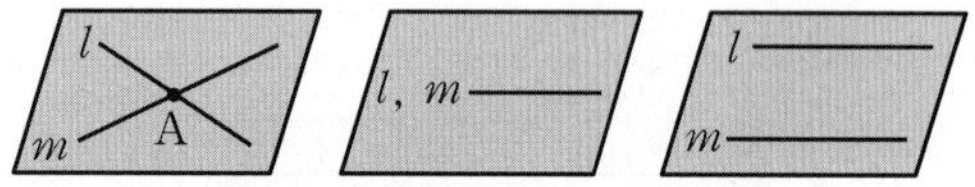

| 예 | 평행사변형 ABCD에서

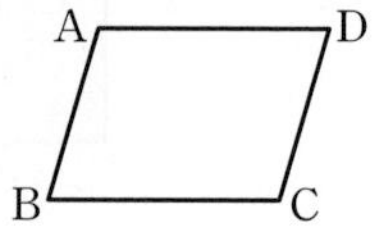

① 점 A는 변 AB 위에 있다.

② 점 B는 변 CD 위에 있지 않다.

③ 점 C는 면 ABCD 위에 있다.

④ 변 AB와 변 AD는 한 점 A에서 만난다.

⑤ 변 AB와 변 DC는 만나지 않는다. $\overline{AB} /\!/ \overline{DC}$

유형 06-28 위치 관계 (2)

(1) 공간에서 두 직선의 위치 관계

① 한 점에서 만난다. ② 일치한다.

③ 평행하다. ④ 꼬인 위치에 있다.

└→ ③, ④는 공간에서 두 직선이 만나지 않는 경우이다.

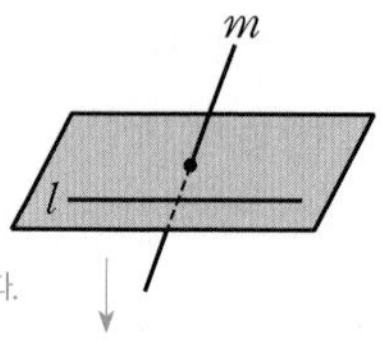

만나지도 않고 평행하지도 않는 경우 꼬인 위치에 있다.

(2) 공간에서 직선과 평면의 위치 관계

① 한 점에서 만난다.   ② 포함된다.

③ 평행하다(만나지 않는다).

(3) 공간에서 두 평면의 위치 관계

① 한 직선에서 만난다.   ② 일치한다.

③ 평행하다(만나지 않는다).

| 예 | 오른쪽 그림의 삼각기둥에서 $\overline{AB}$와 만나는 모서리는 $\overline{AC}$, $\overline{AD}$, $\overline{BC}$, $\overline{BE}$의 4개, 평행한 모서리는 $\overline{DE}$의 1개, 꼬인 위치에 있는 모서리는 $\overline{CF}$, $\overline{DF}$, $\overline{EF}$의 3개이다.

└→ 만나지도 않고 평행하지도 않다.

각기둥의 두 밑면은 합동이고, 평행하다.

087

⊃7881-0213

오른쪽 그림과 같은 직육면체에서 $\overline{AB}$와 만나는 모서리가 <u>아닌</u> 것은?

① $\overline{AD}$ ② $\overline{BC}$ ③ $\overline{AE}$

④ $\overline{CD}$ ⑤ $\overline{BF}$

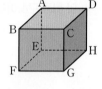

089

⊃7881-0215

오른쪽 그림과 같은 직육면체에서 $\overline{CD}$와 꼬인 위치에 있는 모서리가 <u>아닌</u> 것은?

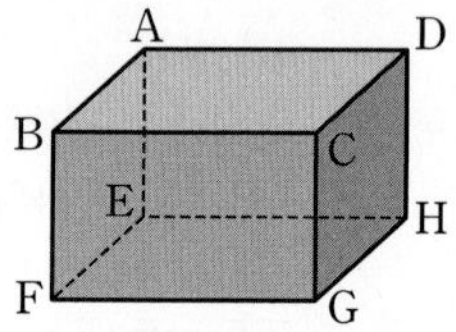

① $\overline{AE}$ ② $\overline{BF}$ ③ $\overline{EH}$

④ $\overline{FG}$ ⑤ $\overline{CG}$

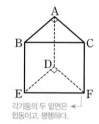

088

⊃7881-0214

오른쪽 사다리꼴 ABCD에 대한 설명으로 옳지 <u>않은</u> 것은?

① 점 A는 변 AB 위에 있다.

② 변 AD와 변 BC는 평행하다.

③ 점 C와 한 점에서 만나는 변은 2개이다.

④ $\overleftrightarrow{AB}$와 $\overleftrightarrow{CD}$는 한 점에서 만난다.

⑤ 점 B와 직선 AD 사이의 거리는 5 cm이다.

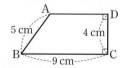

090

⊃7881-0216

오른쪽 그림의 오각기둥에 대하여 □ 안에 알맞은 수를 써넣어라.

(1) $\overline{AB}$를 포함하는 면은 □개 이다.

(2) 면 FGHIJ와 평행한 모서리는 □개이다.

(3) 면 ABCDE에 수직인 모서리는 □개이다.

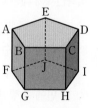

유형 06-29 선대칭

① 대응변의 길이는 같다.
  ⇨ $\overline{AB}=\overline{DC}$, $\overline{AE}=\overline{DE}$,
     $\overline{BF}=\overline{CF}$

② 대응각의 크기는 같다.
  ⇨ $\angle EAB=\angle EDC$,
     $\angle ABF=\angle DCF$

③ 대응점을 이은 선분은 대칭축과 수직이다.
  ⇨ $\overline{AD}\perp\overline{EF}$, $\overline{BC}\perp\overline{EF}$

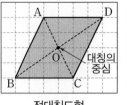

선대칭도형
↳ 대칭축을 기준으로 접으면 완전히 포개어지는 도형

| 예 | $\overline{EF}$가 대칭축일 때 ← 대응변의 길이는 같다.
  ① $\overline{DC}=\overline{AB}=6$ cm
  ② $\angle DCF=\angle ABF=60°$
  ③ $\overline{BC}\perp\overline{EF}$이므로 ← 대응각의 크기는 같다.
     $\angle EFC=90°$

유형 06-30 점대칭

① 대응변의 길이는 같다.
  ⇨ $\overline{AB}=\overline{CD}$, $\overline{AD}=\overline{CB}$

② 대응각의 크기는 같다.
  ⇨ $\angle ABC=\angle CDA$,
     $\angle BAD=\angle DCB$

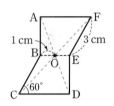

점대칭도형
대칭의 중심을 기준으로 180° 돌리면 완전히 겹쳐지는 도형 ←

③ 대칭의 중심에서 대응점에 이르는 거리는 같다.
  ⇨ $\overline{OA}=\overline{OC}$, $\overline{OB}=\overline{OD}$

| 예 | 점 O가 대칭의 중심일 때
  ① $\overline{BC}=\overline{EF}=3$ cm
  ② $\angle AFE=\angle DCB=60°$
  ③ $\overline{OE}=\overline{OB}=1$ cm

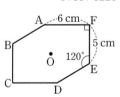

091

⊃7881-0217

다음 도형들이 선대칭도형일 때, 그 대칭축을 잘못 그은 것은?

①
②
③
④
⑤

092

⊃7881-0218

오른쪽 그림의 □ABCD가 $\overline{EF}$를 대칭축으로 하는 선대칭도형일 때, 다음 중 옳지 않은 것은?

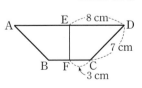

① $\angle A=\angle D$ ② $\overline{AE}=8$ cm
③ $\overline{EF}\perp\overline{BC}$ ④ $\overline{EF}=7$ cm
⑤ □ABCD의 둘레의 길이는 36 cm이다.

093

⊃7881-0219

다음 중 항상 점대칭도형이 아닌 것은?

① 평행사변형   ② 사다리꼴   ③ 마름모
④ 직사각형   ⑤ 정사각형

094

⊃7881-0220

오른쪽 그림과 같이 점 O를 대칭의 중심으로 하는 점대칭도형에 대하여 다음 중 옳지 않은 것은?

① $\overline{BC}=6$ cm
② $\overline{CD}=6$ cm
③ $\angle ABC=120°$
④ $\overline{BC}\perp\overline{CD}$
⑤ $\angle BAF=\angle EDC$

THEME 06 도형

유형 06-31 원과 부채꼴

(1) 원에서

　① 호 : 원의 일부

　② 현 : 원 위의 두 점

　　을 이은 선분

　　→ 원의 중심을 지나는 현이
　　　지름이다.

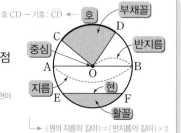

호 CD → 기호 : $\widehat{CD}$ ← 호

(2) 부채꼴 : 두 반지름과 호로 이루어진 도형

　→ 부채꼴 COD는 $\overline{OC}$, $\overline{OD}$와 $\widehat{CD}$로 이루어진 도형이다.

(3) 활꼴 : 호와 현으로 이루어진 활 모양의 도형

　→ 반원은 활꼴이면서 부채꼴인 도형이다.

095

⊃7881-0221

오른쪽 그림과 같은 두 원의 중심이 각각 O, O′일 때, $\overline{OO'}$의 길이를 구하여라. (단, 두 원은 한 점 B에서 만난다.)

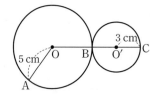

096

⊃7881-0222

오른쪽 그림에서 점 O는 원의 중심이다. 다음 중 옳지 <u>않은</u> 것은?

① $\overline{AC}=6$ cm

② $\overline{BC}=3$ cm

③ $\overline{OA}=3$ cm

④ 반원은 활꼴이다.

⑤ $\overline{OA}$, $\overline{OC}$와 $\widehat{AC}$로 이루어진 도형은 부채꼴이다.

097

⊃7881-0223

오른쪽 그림과 같이 직사각형 안에 크기가 같은 원 2개를 꼭 맞도록 그렸을 때 직사각형의 네 변의 길이의 합이 24 cm 였다. 원의 반지름의 길이를 구하여라.

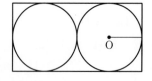

유형 06-32 원주율과 원주

(1) (원주율) $= \dfrac{(\text{원주})}{(\text{원의 지름의 길이})} = 3.141592\cdots$

　(원주)=(원의 둘레의 길이)

　→ 순환하지 않는 무한소수

　➡ 기호 : π (파이) → 원주율의 값은 항상 일정하다.

(2) 반지름의 길이가 r인 원에서 (원주)$=2\pi r$

| 예 | 반지름의 길이가 6 cm인 원에서

　원주는 $2\pi \times 6 = 12\pi$ (cm)

　→ 문제에서 π(파이)의 어림값이 주어진 경우가 아니면 일반적으로 기호 π를 이용하여 값을 나타낸다.

098

⊃7881-0224

다음을 구하여라.

(1) 반지름의 길이가 4 cm인 원주

(2) 원주가 12π cm인 원의 지름의 길이

099

⊃7881-0225

반지름의 길이가 40 cm인 굴렁쇠 위의 한 점 P가 한 바퀴 굴러 P′의 위치에 왔을 때 $\overline{PP'}$의 길이를 구하여라.

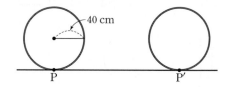

100

⊃7881-0226

오른쪽 그림은 중심이 각각 O, O′인 두 원으로 이루어진 도형이다. 색칠한 부분의 둘레의 길이를 구하여라.

유형 06-33 원의 넓이

반지름의 길이가 r인 원에서 (원의 넓이)$=\pi r^2$

| 예 | 반지름의 길이가 4 cm인 원의
넓이는
$\pi \times 4^2 = 16\pi \,(\text{cm}^2)$

Why?! 원의 넓이가 왜 πr^2일까?

반지름의 길이가 r인 원을 한없이 잘게 잘라 붙이면 가로의
길이가 원주의 절반인 πr, 세로의 길이가 r인 직사각형이
된다.

 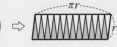

따라서 (원의 넓이)$=$(직사각형의 넓이)$=\pi r \times r = \pi r^2$

101
⊃7881-0227

다음을 구하여라.

(1) 반지름의 길이가 6 cm인 원의 넓이
(2) 넓이가 25π cm²인 원의 지름의 길이

102
⊃7881-0228

다음 그림은 반지름의 길이가 8 cm인 원을 한없이 잘게 잘라
이어 붙여 직사각형을 만든 것이다. 이 직사각형의 가로의 길
이와 세로의 길이를 각각 구하여라.

 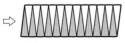

103
⊃7881-0229

오른쪽 그림은 한 변의 길이가 12 cm인
정사각형 내부에 꼭 맞는 원을 그린 것이
다. 색칠한 부분의 넓이를 구하여라.

104
⊃7881-0230

다음 그림과 같은 두 도형의 넓이가 서로 같을 때, x의 값을
구하여라.

105
⊃7881-0231

오른쪽 그림과 같이 중심이 O로 같
은 두 원에 대하여 색칠한 부분의 넓
이를 구하여라.

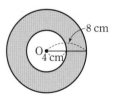

106
⊃7881-0232

오른쪽 그림은 원 O의 반지름을 각각 지
름으로 하는 두 반원을 원 O의 내부에
그린 것이다. 색칠한 부분의 넓이를 구하
여라.

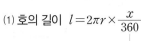 **유형 06-34** 부채꼴의 호의 길이와 넓이

반지름의 길이가 r, 중심각의 크기가 $x°$인 부채꼴에서

(1) 호의 길이 $l = 2\pi r \times \dfrac{x}{360}$

(2) 넓이 $S = \pi r^2 \times \dfrac{x}{360}$ → 원의 중심각의 크기는 $360°$이다.

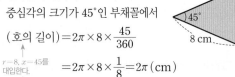

| 예 | 반지름의 길이가 8 cm이고 중심각의 크기가 45°인 부채꼴에서

(호의 길이) $= 2\pi \times 8 \times \dfrac{45}{360}$

$r=8, x=45$를 대입한다. $= 2\pi \times 8 \times \dfrac{1}{8} = 2\pi \,(\text{cm})$

(넓이) $= \pi \times 8^2 \times \dfrac{45}{360} = \pi \times 8^2 \times \dfrac{1}{8} = 8\pi \,(\text{cm}^2)$

107 ⊃7881-0233

오른쪽 그림과 같은 부채꼴의 호의 길이를 구하여라.

108 ⊃7881-0234

오른쪽 그림과 같은 부채꼴의 넓이를 구하여라.

109 ⊃7881-0235

중심각의 크기가 150°인 부채꼴의 호의 길이가 10π cm일 때, 부채꼴의 반지름의 길이를 구하여라.

유형 06-35 부채꼴의 호의 길이와 넓이 사이의 관계

반지름의 길이가 r, 호의 길이가 l인 부채꼴의 넓이 S에 대하여

$S = \dfrac{1}{2} r l$ → 중심각의 크기를 몰라도 넓이를 구할 수 있다.

| 예 | 반지름의 길이가 4 cm인 부채꼴의 호의 길이가 3π cm일 때, 넓이 S는

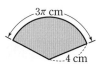

$S = \dfrac{1}{2} \times 4 \times 3\pi = 6\pi \,(\text{cm}^2)$

→ $r=4, l=3\pi$를 대입한다.

110 ⊃7881-0236

다음 그림과 같은 부채꼴의 넓이를 구하여라.

(1)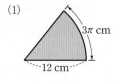

(2)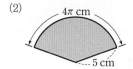

111 ⊃7881-0237

호의 길이가 18π cm이고, 넓이가 36π cm²인 부채꼴의 반지름의 길이를 구하여라.

112 ⊃7881-0238

반지름의 길이가 6 cm인 부채꼴의 넓이가 24π cm²일 때, 부채꼴의 호의 길이를 구하여라.

유형 06-36 부채꼴의 성질

(1) 부채꼴 AOB, COD에서 호
의 길이와 부채꼴의 넓이는 중
심각의 크기에 비례한다.

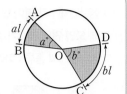

> 단, 현의 길이는 중심각의
> 크기에 비례하지 않는다.

(2) 중심각의 크기가 같으면 호의 길이, 현의 길이, 부채꼴의
넓이가 각각 같다.

| 예 | 오른쪽 그림에서
부채꼴 AOB의 중심각의
크기가 30°,
부채꼴 COD의 중심각의
크기가 120°이므로
$\widehat{CD}$의 길이는 $\widehat{AB}$의 길이의 4배이다.

→ $\widehat{AB}:\widehat{CD}=\angle AOB:\angle COD$
$=1:4$

따라서 $\widehat{CD}=4\widehat{AB}=4\times10=40(cm)$ → $\overline{CD}\ne4\overline{AB}$

또, 부채꼴 COD의 넓이는 부채꼴 AOB의 넓이의 4배
이다.

113
⊃7881-0239

다음 그림에서 x의 값을 구하여라.

(1)

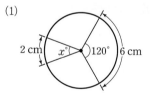

(2)

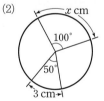

114
⊃7881-0240

오른쪽 그림에서 부채꼴 AOB의 넓
이가 12π cm²일 때, 부채꼴 COD
의 넓이를 구하여라.

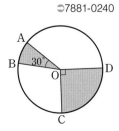

115
⊃7881-0241

오른쪽 그림에 대한 설명으로 옳은
것을 모두 고르면? (정답 2개)

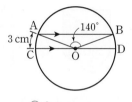

① $\widehat{BC}=2\widehat{AB}$

② $\overline{BC}=2\overline{AB}$

③ $\widehat{AB}=\overline{AB}$

④ △OBC의 넓이는 △OAB의 넓이의 2배이다.

⑤ 부채꼴 BOC의 넓이는 부채꼴 AOB의 넓이의 2배이다.

116
⊃7881-0242

오른쪽 그림에서 $\overline{AB}/\!/\overline{CD}$
이고 $\widehat{AC}=3$ cm,
$\angle AOB=140°$일 때, $\widehat{BD}$의 길
이는?

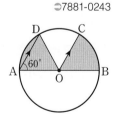

① 1 cm ② 2 cm ③ 3 cm

④ 4 cm ⑤ 5 cm

117
⊃7881-0243

오른쪽 그림에서 $\overline{AD}/\!/\overline{OC}$,
$\angle DAO=60°$이고, 부채꼴 COB의
넓이가 50 cm²일 때, 부채꼴 AOD
의 넓이는?

① 50 cm² ② 60 cm²

③ 70 cm² ④ 80 cm²

⑤ 90 cm²

유형 06-37 다면체

(1) 다면체 : 다각형인 면으로만 둘러싸
인 입체도형
→ 곡면이 있는 입체도형은 다면체가 아니다.

(2) 면의 개수에 따라 사면체, 오면체,
…라 한다.

| 예 | 오른쪽 그림과 같은 다면체는
면의 개수가 5이므로 오면체,
모서리의 개수는 9,
꼭짓점의 개수는 6이다.

꼭짓점
모서리
면

118
⟳7881-0244

다음 중 다면체가 <u>아닌</u> 것은?

①   ②   ③

④   ⑤

119
⟳7881-0245

오른쪽 그림에 대한 설명이다. ☐ 안에 알
맞은 것을 써넣어라.

(1) 면의 모양은 모두 ☐이다.

(2) 면의 개수는 ☐이므로
☐면체이다.

(3) 모서리의 개수와 꼭짓점의 개수의 차는 ☐이다.

유형 06-38 정다면체

(1) 정다면체 : 각 면이 모두 합동인 정다각형이고, 각 꼭짓점
에 모인 면의 개수가 같은 다면체

(2) 정다면체의 종류 : 아래와 같이 5가지뿐이다.

정사면체 정육면체 정팔면체 정십이면체 정이십면체

(3) 정다면체의 특징 → 정다면체도 면의 개수에 따라 정사면체, 정육면체, …
라 한다.

정다면체	정사면체	정육면체	정팔면체	정십이면체	정이십면체
면의 모양	정삼각형	정사각형	정삼각형	정오각형	정삼각형
꼭짓점의 개수	4	8	6	20	12
모서리의 개수	6	12	12	30	30
면의 개수	4	6	8	12	20
한 꼭짓점에 모인 면의 개수	3	3	4	3	5

120
⟳7881-0246

다음 조건을 모두 만족하는 정다면체의 이름을 써라.

- 면의 모양이 정삼각형이다.
- 한 꼭짓점에 모인 면의 개수가 4이다.

121
⟳7881-0247

다음 중 그 개수가 나머지 넷과 <u>다른</u> 하나는?

① 정사면체의 모서리의 개수
② 정육면체의 모서리의 개수
③ 정팔면체의 모서리의 개수
④ 정십이면체의 면의 개수
⑤ 정이십면체의 꼭짓점의 개수

유형 06-39　각기둥

각기둥 : 기둥 모양의 다면체 → n각기둥은 밑면이 2개, 옆면이 n개이므로 면의 개수가 $(n+2)$이다.

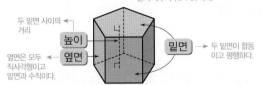

두 밑면 사이의 거리 — 높이

옆면은 모두 직사각형이고 밑면과 수직이다. — 옆면

밑면 → 두 밑면이 합동이고 평행하다.

| 예 | 오른쪽 그림과 같은 직육면체에서 두 밑면은 합동이고 평행한 사각형, 옆면은 모두 직사각형이므로 직육면체는 사각기둥이다.

→ 밑면의 모양이 삼각형이면 삼각기둥, 사각형이면 사각기둥, …이라 한다. 정육면체도 사각기둥이다.

122

⊃7881-0248

다음 중 각기둥에 대한 설명으로 옳지 <u>않은</u> 것은?

① 밑면의 개수가 2이다.

② 옆면이 직사각형이다.

③ 밑면과 옆면은 수직이다.

④ 밑면의 모양에 따라 이름이 정해진다.

⑤ 이웃하지 않은 옆면은 서로 평행하다.

123

⊃7881-0249

오른쪽 팔각기둥의 면의 개수를 구하여라.

124

⊃7881-0250

다음 조건을 모두 만족하는 다면체의 이름을 써라.

- 밑면이 2개이고 서로 평행하다.
- 옆면의 모양이 모두 직사각형이다.
- 면의 개수가 7이다.

유형 06-40　각기둥의 겉넓이와 부피

(1) 각기둥의 전개도

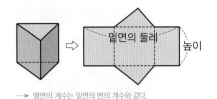

밑면의 둘레　높이

→ 옆면의 개수는 밑면의 변의 개수와 같다.

(2) (각기둥의 겉넓이) = (밑면의 넓이) × 2 + (옆면의 넓이)

→ (옆면의 넓이) = (밑면의 둘레의 길이) × (높이)

(3) (각기둥의 부피) = (밑면의 넓이) × (높이)

| 예 | 오른쪽 그림과 같은 삼각기둥에서 밑면의 넓이는

$\dfrac{1}{2} \times 4 \times 3 = 6\,(\text{cm}^2)$

옆면의 넓이는

$(4+5+3) \times 8 = 96\,(\text{cm}^2)$이므로

밑면의 둘레의 길이

겉넓이는 $6 \times 2 + 96 = 108\,(\text{cm}^2)$,

부피는 $6 \times 8 = 48\,(\text{cm}^3)$이다.

4 cm　3 cm　5 cm　8 cm

125

⊃7881-0251

오른쪽 삼각기둥의 겉넓이와 부피를 각각 구하여라.

8 cm　6 cm　10 cm　10 cm

126

⊃7881-0252

오른쪽 그림과 같은 전개도로 만들어지는 입체도형의 겉넓이가 330 cm²일 때, 이 입체도형의 높이를 구하여라.

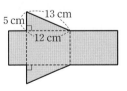

5 cm　13 cm　12 cm

THEME 06 도형

유형 06-41 각뿔

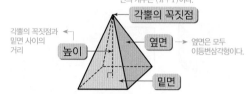

각뿔 : 뿔 모양의 다면체 → n각뿔은 밑면이 1개, 옆면이 n개이므로 면의 개수는 $(n+1)$이다.

각뿔의 꼭짓점과 밑면 사이의 거리

각뿔의 꼭짓점

높이

옆면 → 옆면은 모두 이등변삼각형이다.

밑면

→ 옆면의 개수는 밑면의 변의 개수와 같고, 모든 면의 개수는 꼭짓점의 개수와 같다.

| 예 | 오른쪽 그림과 같은 다면체는 밑면이 오각형이고 옆면은 모두 한 꼭짓점에서 모이는 삼각형이므로 오각뿔이다.

→ 밑면의 모양에 따라 삼각뿔, 사각뿔, …이라 한다.

127

⤵7881-0253

오른쪽 그림과 같은 입체도형에 대한 설명으로 옳지 <u>않은</u> 것은?

① 다면체이다.

② 육각뿔이다.

③ 면의 개수가 7이다.

④ 꼭짓점의 개수가 6이다.

⑤ 모서리의 개수가 12이다.

128

⤵7881-0254

면의 개수가 10인 각뿔의 꼭짓점의 개수는?

① 10   ② 12   ③ 15

④ 18   ⑤ 20

유형 06-42 각뿔대

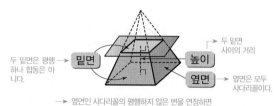

각뿔대 : 각뿔을 밑면에 평행하게 잘랐을 때 각뿔이 아닌 쪽의 다면체

두 밑면은 평행하나 합동은 아니다.

밑면

두 밑면 사이의 거리

높이

옆면 → 옆면은 모두 사다리꼴이다.

→ 옆면인 사다리꼴의 평행하지 않은 변을 연장하면 자르기 전의 각뿔의 꼭짓점에서 만난다.

| 예 | 오른쪽 그림은 오각뿔을 잘라 얻은 오각뿔대이며, 옆면은 모두 사다리꼴이다.

→ 밑면의 모양에 따라 삼각뿔대, 사각뿔대, …라 한다.

129

⤵7881-0255

십각뿔대의 꼭짓점의 개수를 구하여라.

130

⤵7881-0256

다음 중 면의 개수가 나머지 넷과 <u>다른</u> 하나는?

① 육각뿔   ② 오각기둥   ③ 오각뿔대

④ 직육면체   ⑤ 칠면체

131

⤵7881-0257

다음 중 각뿔대에 대한 설명으로 옳은 것은?

① 두 밑면이 합동이다.

② 옆면은 모두 사다리꼴이다.

③ 옆면이 한 꼭짓점에서 만난다.

④ 면의 개수와 모서리의 개수가 같다.

⑤ 꼭짓점의 개수가 밑면의 변의 개수의 3배이다.

유형 06-43 · 각뿔의 겉넓이

(각뿔의 겉넓이)＝(밑면의 넓이)＋(옆면의 넓이)

| 예 | 오른쪽 그림과 같은 정사각뿔에서
밑면의 넓이는
$5 \times 5 = 25 (cm^2)$
옆면의 넓이는
정사각뿔의 옆면의 개수 $4 \times \left(\dfrac{1}{2} \times 5 \times 6\right) = 60 (cm^2)$이므로
한 옆면의 넓이
겉넓이는 $25 + 60 = 85 (cm^2)$이다.

밑면이 정사각형이고 옆면이 모두 합동인 사각뿔을 정사각뿔이라 한다.

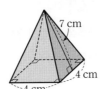

유형 06-44 · 각뿔의 부피

(각뿔의 부피)＝$\dfrac{1}{3} \times$(밑면의 넓이)$\times$(높이)

→ 각뿔의 부피는 밑면의 넓이와 높이가 각각 같은 각기둥의 부피의 $\dfrac{1}{3}$이다.

| 예 | 오른쪽 그림의 정사각뿔에서
부피는
높이
$\dfrac{1}{3} \times (4 \times 4) \times 6 = 32 (cm^3)$
밑면의 넓이

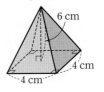

132

⊃7881-0258

오른쪽 그림과 같은 정사각뿔의 겉넓이를 구하여라.

133

⊃7881-0259

오른쪽 그림은 밑면이 정사각형인 정사각뿔의 전개도이다. 이 전개도로 만들어지는 정사각뿔의 겉넓이를 구하여라.

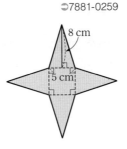

134

⊃7881-0260

오른쪽 그림과 같이 한 변의 길이가 4 cm인 정사각형을 밑면으로 하는 정사각뿔의 겉넓이가 56 cm²일 때, x의 값을 구하여라.

135

⊃7881-0261

오른쪽 그림과 같은 사각뿔의 부피를 구하여라.

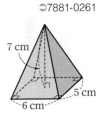

136

⊃7881-0262

오른쪽 그림과 같은 정사각뿔의 부피가 50 cm³일 때, 높이를 구하여라.

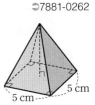

137

⊃7881-0263

다음 그림과 같은 두 사각뿔 A, B의 부피가 같을 때, 사각뿔 B의 높이를 구하여라.

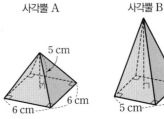

사각뿔 A   사각뿔 B

유형 06-45　각뿔대의 겉넓이

(각뿔대의 겉넓이)　→ 두 밑면은 합동이 아니므로 넓이를 각각 구하여 더한다.
= (두 밑면의 넓이의 합) + (옆면의 넓이)
　　　　　　　　　　　　→ 옆면은 사다리꼴이다.

| 예 | 오른쪽 그림과 같이 옆면이 모두
합동인 사각뿔대에서 두 밑면의
넓이의 합은
$(2 \times 2) + (5 \times 5) = 29(\text{cm}^2)$
옆면의 넓이는
$4 \times \left\{ \dfrac{1}{2} \times (2+5) \times 6 \right\} = 84(\text{cm}^2)$
　　　　　　　　　→ 사다리꼴의 넓이
이므로 겉넓이는 $29 + 84 = 113(\text{cm}^2)$이다.

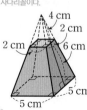

유형 06-46　각뿔대의 부피

(각뿔대의 부피) = (큰 각뿔의 부피) − (작은 각뿔의 부피)
→ 큰 각뿔과 작은 각뿔의 높이를 모두 알아야 구할 수 있다.

| 예 | 오른쪽 그림과 같은 사각뿔대에서
큰 사각뿔의 부피는
$\dfrac{1}{3} \times (6 \times 4) \times 6 = 48(\text{cm}^3)$
　　→ 큰 사각뿔의 밑면의 넓이
작은 사각뿔의 부피는
$\dfrac{1}{3} \times (3 \times 2) \times 3 = 6(\text{cm}^3)$이므로
　　→ 작은 사각뿔의 밑면의 넓이
사각뿔대의 부피는 $48 - 6 = 42(\text{cm}^3)$이다.

138
7881-0264

오른쪽 그림과 같은 사각뿔대에서 두 밑면은 각각 정사각형이고, 옆면은 모두 합동인 사다리꼴이다. 이 사각뿔대의 겉넓이를 구하여라.

139
7881-0265

오른쪽 그림과 같은 육각뿔대에서 두 밑면은 각각 정육각형이고, 옆면은 모두 합동인 사다리꼴이다. 두 밑면의 넓이가 각각 12 cm^2, 48 cm^2이고 겉넓이가 180 cm^2일 때, 한 옆면의 넓이를 구하여라.

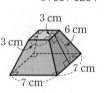

140
7881-0266

오른쪽 그림과 같은 사각뿔대에서 두 밑면은 각각 정사각형이고, 옆면은 모두 합동인 사다리꼴이다. 겉넓이가 200 cm^2일 때, 옆면인 사다리꼴의 높이를 구하여라.

141
7881-0267

오른쪽 그림과 같은 사각뿔대의 부피를 구하여라.

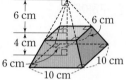

142
7881-0268

오른쪽 그림과 같은 삼각뿔대의 부피를 구하여라.

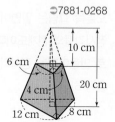

143
7881-0269

오른쪽 그림과 같이 부피가 84 cm^3인 사각뿔대에서 x의 값을 구하여라.

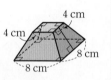

유형 06-47 회전체

(1) 회전체 : 평면도형을 회전축 l을 중심으로 1회전시켜 얻은 입체도형

(2) 회전체의 종류

→ 원뿔대는 원뿔을 밑면에 평행하게 잘라 얻을 수 있다.

회전체	원기둥	원뿔	원뿔대	구
회전체의 겨냥도				
회전시킨 도형	직사각형	직각삼각형	사다리꼴	반원

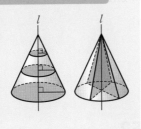

check!! 회전체를 자른 단면

① 회전체를 회전축에 수직인 평면으로 자른 단면은 항상 원이다.

② 회전체를 회전축을 포함하는 평면으로 자른 단면은 선대칭도형이고, 모두 합동이다.

144
◯7881-0270

다음 중 직선 l을 회전축으로 하여 1회전시킬 때, 오른쪽 그림과 같은 회전체가 되는 것은?

①

②

③

④

⑤

145
◯7881-0271

다음 중 회전체에 대한 설명으로 옳지 않은 것은?

① 원기둥, 원뿔, 구는 모두 회전체이다.

② 회전축에 수직인 평면으로 자른 단면은 모두 합동이다.

③ 회전축에 수직인 평면으로 자른 단면은 원이다.

④ 회전축을 포함하는 평면으로 자른 단면은 모두 합동이다.

⑤ 회전축을 포함하는 평면으로 자른 단면은 선대칭도형이다.

146
◯7881-0272

다음 입체도형 중에서 회전체를 모두 찾아라.

㉠ 원뿔대	㉡ 육각기둥	㉢ 원뿔
㉣ 정십이면체	㉤ 삼각뿔대	㉥ 구

147
◯7881-0273

다음 중 평면도형과 그 평면도형의 한 변을 축으로 하여 1회전시켜 얻은 입체도형을 알맞게 짝지은 것은?

① 직사각형 — 원기둥

② 반원 — 원뿔

③ 직각삼각형 — 원뿔대

④ 정사각형 — 구

⑤ 사다리꼴 — 반구

148
◯7881-0274

다음 중 어떤 평면으로 잘라도 그 단면이 항상 원이 되는 회전체는?

① 원기둥

② 원뿔

③ 원뿔대

④ 구

⑤ 반구

유형 06-48 원기둥의 겉넓이와 부피

(1) 원기둥의 전개도

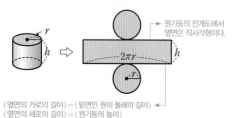

→ 원기둥의 전개도에서 옆면은 직사각형이다.

(옆면의 가로의 길이) = (밑면인 원의 둘레의 길이)
(옆면의 세로의 길이) = (원기둥의 높이)

(2) 원기둥의 밑면의 반지름의 길이가 r이고 높이가 h일 때

① (원기둥의 겉넓이) $= 2\pi r^2 + 2\pi rh$

→ (밑면의 넓이)×2
→ 옆면인 직사각형의 넓이

② (원기둥의 부피) $= \pi r^2 h$

→ 각기둥의 겉넓이와 부피를 구하는 방법과 동일하다.

| 예 | (원기둥의 겉넓이) → $r=3$, $h=5$를 각각 대입한다.

$= 2 \times (\pi \times 3^2) + (2\pi \times 3) \times 5$

두 밑면의 넓이의 합 $= 18\pi + 30\pi = 48\pi \, (\text{cm}^2)$

(원기둥의 부피)

$= \pi \times 3^2 \times 5 = 45\pi \, (\text{cm}^3)$

→ (한 밑면의 넓이)×(높이)

149
⊃7881-0275

다음 그림과 같은 원기둥과 그 전개도에서 x, y의 값을 각각 구하여라.

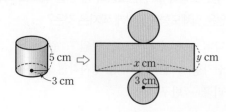

150
⊃7881-0276

오른쪽 그림과 같은 전개도로 만들어지는 입체도형의 겉넓이를 구하여라.

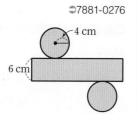

151
⊃7881-0277

다음 원기둥의 겉넓이와 부피를 각각 구하여라.

(1)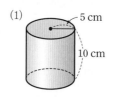

(2)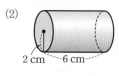

152
⊃7881-0278

오른쪽 그림과 같은 원기둥에서 밑면의 지름의 길이가 4 cm이고 겉넓이가 $20\pi \, \text{cm}^2$일 때, 이 원기둥의 부피를 구하여라.

153
⊃7881-0279

밑면의 반지름의 길이가 4 cm인 원기둥의 부피가 $80\pi \, \text{cm}^3$일 때, 이 원기둥의 겉넓이를 구하여라.

154
⊃7881-0280

오른쪽 그림과 같은 두 원기둥 A, B의 부피가 같을 때, 원기둥 B의 높이를 구하여라.

원기둥 A

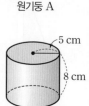

원기둥 B

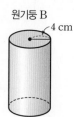

유형 06-49 원뿔의 겉넓이와 부피

(1) 원뿔의 전개도

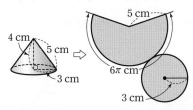

원뿔의 전개도에서
옆면의 모양은 부채꼴이다.

l: 모선

(옆면인 부채꼴의 호의 길이)
=(밑면인 원의 둘레의 길이)

(2) 원뿔의 밑면의 반지름의 길이가 r, 모선의 길이가 l, 높이가 h일 때

→ 밑면인 원의 넓이

① (원뿔의 겉넓이)$=\pi r^2+\pi l r$

옆면인 부채꼴의 넓이는
$\frac{1}{2}\times l\times 2\pi r=\pi l r$이다.
(유형 06-35 참고)

② (원뿔의 부피)$=\frac{1}{3}\pi r^2 h$

→ 각뿔의 경우와 마찬가지로 원뿔의 부피도 원기둥의 부피의 $\frac{1}{3}$이다.

| 예 | 그림과 같은 원뿔과 그 전개도에서

4 cm, 5 cm, 3 cm, 5 cm, 6π cm, 3 cm

(원뿔의 겉넓이)$=\pi\times 3^2+\pi\times 5\times 3=24\pi\,(\text{cm}^2)$

(원뿔의 부피)$=\frac{1}{3}\times\pi\times 3^2\times 4=12\pi\,(\text{cm}^3)$

→ $r=3$, $h=4$, $l=5$를 각각 대입한다.

155

⊃7881-0281

다음 원뿔의 겉넓이를 구하여라.

(1)

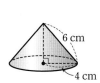

6 cm
4 cm

(2)

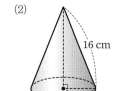

16 cm
6 cm

156

⊃7881-0282

밑면의 넓이가 25π cm^{2}인 원뿔의 모선의 길이가 6 cm일 때, 이 원뿔의 겉넓이를 구하여라.

157

⊃7881-0283

오른쪽 그림과 같은 전개도를 갖는 원뿔의 겉넓이를 구하여라.

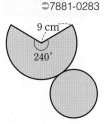

9 cm
240°

158

⊃7881-0284

오른쪽 그림과 같은 원뿔의 부피를 구하여라.

6 cm
5 cm

159

⊃7881-0285

높이가 8 cm이고, 부피가 24π cm^{3}인 원뿔의 밑면의 반지름의 길이는?

① 3 cm　　② 4 cm　　③ 5 cm

④ 6 cm　　⑤ 7 cm

160

⊃7881-0286

오른쪽 그림과 같은 입체도형의 부피를 구하여라.

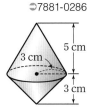

5 cm
3 cm
3 cm

유형 06-50 · 원뿔대의 겉넓이

(1) 원뿔대의 전개도

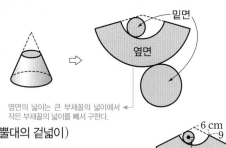

옆면의 넓이는 큰 부채꼴의 넓이에서
작은 부채꼴의 넓이를 빼서 구한다.

(2) (원뿔대의 겉넓이)

= (두 밑면의 넓이의 합)

+ (옆면의 넓이)

| 예 | 오른쪽 그림과 같은 원뿔대에서
두 밑면의 넓이의 합은
$$(\pi \times 2^2) + (\pi \times 5^2) = 29\pi \, (cm^2)$$
옆면의 넓이는 → 작은 부채꼴의 넓이
$$(\pi \times 15 \times 5) - (\pi \times 6 \times 2)$$
큰 부채꼴의 넓이 $= 75\pi - 12\pi = 63\pi \, (cm^2)$
이므로 원뿔대의 겉넓이는
$$29\pi + 63\pi = 92\pi \, (cm^2)$$

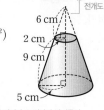

모선의 길이가 l, 밑면의 반지름의
길이가 r인 원뿔의 옆면의 넓이는
$\pi l r$이다.

161

⊃7881-0287

오른쪽 그림의 원뿔대에 대하여 □ 안
에 알맞은 수를 써넣어라.

(1) 두 밑면의 넓이의 합은
□ cm²이다.

(2) 옆면의 넓이는 □ cm²이다.

(3) 겉넓이는 □ cm²이다.

162

⊃7881-0288

오른쪽 그림과 같은 원뿔대의 겉넓이
를 구하여라.

유형 06-51 · 원뿔대의 부피

(원뿔대의 부피) → 자르기 전인 원뿔을 말한다.

= (큰 원뿔의 부피) − (작은 원뿔의 부피)

→ 큰 원뿔과 작은 원뿔의 높이를 모두 알아야 구할 수 있다.

| 예 | 오른쪽 그림과 같은 원뿔대에서
큰 원뿔의 부피는
$$\frac{1}{3} \times \pi \times 8^2 \times 8 = \frac{512}{3}\pi \, (cm^3)$$
작은 원뿔의 부피는
$$\frac{1}{3} \times \pi \times 3^2 \times 3 = 9\pi \, (cm^3)$$
이므로 원뿔대의 부피는
$$\frac{512}{3}\pi - 9\pi = \frac{512 - 27}{3} = \frac{485}{3}\pi \, (cm^3)$$

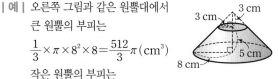

163

⊃7881-0289

다음 그림과 같은 원뿔대의 부피를 구하여라.

(1)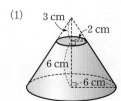

(2)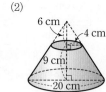

164

⊃7881-0290

오른쪽 그림과 같은 원뿔대에 대한
설명으로 옳지 않은 것은?

① 두 밑면 사이의 거리는 4 cm
이다.

② 두 밑면의 넓이의 합은 45π cm²이다.

③ 잘라 낸 작은 원뿔의 부피는 12π cm³이다.

④ 자르기 전의 큰 원뿔의 부피는 48π cm³이다.

⑤ 원뿔대의 부피는 84π cm³이다.

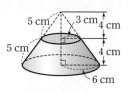

유형 06-52 구의 겉넓이와 부피

구의 반지름의 길이가 r일 때

(1) (구의 겉넓이)$=4\pi r^2$ (2) (구의 부피)$=\dfrac{4}{3}\pi r^3$

→ 구는 전개도를 그릴 수 없다.

| 예 | 반지름의 길이가 6 cm인 구에서

겉넓이는 → $r=6$을 대입한다.

$4\pi \times 6^2 = 144\pi\,(\mathrm{cm}^2)$

부피는

$\dfrac{4}{3}\pi \times 6^3 = 288\pi\,(\mathrm{cm}^3)$

165
⊃7881-0291

오른쪽 그림과 같은 구의 겉넓이와 부피를
각각 구하여라.

166
⊃7881-0292

다음 그림과 같이 구의 일부를 잘라 낸 입체도형의 부피를 구
하여라.

(1)

(2)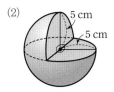

167
⊃7881-0293

겉넓이가 16π cm²인 구의 부피를 구하여라.

168
⊃7881-0294

오른쪽 그림과 같은 입체도형의
부피를 구하여라.

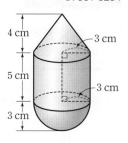

169
⊃7881-0295

다음은 원기둥, 구, 원뿔의 부피를 비교하는 과정이다. ㉠~㉤
에 들어갈 것으로 옳지 않은 것은?

원기둥의 부피는

$\pi r^2 \times 2r = \boxed{㉠}$

구의 부피는 $\boxed{㉡}$

원뿔의 부피는

$\boxed{㉢} \times \pi r^2 \times 2r = \boxed{㉣}$

이므로 원기둥, 구, 원뿔의 부피의 비는

3 : $\boxed{㉤}$: 1이다.

① ㉠ : $2\pi r^3$ ② ㉡ : $\dfrac{4}{3}\pi r^3$ ③ ㉢ : $\dfrac{1}{2}$

④ ㉣ : $\dfrac{2}{3}\pi r^3$ ⑤ ㉤ : 2

170
⊃7881-0296

반지름의 길이가 9 cm인 구 모양의 쇠구슬을 녹여서 밑면
의 반지름의 길이가 9 cm인 원기둥 모양의 추를 만들고자 할
때, 이 추의 높이를 구하여라.

유형 06-53 이등변삼각형의 성질 (1)

이등변삼각형의 두 밑각의 크기는 서로 같다.

∠A가 꼭지각, ∠B, ∠C가 두 밑각이다.

| 예 | 오른쪽 그림과 같이 $\overline{AB}=\overline{AC}$인 이등변삼각형 ABC에서

∠B=∠C=58°

∠A=180°−2×58°=64°

→ (꼭지각의 크기)=180°−2×(밑각의 크기)
(밑각의 크기)=$\frac{1}{2}$×{180°−(꼭지각의 크기)}

171
⊃7881-0297

다음 삼각형에서 x의 값을 구하여라.

(1)
(2)

172
⊃7881-0298

오른쪽 그림에서 ∠x, ∠y의 크기를 각각 구하여라.

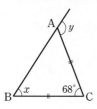

173
⊃7881-0299

오른쪽 그림과 같이 $\overline{AB}=\overline{AC}$인 이등변삼각형 ABC에서 $\overline{AC}$ 위의 한 점 D에 대하여 $\overline{BC}=\overline{BD}$이고, ∠C=70°일 때, ∠ABD의 크기를 구하여라.

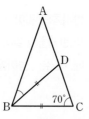

유형 06-54 이등변삼각형의 성질 (2)

이등변삼각형의 꼭지각의 이등분선은 밑변을 수직이등분한다. → $\overline{AD}\perp\overline{BC}$, $\overline{BD}=\overline{CD}$

➡ (꼭지각의 이등분선)
= (밑변의 수직이등분선)

→ $\overline{AD}$는 ∠A의 이등분선이자 $\overline{BC}$의 수직이등분선이다.

| 예 | 오른쪽 그림과 같이 $\overline{AB}=\overline{AC}$인 이등변삼각형 ABC에서

∠BAD=∠CAD=40°

$\overline{AD}\perp\overline{BC}$이므로 → ∠ADB=90°

∠x=90°−∠BAD
=90°−40°=50°

$\overline{BD}=\overline{CD}$=5이므로 → 점 D는 $\overline{BC}$의 중점

$y=\overline{BD}+\overline{CD}$=5+5=10

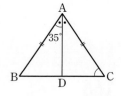

174
⊃7881-0300

오른쪽 그림과 같이 $\overline{AB}=\overline{AC}$인 이등변삼각형 ABC에서 $\overline{AD}$는 ∠BAC의 이등분선이고 ∠BAD=35°일 때, ∠ACD의 크기를 구하여라.

175
⊃7881-0301

다음 그림에서 x, y의 값을 각각 구하여라.

(1) (2)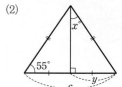

176
⊃7881-0302

오른쪽 그림과 같이 $\overline{AB}=\overline{AC}$인 이등변삼각형 ABC에서 $\overline{AD}=8$, $\overline{BC}=16$일 때, ∠B의 크기를 구하여라.

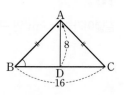

유형 06-55 이등변삼각형이 되는 조건

→ 꼭지각을 낀 두 변의 길이가 같다.

두 내각의 크기가 같은 삼각형은 이등변삼각형이다.
△ABC에서 ∠B=∠C이면 $\overline{AB}=\overline{AC}$이다.

| 예 | 오른쪽 그림에서
∠C=180°−(40°+70°)
=180°−110°=70°
이때 ∠B=∠C이므로
△ABC는 이등변삼각형이고
$\overline{AC}=\overline{AB}=6$ cm이다.
따라서 $x=6$

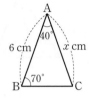

177
⊃7881-0303

오른쪽 그림과 같은 △ABC에
서 ∠A=100°, ∠C=40°,
$\overline{AB}=5$ cm일 때, $\overline{AC}$의 길이
를 구하여라.

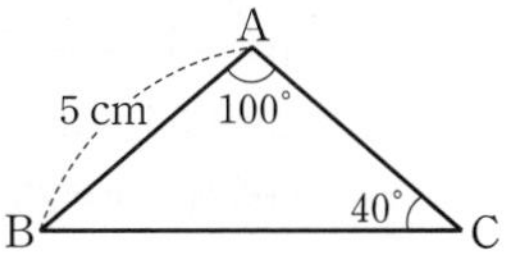

178
⊃7881-0304

다음 중 이등변삼각형이 <u>아닌</u> 것은?

① 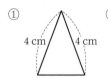　② 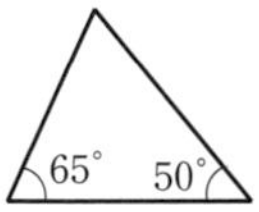 　③

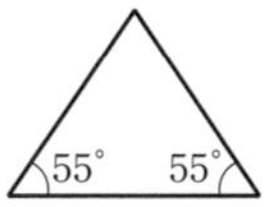

④ 　⑤

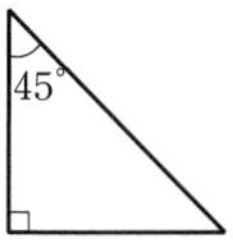

179
⊃7881-0305

오른쪽 그림에서 x의 값을 구하여
라.

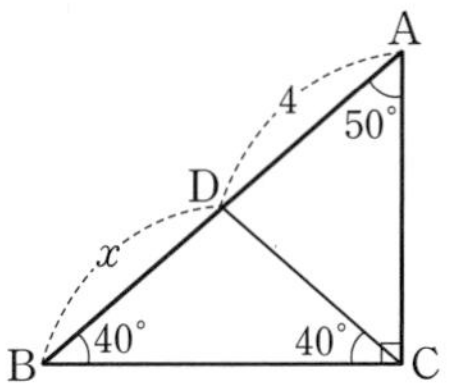

유형 06-56 직각삼각형의 합동 조건

두 직각삼각형은 다음 중 한 가지 조건을 만족하면 합동이다.

(1) 빗변의 길이와 한 예각의 크기가
각각 같을 때 (RHA 합동)

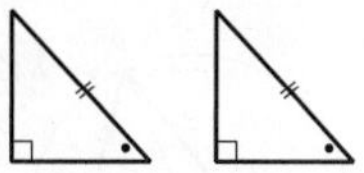

(2) 빗변의 길이와 다른 한 변의 길이
가 각각 같을 때 (RHS 합동)

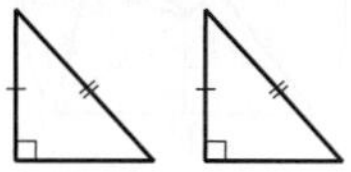

참고 빗변은 직각삼각형에서 직각의 대변이다.

→ R(직각 : Right angle)
H(빗변 : Hypotenuse)
A(각 : Angle)
S(변 : Side)

| 예 | 두 직각삼각형 ABC와 FDE에서
$\overline{AB}=\overline{FD}=4$ cm,
∠B=∠D=60°
이므로
△ABC≡△FDE
→ 대응점 순서대로 쓴다.
(RHA 합동)
따라서 $\overline{BC}=\overline{DE}=2$ cm

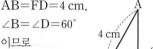

→ 빗변의 길이가 아닌 다른 한 변의 길이와 한 예각이 같은 경우는 RHA합동이 아니다.

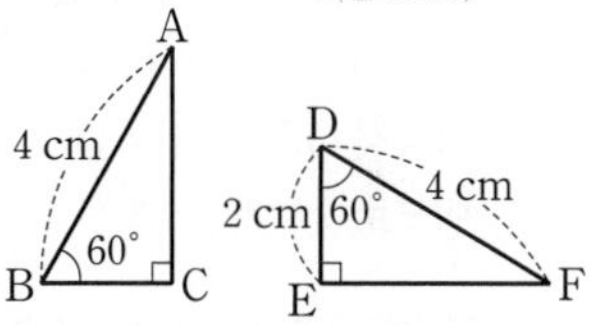

180
⊃7881-0306

오른쪽 그림에서 x의 값을 구하여라.

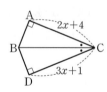

181
⊃7881-0307

오른쪽 그림에서 x, y의 값
을 각각 구하여라.

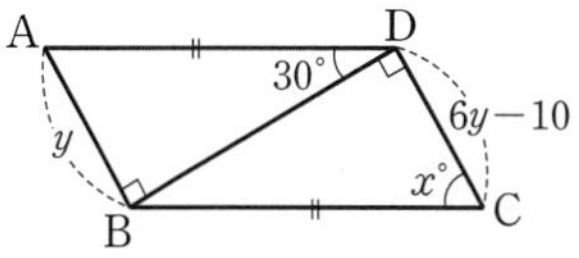

182
⊃7881-0308

오른쪽 그림에서 $\overline{AC}=\overline{CE}$
일 때, $\overline{BD}$의 길이를 구하여
라.

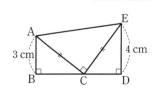

THEME 06 도형

유형 06-57 삼각형의 외심

삼각형의 외심 : 삼각형의 외접원의 중심

→ 삼각형의 세 꼭짓점을 지나는 원
① $\overline{OD}$, $\overline{OE}$, $\overline{OF}$는
　세 변의 수직이등분선
② $\overline{OA}=\overline{OB}=\overline{OC}$
→ 외접원의 반지름의 길이
→ 삼각형의 외심에서 삼각형의 각 꼭짓점에 이르는 거리는 모두 같다.

| 예 | 점 O는 △ABC의 세 변의
수직이등분선의 교점이므로
△ABC의 외심이다.
따라서 $\overline{OA}=\overline{OB}=\overline{OC}$
이므로 $x=3$, $y=3$

183

⤳7881-0309

오른쪽 그림에서 점 O가 △ABC의
외심일 때, 다음 중 옳지 <u>않은</u> 것은?

① $\overline{AE}=4$　　② $\overline{OB}=5$
③ $\overline{OC}=5$　　④ $\overline{OD}=2$
⑤ 외접원의 반지름의 길이는 5이다.

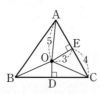

184

⤳7881-0310

오른쪽 그림에서 점 O는 △ABC의
외심이고, $\overline{AD}=6$ cm, $\overline{BE}=4$ cm,
$\overline{CF}=5$ cm일 때, △ABC의 둘레의 길
이는?

① 24 cm　　② 26 cm　　③ 28 cm
④ 30 cm　　⑤ 32 cm

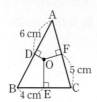

유형 06-58 삼각형의 외심과 각의 크기

점 O가 △ABC의 외심일 때 → △OAB, △OBC, △OCA는
모두 이등변삼각형이다.

(1) 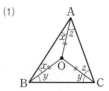　　(2)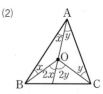

$2(\angle x+\angle y+\angle z)=180°$　　$\angle A=\angle x+\angle y$일 때
$\Rightarrow \angle x+\angle y+\angle z=90°$　　$\angle BOC=2\angle A$
　　　　　　　　　　　　　→ $\angle BOC=2(\angle x+\angle y)$이므로

| 예 | 점 O가 △ABC의 외심일 때

(1) 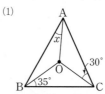　　(2)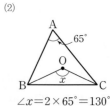

$\angle x+35°+30°=90°$　　$\angle x=2\times65°=130°$
따라서 $\angle x=25°$

185

⤳7881-0311

오른쪽 그림에서 점 O가 △ABC의 외
심일 때, $\angle x$의 크기를 구하여라.

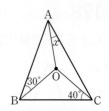

186

⤳7881-0312

오른쪽 그림에서 점 O가 △ABC의 외
심이고 $\angle OAB=30°$일 때, $\angle C$의 크
기를 구하여라.

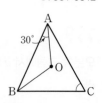

유형 06-59 삼각형의 외심의 위치

	예각삼각형	직각삼각형	둔각삼각형
외심과 외접원			
외심의 위치	삼각형의 내부	빗변의 중점	삼각형의 외부

↳ 직각삼각형에서 (외접원의 반지름의 길이)$=\frac{1}{2}\times$(빗변의 길이)이다.

| 예 | 점 O가 $\overline{AC}$의 중점일 때, 점 O는 △ABC의 외심이다.

$\overline{OA}=\overline{OB}$이므로
∠A$=$∠OBA
$=90°-30°=60°$
△OAB는 이등변삼각형이므로
두 밑각의 크기가 같다.

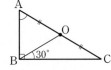

유형 06-60 삼각형의 내심

삼각형의 내심 : 삼각형의 내접원의 중심
↳ 삼각형의 세 변과 각각 한 점에서 만나는 원

① $\overline{IA}$, $\overline{IB}$, $\overline{IC}$는
세 내각의 이등분선
② $\overline{ID}=\overline{IE}=\overline{IF}$
↳ 내접원의 반지름의 길이

↳ 삼각형의 내심에서 삼각형의 각 변에 이르는 거리는 모두 같다.

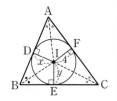

| 예 | 점 I는 △ABC의 세 내각의
이등분선의 교점이므로
△ABC의 내심이다.
따라서 $\overline{ID}=\overline{IE}=\overline{IF}$
이므로 $x=4$, $y=4$

187

⊃7881-0313

오른쪽 그림에서 점 O가 직각삼각형 ABC의 외심일 때, $\overline{OB}$의 길이를 구하여라.

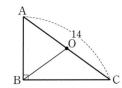

188

⊃7881-0314

오른쪽 그림과 같이 ∠A$=90°$인 직각삼각형 ABC에서 점 O는 $\overline{BC}$의 중점이고 ∠C$=25°$일 때, ∠BOA의 크기를 구하여라.

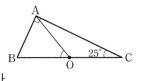

189

⊃7881-0315

오른쪽 그림과 같이 ∠A$=90°$인 직각삼각형 ABC에서 점 O는 $\overline{BC}$의 중점이고 ∠C$=60°$, $\overline{AC}=5$일 때, △ABC의 외접원의 반지름의 길이를 구하여라.

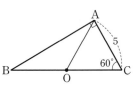

190

⊃7881-0316

오른쪽 그림에서 점 I가 △ABC의 내심일 때, 다음 중 옳지 않은 것은?

① $\overline{IE}=2$
② $\overline{IF}=2$
③ ∠IBF$=$∠IBD
④ ∠ICD$=$∠ICE
⑤ 내접원의 반지름의 길이는 5이다.

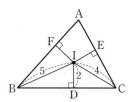

191

⊃7881-0317

오른쪽 그림에서 점 I가 △ABC의 내심이고 ∠IAE$=35°$일 때, x, y의 값을 각각 구하여라.

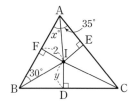

유형 06-61 삼각형의 내심과 각의 크기

점 I가 △ABC의 내심일 때

> 삼각형에서 한 외각의 크기는 이와 이웃하지 않는 두 내각의 크기의 합과 같다.

(1)
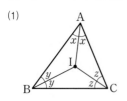

(2)

$2(\angle x+\angle y+\angle z)=180°$
$\Rightarrow \angle x+\angle y+\angle z=90°$

$\angle A=2\angle x$일 때
$\angle BIC=90°+\dfrac{1}{2}\angle A$

> $\angle BIC=(\angle x+\angle y+\angle z)+\angle x$ 이므로

| 예 | 점 I가 △ABC의 내심일 때

(1)
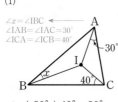

$\angle x=\angle IBC$
$\angle IAB=\angle IAC=30°$
$\angle ICA=\angle ICB=40°$

$\angle x+30°+40°=90°$
따라서 $\angle x=20°$

(2)
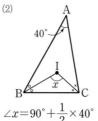

$\angle x=90°+\dfrac{1}{2}\times 40°$
$=110°$

192

⊃7881-0318

오른쪽 그림에서 점 I가 △ABC의 내심일 때, $\angle x$의 크기를 구하여라.

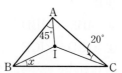

193

⊃7881-0319

오른쪽 그림에서 점 I가 △ABC의 내심이고 $\angle BAI=35°$일 때, $\angle BIC$의 크기를 구하여라.

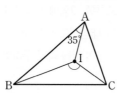

유형 06-62 삼각형의 내접원의 활용

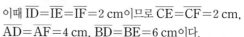

$\triangle ABC=\triangle IBC+\triangle ICA+\triangle IAB$
$=\dfrac{ar}{2}+\dfrac{br}{2}+\dfrac{cr}{2}$

(1) (△ABC의 넓이)
$=\dfrac{r}{2}(a+b+c)$
> △ABC의 둘레의 길이

(2) $\overline{AD}=\overline{AF}$, $\overline{BD}=\overline{BE}$,
$\overline{CE}=\overline{CF}$

| 예 | △ABC의 내접원의 반지름을 r cm라 하자.
△ABC의 넓이는
$\dfrac{1}{2}\times 8\times 6=24(\text{cm}^2)$
삼각형의 둘레의 길이는
$10+8+6=24(\text{cm})$
이므로 $24=\dfrac{r}{2}\times 24$, $r=2$
이때 $\overline{ID}=\overline{IE}=\overline{IF}=2$ cm이므로 $\overline{CE}=\overline{CF}=2$ cm,
$\overline{AD}=\overline{AF}=4$ cm, $\overline{BD}=\overline{BE}=6$ cm이다.
> $\overline{AC}-\overline{CF}=6-2=4(\text{cm})$ > $\overline{BC}-\overline{CE}=8-2=6(\text{cm})$

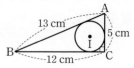

194

⊃7881-0320

오른쪽 그림에서 점 I가 직각삼각형 ABC의 내심일 때, 내접원의 반지름의 길이를 구하여라.

195

⊃7881-0321

둘레의 길이가 60 cm이고, 넓이가 30 cm²인 △ABC의 내접원의 넓이를 구하여라.

196

⊃7881-0322

오른쪽 그림에서 점 I가 △ABC의 내심일 때, $\overline{BE}$의 길이를 구하여라.

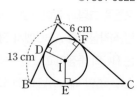

유형 06-63 평행사변형의 성질

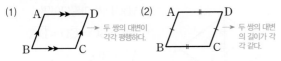

(1) → 두 쌍의 대변이 각각 평행하다.
$$\overline{AB}/\!/\overline{DC},\ \overline{AD}/\!/\overline{BC}$$

(2) → 두 쌍의 대변의 길이가 각각 같다.
$$\overline{AB}=\overline{DC},\ \overline{AD}=\overline{BC}$$

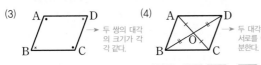

(3) → 두 쌍의 대각의 크기가 각각 같다.
$$\angle A=\angle C,\ \angle B=\angle D$$

(4) → 두 대각선이 서로를 이등분한다.
$$\overline{OA}=\overline{OC},\ \overline{OB}=\overline{OD}$$

| 예 | 평행사변형 ABCD에서
$\overline{BC}=\overline{AD}$이므로 $x=5$ → 대변의 길이가 같다.
$\angle B=\angle D$이므로 $y=75$ → 대각의 크기가 같다.

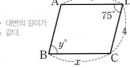

유형 06-64 평행사변형이 되는 조건

□ABCD가 평행사변형이 되는 조건
① $\overline{AB}/\!/\overline{DC},\ \overline{AD}/\!/\overline{BC}$
② $\overline{AB}=\overline{DC},\ \overline{AD}=\overline{BC}$
③ $\angle A=\angle C,\ \angle B=\angle D$
④ $\overline{AD}/\!/\overline{BC},\ \overline{AD}=\overline{BC}$
  → 또는 $\overline{AB}/\!/\overline{DC},\ \overline{AB}=\overline{DC}$
⑤ $\overline{OA}=\overline{OC},\ \overline{OB}=\overline{OD}$

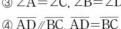

| 예 | □ABCD가 평행사변형이 되기 위한 ∠ABC의 크기를 구하면
$\angle ABC=\angle ADC$ → 대각의 크기가 서로 같아야 한다.
$=180°-(32°+45°)$
$=103°$

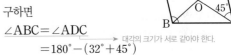

197
⊃7881-0323

다음 그림의 평행사변형 ABCD에서 x, y의 값을 각각 구하여라.

(1)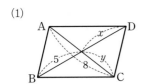

(2)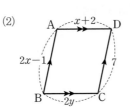

198
⊃7881-0324

오른쪽 그림의 평행사변형 ABCD에서 ∠A : ∠B=2 : 3일 때, ∠C의 크기를 구하여라.

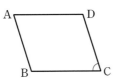

199
⊃7881-0325

오른쪽 그림의 평행사변형 ABCD에서 $\overline{AE}$가 ∠A의 이등분선일 때, $\overline{BE}$의 길이를 구하여라.

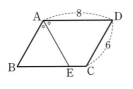

200
⊃7881-0326

오른쪽 그림의 □ABCD가 평행사변형이 되기 위한 x, y의 값을 구하여라.

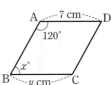

201
⊃7881-0327

다음은 평행사변형 ABCD에서 $\overline{AB}, \overline{DC}$의 중점을 각각 E, F라 할 때, □EBFD가 평행사변형임을 보이는 과정이다. □ 안에 공통으로 들어갈 선분을 써라.

□ABCD에서
$\overline{EB}=\dfrac{1}{2}\overline{AB}$
$=\dfrac{1}{2}\overline{DC}=\boxed{}$ ······ ㉠
$\overline{AB}/\!/\overline{DC}$이므로 $\overline{EB}/\!/\boxed{}$ ······ ㉡
㉠, ㉡에서 □EBFD는 평행사변형이다.

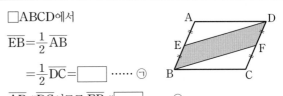

유형 06-65 직사각형의 성질과 조건

└▶ 직사각형 : 네 내각의 크기가 모두 같은 사각형

□ABCD가 직사각형이면

① ∠A=∠B=∠C=∠D=90°

② $\overline{AC}=\overline{BD}$,

$\overline{OA}=\overline{OB}=\overline{OC}=\overline{OD}$

└▶ 두 대각선에 의해 생기는 4개의 삼각형은 모두 이등변삼각형이다.

└▶ 직사각형은 두 대각선이 서로를 이등분하므로 평행사변형이다.

또, 위의 ① 또는 ②의 조건을 만족하는 사각형은 직사각형이다.

| 예 | 직사각형 ABCD에서

∠AOD의 크기를 구하면

$\overline{OA}=\overline{OD}$이므로

∠OAD=∠ODA=35°

⇨ ∠AOD=180°−(35°×2)=110°

└▶ △OAD는 이등변삼각형이다.

유형 06-66 마름모의 성질과 조건

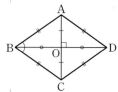

└▶ 마름모 : 네 변의 길이가 모두 같은 사각형

□ABCD가 마름모이면

① $\overline{AB}=\overline{BC}=\overline{CD}=\overline{DA}$

② $\overline{AC}\perp\overline{BD}$,

$\overline{OA}=\overline{OC},\ \overline{OB}=\overline{OD}$

└▶ 두 대각선에 의해 생기는 4개의 직각삼각형은 모두 합동이다.

└▶ 마름모는 두 대각선이 서로를 이등분하므로 평행사변형이다.

또, 위의 ① 또는 ②의 조건을 만족하는 사각형은 마름모이다.

| 예 | 마름모 ABCD에서

∠ABC의 크기를 구하면

$\overline{AB}=\overline{BC}$이므로

∠BCA=∠BAC=55°

└▶ △ABC는 이등변삼각형이다.

∠ABC

=180°−(55°×2)=70°

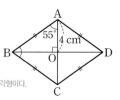

202 ⟩7881-0328

오른쪽 그림의 직사각형 ABCD에서 ∠x, ∠y의 크기를 각각 구하여라.

205 ⟩7881-0331

오른쪽 그림의 마름모 ABCD에서 ∠ABO=30°일 때, ∠OAD의 크기를 구하여라.

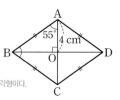

203 ⟩7881-0329

오른쪽 그림의 직사각형 ABCD에서 $x+y$의 값을 구하여라.

206 ⟩7881-0332

오른쪽 그림의 마름모 ABCD에서 $x,\ y$의 값을 각각 구하여라.

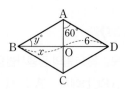

204 ⟩7881-0330

오른쪽 그림의 직사각형 ABCD에서 ∠OAB의 크기를 구하여라.

207 ⟩7881-0333

오른쪽 그림의 마름모 ABCD에서 ∠ABC의 크기를 구하여라.

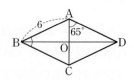

유형 06-67 정사각형의 성질과 조건

→ 정사각형 : 네 내각의 크기가 모두 같고, 네 변의 길이가 모두 같은 사각형

□ABCD가 정사각형이면
$\overline{AC} \perp \overline{BD}$이고,
$\overline{OA} = \overline{OB} = \overline{OC} = \overline{OD}$이다.

또, 위의 조건을 만족하는 사각형은 정사각형이다. → 정사각형은 두 대각선의 길이가 같고, 대각선이 서로를 수직이등분하므로 평행사변형, 직사각형, 마름모이다.

| 예 | 정사각형 ABCD에서
$\angle x = \angle ABO$이고,
$\angle AOB = 90°$이므로
$\angle x = \dfrac{1}{2} \times (180° - 90°) = 45°$
$y = 2\overline{OB} = 2 \times 2 = 4$

△OAB, △OBC, △OCD, △ODA는 ← 모두 직각이등변삼각형이다.

유형 06-68 등변사다리꼴

(1) 등변사다리꼴 : 아랫변의 양 끝각의 크기가 같은 사다리꼴
⇨ $\overline{AD} /\!\!/ \overline{BC}$, $\angle B = \angle C$ → 나머지 두 각의 크기도 같다. 즉, $\angle BAD = \angle ADC$

(2) □ABCD가 등변사다리꼴이면
$\overline{AB} = \overline{CD}$, $\overline{AC} = \overline{BD}$이다.
$\angle BAD + \angle B = \angle ADC + \angle C = 180°$ ←

→ 등변사다리꼴은 두 대각선의 길이가 같지만 두 대각선이 서로를 이등분하지는 않는다.

| 예 | $\overline{AD} /\!\!/ \overline{BC}$인 등변사다리꼴 ABCD에서 $\overline{DC}$의 길이와 $\angle D$의 크기를 구하면
$\overline{DC} = \overline{AB} = 5$,
$\angle D = \angle A = 180° - 60° = 120°$

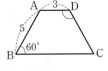

208
⊃7881-0334

오른쪽 그림의 정사각형 ABCD에서 $\angle x$, $\angle y$의 크기를 각각 구하여라.

209
⊃7881-0335

오른쪽 그림의 정사각형 ABCD에 대한 설명으로 옳지 않은 것은?

① $\overline{OC} = 3$ ② $\overline{AC} = 6$
③ $\angle ABO = 60°$ ④ $\overline{AC} \perp \overline{BD}$
⑤ △OCD는 이등변삼각형이다.

210
⊃7881-0336

오른쪽 그림과 같이 정사각형 ABCD의 내부에 $\overline{BC}$를 한 변으로 하는 정삼각형 EBC를 그렸을 때, $\angle x$, $\angle y$의 크기를 각각 구하여라.

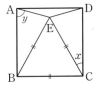

211
⊃7881-0337

오른쪽 그림과 같이 $\overline{AD} /\!\!/ \overline{BC}$인 등변사다리꼴 ABCD에서 $\angle BAD$의 크기를 구하여라.

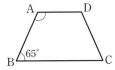

212
⊃7881-0338

오른쪽 그림과 같이 $\overline{AD} /\!\!/ \overline{BC}$인 등변사다리꼴 ABCD에 대한 것으로 옳지 않은 것은?

① $\overline{AC} = 8$ ② $\overline{AB} = 5$
③ $\overline{AD} = 5$ ④ $\angle DCB = 70°$
⑤ $\angle BAD = 110°$

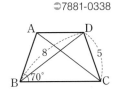

213
⊃7881-0339

오른쪽 그림과 같이 $\overline{AD} /\!\!/ \overline{BC}$인 등변사다리꼴 ABCD에서 $\overline{AB} = \overline{AD}$, $\angle C = 80°$일 때, $\angle DBC$의 크기를 구하여라.

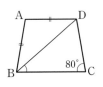

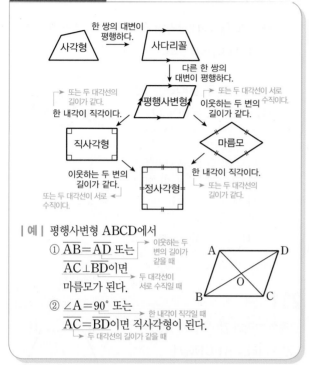

유형 06-69 사각형 사이의 관계

| 예 | 평행사변형 ABCD에서

① $\overline{AB}=\overline{AD}$ 또는 $\overline{AC}\perp\overline{BD}$이면 마름모가 된다. → 이웃하는 두 변의 길이가 같을 때 / 두 대각선이 서로 수직일 때

② $\angle A=90°$ 또는 $\overline{AC}=\overline{BD}$이면 직사각형이 된다. → 한 내각이 직각일 때 / 두 대각선의 길이가 같을 때

유형 06-70 평행선과 넓이

(1)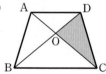

$l /\!/ m$이면

$\triangle PAB=\triangle QAB$

→ 밑변의 길이와 높이가 각각 같은 두 삼각형의 넓이는 서로 같다.

(2)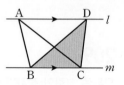

$\overline{AC}/\!/\overline{DE}$이므로

$\triangle ACD=\triangle ACE$

$\square ABCD=\triangle ABC+\triangle ACD$
$\qquad =\triangle ABC+\triangle ACE$
$\qquad =\triangle ABE$

| 예 | $\overline{AD}/\!/\overline{BC}$인 사다리꼴 ABCD에서 $\triangle ABO=20$ cm²일 때 $\triangle DOC$의 넓이를 구하면 $\triangle ABD=\triangle ACD$이므로 $\triangle DOC=\triangle ACD-\triangle AOD$
$\qquad =\triangle ABD-\triangle AOD=\triangle ABO$
따라서 $\triangle DOC=20$ cm²

214

⊃7881-0340

다음 중 평행사변형이 직사각형이 되기 위한 조건을 모두 고르면? (정답 2개)

① 한 내각이 직각이다.
② 두 대각선의 길이가 같다.
③ 두 대각선이 서로 수직이다.
④ 이웃하는 두 변의 길이가 같다.
⑤ 두 대각선이 서로 다른 것을 이등분한다.

215

⊃7881-0341

평행사변형 ABCD가 마름모가 될 조건은?

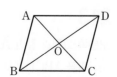

① $\overline{AC}=\overline{BD}$ ② $\overline{OA}=\overline{OB}$
③ $\angle AOD=90°$ ④ $\overline{AB}\perp\overline{BC}$
⑤ $\angle BAO=45°$

216

⊃7881-0342

오른쪽 그림에서 $\triangle ABC$의 넓이가 15 cm²일 때, $\triangle DBC$의 넓이를 구하여라.

217

⊃7881-0343

오른쪽 그림에서 $\overline{AC}/\!/\overline{DE}$이고, $\square ABCD=40$ cm², $\triangle ABC=24$ cm²일 때, $\triangle ACE$의 넓이는?

① 12 cm² ② 16 cm² ③ 20 cm²
④ 24 cm² ⑤ 28 cm²

218

→7881-0344

오른쪽 그림에서 $\overline{AB} /\!/ \overline{DC}$, $\overline{AD} /\!/ \overline{BE}$일 때, 다음 중 옳지 않은 것은?

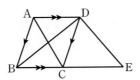

① $\triangle ABC = \triangle ABD$

② $\triangle ACD = \triangle DBC$

③ $\triangle ABC = \triangle DBC$

④ $\triangle DBC = \triangle DCE$

⑤ $\square ACED = \triangle DBE$

219

→7881-0345

$\overline{AD} /\!/ \overline{BC}$인 사다리꼴 ABCD에서 $\triangle ABC = 50 \ cm^2$, $\triangle DOC = 20 \ cm^2$일 때, $\triangle OBC$의 넓이를 구하여라.

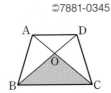

220

→7881-0346

오른쪽 그림과 같이 넓이가 $48 \ cm^2$인 평행사변형 ABCD의 내부에 한 점 P를 잡을 때, 색칠한 부분의 넓이는?

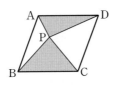

① $24 \ cm^2$ ② $28 \ cm^2$ ③ $32 \ cm^2$

④ $36 \ cm^2$ ⑤ $40 \ cm^2$

유형 06-71   평면도형에서의 닮음

→ 일정한 비율로 확대 또는 축소하여야 한다.

(1) 닮음 : 확대하거나 축소해서 서로 합동이 되는 관계

(2) $\triangle ABC$와 $\triangle DEF$가 닮은 도형일 때

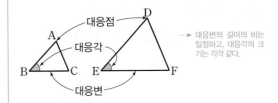

→ 대응변의 길이의 비는 일정하고, 대응각의 크기는 각각 같다.

① 기호 : $\triangle ABC \backsim \triangle DEF$ → 대응점 순서대로 써서 나타낸다.

② 닮음비 ⇨ $\overline{AB} : \overline{DE} = \overline{BC} : \overline{EF} = \overline{CA} : \overline{FD}$

→ 대응변의 길이의 비

③ $\angle A = \angle D$, $\angle B = \angle E$, $\angle C = \angle F$

| 예 | $\square ABCD \backsim \square EFGH$일 때,

$\overline{AB} : \overline{EF}$ → $\overline{AB}$의 대응변은 $\overline{EF}$, $\overline{BC}$의 대응변은 $\overline{FG}$

$= \overline{BC} : \overline{FG}$

$15 : \overline{EF} = 18 : 12$

이므로 $\overline{EF} = 10$

또, $\angle H = \angle D = 93°$

→ $\angle H$의 대응각은 $\angle D$이다.

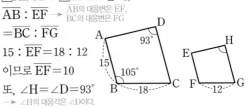

221

→7881-0347

다음 중에서 항상 닮은 도형인 것은?

① 두 직각삼각형   ② 두 원

③ 두 평행사변형   ④ 두 직사각형

⑤ 두 마름모

222

→7881-0348

다음 그림에서 $\square ABCD \backsim \square EFGH$일 때, 다음 중 옳은 것은?

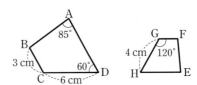

① $\angle B = 90°$ ② $\angle F = 85°$

③ 닮음비는 $3 : 4$이다.   ④ $\overline{FG} = 2 \ cm$

⑤ $\overline{AB}$에 대응하는 변은 $\overline{GH}$이다.

유형 06-72 입체도형에서의 닮음

닮은 두 입체도형에서

(1) 대응하는 모서리의 길이의 비는 일정하다. → 닮음비

(2) 대응하는 면은 닮은 도형이다.

| 예 | (삼각뿔 A−BCD)∽(삼각뿔 E−FGH)일 때

$x : 6=4 : 8$, → $\overline{DC} : \overline{HG}=\overline{AB} : \overline{EF}=\overline{BC} : \overline{FG}$

$6 : y=4 : 8$

이므로 닮음비는 $\underset{1 : 2}{}$

$x=3, y=12$

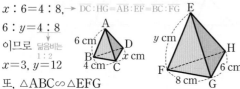

또, △ABC∽△EFG → △ABC에 대응하는 면은 △EFG이다.

223
⟳7881-0349

다음 그림의 두 닮은 직육면체에서 $\overline{AB}$, $\overline{AD}$, $\overline{BF}$에 대응하는 모서리가 각각 $\overline{A'B'}$, $\overline{A'D'}$, $\overline{B'F'}$일 때, x, y의 값을 각각 구하여라.

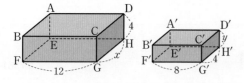

224
⟳7881-0350

오른쪽 그림의 두 닮은 원기둥에서 큰 원기둥의 밑면의 반지름의 길이를 구하여라.

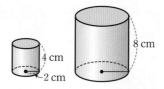

225
⟳7881-0351

오른쪽 그림과 같은 두 닮은 원뿔에 대한 설명으로 옳지 않은 것은?

① 닮음비는 2 : 3이다.

② 두 밑면은 닮은 도형이다.

③ 높이의 비는 닮음비와 같다.

④ 밑면의 반지름의 길이의 비는 4 : 9이다.

⑤ 두 모선의 길이의 비는 닮음비와 같다.

유형 06-73 삼각형의 닮음 조건

다음 중 하나를 만족하면 △ABC∽△A′B′C′이다.

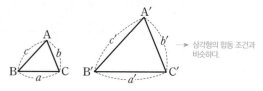
→ 삼각형의 합동 조건과 비슷하다.

(1) $a : a'=b : b'=c : c'$ (SSS 닮음)
→ 세 쌍의 대응변의 길이의 비가 같을 때

(2) $a : a'=c : c'$, ∠B=∠B′ (SAS 닮음)
→ 두 쌍의 대응변의 길이의 비가 같고, 그 끼인각의 크기가 같을 때

(3) ∠B=∠B′, ∠C=∠C′ (AA 닮음)
→ 두 쌍의 대응각의 크기가 각각 같을 때

| 예 | △ABC, △DBA에서

$\overline{AB} : \overline{DB}=\overline{BC} : \overline{BA}$
→ 12 : 9   → 16 : 12
$=4 : 3$

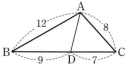

∠ABC=∠DBA이므로
$\overline{AB}, \overline{BC}$의 끼인각 $\overline{DB}, \overline{BA}$의 끼인각

△ABC∽△DBA (SAS 닮음)

$\overline{CA} : \overline{AD}=4 : 3$, $8 : \overline{AD}=4 : 3$이므로

$\overline{AD}=6$

226
⟳7881-0352

다음 그림에 대한 설명으로 옳은 것은?

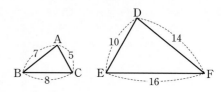

① ∠B=∠E

② △ABC∽△DEF

③ 닮음비는 7 : 10이다.

④ 점 A에 대응하는 점은 D이다.

⑤ 변 BC에 대응하는 변은 변 DF이다.

227
⟳7881-0353

오른쪽 그림에서 ∠B=∠ACD일 때, $\overline{CD}$의 길이를 구하여라.

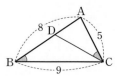

유형 06-74 직각삼각형에서의 닮음

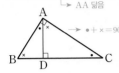

$\triangle ABC \backsim \triangle DAC \backsim \triangle DBA$이므로
→ AA 닮음

(1) $\overline{AB}^2 = \overline{BD} \times \overline{BC}$

(2) $\overline{AC}^2 = \overline{CD} \times \overline{CB}$

(3) $\overline{AD}^2 = \overline{BD} \times \overline{DC}$

→ 대응변의 길이의 비가 같음을 이용해 구한다.

| 예 | $\triangle ABC \backsim \triangle DBA$이므로

$\overline{AB} : \overline{DB} = \overline{BC} : \overline{BA}$
→ $\triangle ABC \backsim \triangle DBA$에서 ∠BAC=∠BDA=90°, ∠B는 공통

$\overline{AB}^2 = \overline{BD} \times \overline{BC}$

$12^2 = 8(8+x)$, $8+x=18$

따라서 $x=10$

228
⟲7881-0354

오른쪽 그림에서 $\overline{BC}$의 길이를 구하여라.

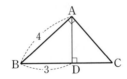

229
⟲7881-0355

오른쪽 그림에서 $\overline{AC}$의 길이를 구하여라.

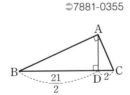

230
⟲7881-0356

오른쪽 그림에서 $\overline{BD}$의 길이를 구하여라.

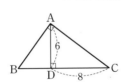

231
⟲7881-0357

오른쪽 그림에서 △ABC의 넓이를 구하여라.

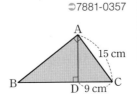

유형 06-75 삼각형과 평행선

$\overline{BC} /\!/ \overline{DE}$일 때 → $\triangle ABC \backsim \triangle ADE$ (AA 닮음)

(1) $\overline{AB} : \overline{AD} = \overline{AC} : \overline{AE} = \overline{BC} : \overline{DE}$

(2) $\overline{AD} : \overline{DB} = \overline{AE} : \overline{EC}$

→ 거꾸로 △ABC에서 (1) 또는 (2)를 만족하면 $\overline{BC} /\!/ \overline{DE}$

| 예 | $\overline{BC} /\!/ \overline{DE}$일 때

$\overline{AD} : \overline{DB} = \overline{AE} : \overline{EC}$이므로

$x : 3 = 4 : 2$, $x=6$

$\overline{AC} : \overline{AE} = \overline{BC} : \overline{DE}$이므로

$6 : 4 = y : 5$, $y = \dfrac{15}{2}$

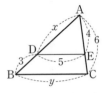

232
⟲7881-0358

오른쪽 그림에서 $\overline{BC} /\!/ \overline{DE}$일 때, $\overline{DE}$의 길이를 구하여라.

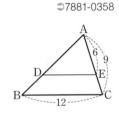

233
⟲7881-0359

오른쪽 그림에서 $\overline{AB} /\!/ \overline{DE}$일 때, $\overline{BE}$의 길이를 구하여라.

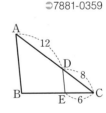

234
⟲7881-0360

오른쪽 그림에서 $\overline{BC} /\!/ \overline{DE}$이기 위한 $\overline{AB}$의 길이를 구하여라.

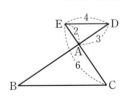

유형 06-76 평행선 사이의 선분의 길이의 비

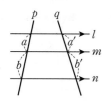

평행한 세 직선 l, m, n이 다른 두 직선 p, q와 만날 때

$a : b = a' : b'$

| 예 | $l /\!/ m /\!/ n$이므로

$8 : 4 = x : 3$

따라서 $x = 6$

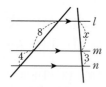

유형 06-77 각의 이등분선과 선분의 길이의 비

다음 그림에서 $\overline{AB} : \overline{AC} = \overline{BD} : \overline{DC}$

 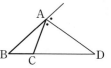

→ $\overline{AD}$는 ∠A의 이등분선   → $\overline{AD}$는 ∠A의 외각의 이등분선

| 예 | $\overline{AD}$가 ∠A의 이등분선일 때, → ∠BAD=∠DAC

$\overline{AB} : \overline{AC} = \overline{BD} : \overline{DC}$이므로

$8 : 6 = 4 : \overline{DC}$

따라서 $\overline{DC} = 3$

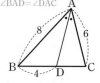

235
⇨7881-0361

다음 그림에서 $l /\!/ m /\!/ n$일 때, x의 값을 구하여라.

(1)
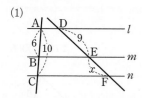

(2)
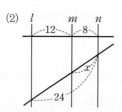

236
⇨7881-0362

오른쪽 그림에서 $l /\!/ m /\!/ n$일 때, $x+y$의 값을 구하여라.

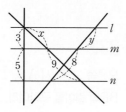

237
⇨7881-0363

오른쪽 그림에서 $\overline{AB} /\!/ \overline{EF} /\!/ \overline{CD}$이고, $\overline{AB}=2$, $\overline{CD}=4$일 때, 다음 중 선분의 길이의 비가 나머지 넷과 다른 하나는?

① $\overline{AB} : \overline{CD}$ ② $\overline{EF} : \overline{AB}$

③ $\overline{AE} : \overline{ED}$ ④ $\overline{BE} : \overline{EC}$

⑤ $\overline{BF} : \overline{FD}$

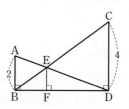

238
⇨7881-0364

다음 그림에서 x의 값을 구하여라.

(1)
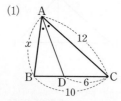

(2)
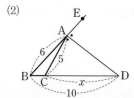

239
⇨7881-0365

다음은 $\overline{AD}$가 ∠A의 이등분선일 때, $\overline{AC}$의 길이를 구하는 과정이다. ☐ 안에 공통으로 들어갈 선분을 써라.

점 C를 지나고 $\overline{AD}$에 평행한 직선이 $\overline{BA}$의 연장선과 만나는 점을 E라 하면 $\overline{AD} /\!/ \boxed{}$이므로

∠AEC=∠BAD (동위각)

　　　 =∠DAC

　　　 =∠ACE (엇각)이므로

△ACE에서 $\overline{AC}=\overline{AE}$　……㉠

△BCE에서 $\overline{AD} /\!/ \boxed{}$이므로 $\overline{BA} : \overline{AE} = \overline{BD} : \overline{DC}$이고,

㉠에 의해 $\overline{AB} : \overline{AC} = \overline{BD} : \overline{DC}$

$15 : \overline{AC} = 10 : 8$, 즉 $\overline{AC} = 12$

유형 06-78 삼각형의 중점을 연결한 도형의 성질

→ 점 M, N은 각각 $\overline{AB}$, $\overline{AC}$의 중점

(1) $\overline{AM}=\overline{BM}$, $\overline{AN}=\overline{CN}$이면
$$\overline{MN}/\!\!/\overline{BC}, \quad \overline{MN}=\frac{1}{2}\overline{BC}$$

(2) $\overline{AM}=\overline{BM}$, $\overline{BC}/\!\!/\overline{MN}$이면
$$\overline{AN}=\overline{CN}$$

└→ △ABC∽△AMN   └→ AD=BD, BE=CE, CF=AF

| 예 | 점 D, E, F가 세 변의 중점일 때

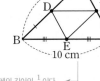

$$\overline{DE}=\frac{1}{2}\overline{AC}=\frac{7}{2} \text{ cm}$$

$$\overline{EF}=\frac{1}{2}\overline{AB}=\frac{9}{2} \text{ cm}$$

$$\overline{DF}=\frac{1}{2}\overline{BC}=5 \text{ cm}$$

△DEF의 둘레의 길이는 △ABC의 둘레의 길이의 $\frac{1}{2}$이다. ←

240
⊃7881-0366

다음 그림에서 x의 값을 구하여라.

(1) 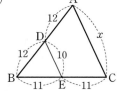   (2)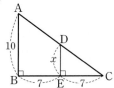

241
⊃7881-0367

오른쪽 그림에 대한 설명으로 옳지 <u>않은</u> 것은?

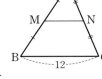

① $\overline{MN}/\!\!/\overline{BC}$　　② $\overline{MN}=6$

③ △ABC∽△AMN

④ △AMN의 둘레의 길이는 12이다.

⑤ △ABC와 △AMN의 닮음비는 2 : 1이다.

242
⊃7881-0368

오른쪽 그림에서 두 점 P, Q는 각각 $\overline{DB}$, $\overline{DC}$의 중점이고 $\overline{PQ}=12$ cm 이다. 두 점 M, N이 각각 $\overline{AB}$, $\overline{AC}$ 의 중점일 때, $\overline{MN}$의 길이를 구하여라.

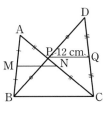

유형 06-79 사다리꼴과 평행선

$\overline{AD}/\!\!/\overline{BC}$인 사다리꼴 ABCD에서
$\overline{AM}=\overline{BM}$, $\overline{DN}=\overline{CN}$이면

(1) $\overline{AD}/\!\!/\overline{MN}/\!\!/\overline{BC}$

(2) $\overline{MN}=\frac{1}{2}(\overline{AD}+\overline{BC})$

(3) $\overline{PQ}=\frac{1}{2}(\overline{BC}-\overline{AD})$

└→ $\overline{BC}<\overline{AD}$일 때는 $\frac{1}{2}(\overline{AD}-\overline{BC})$로 계산한다.

| 예 | △ABD, △ACD에서

$$\overline{MP}=\overline{QN}=\frac{1}{2}\overline{AD}=4$$

△DBC에서

$$\overline{PN}=\frac{1}{2}\overline{BC}=7$$이므로

$$\overline{MN}=\overline{MP}+\overline{PN}$$
$$=4+7=11 \rightarrow \frac{1}{2}\times(8+14)=\frac{1}{2}\times22=11$$로 계산한 결과와 같다.

또, $\overline{PQ}=\overline{PN}-\overline{QN}=7-4=3$ → $\frac{1}{2}(14-8)=\frac{1}{2}\times6=3$ 으로 계산한 결과와 같다.

243
⊃7881-0369

오른쪽 그림과 같이 $\overline{AD}/\!\!/\overline{BC}$인 사다리꼴 ABCD에서 x의 값을 구하여라.

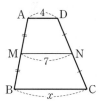

244
⊃7881-0370

오른쪽 그림과 같이 $\overline{AD}/\!\!/\overline{BC}$인 사다리꼴 ABCD에서 $\overline{EF}$의 길이를 구하여라.

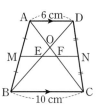

245
⊃7881-0371

오른쪽 그림과 같이 $\overline{AD}/\!\!/\overline{BC}$인 사다리꼴 ABCD에서 $\overline{PQ}=6$ cm, $\overline{BC}=20$ cm일 때, $\overline{AD}$의 길이를 구하여라.

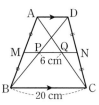

 **유형 06-80** 삼각형의 중선과 무게중심

(1) 중선 : 삼각형의 한 꼭짓점과 그 대변의 중점을 연결한 선

분 → 삼각형의 중선은 3개이다.

(2) 삼각형의 무게중심 : 삼각형의 세 중선의 교점

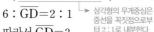
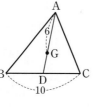

점 G가 △ABC의 무게중심

이면

$\overline{AG} : \overline{GD} = \overline{BG} : \overline{GE}$

$= \overline{CG} : \overline{GF} = 2 : 1$

→ 삼각형의 한 중선은 삼각형의 넓이를 반으로 나눈다.

| 예 | 점 G가 △ABC의 무게중심일 때,

$\overline{AD}$는 중선이므로

$\overline{BD} = \overline{DC} = \dfrac{1}{2} \times 10 = 5$

또, $\overline{AG} : \overline{GD} = 2 : 1$이므로

$6 : \overline{GD} = 2 : 1$

따라서 $\overline{GD} = 3$

> 삼각형의 무게중심은 중선을 꼭짓점으로부터 2:1로 내분한다.

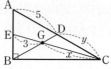

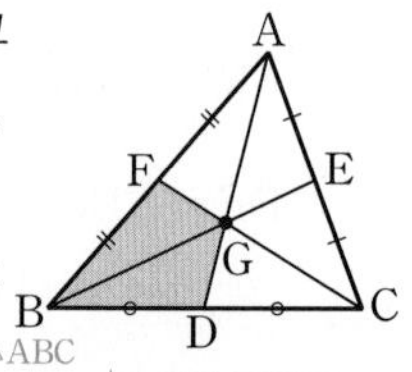

246 ⟳7881-0372

오른쪽 그림에서 점 G가 △ABC의 무게중심일 때, x, y의 값을 각각 구하여라.

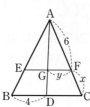

247 ⟳7881-0373

오른쪽 그림의 △ABC에서 점 G는 무게중심이고 $\overline{EF} /\!/ \overline{BC}$일 때, $x+3y$의 값을 구하여라.

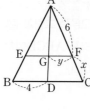

248 ⟳7881-0374

오른쪽 그림에서 두 점 G, G′은 각각 △ABC, △GBC의 무게중심이고 $\overline{AD} = 36$ cm일 때, $\overline{GG'}$의 길이를 구하여라.

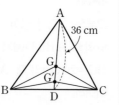

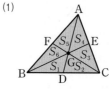 **유형 06-81** 삼각형의 무게중심과 넓이

점 G가 △ABC의 무게중심일 때

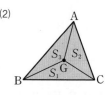

$S_1 = S_2 = S_3 = S_4 = S_5 = S_6$ $S_1 = S_2 = S_3$

→ 삼각형의 세 중선에 의해 나누어지는 6개의 삼각형의 넓이는 모두 같다.

| 예 | 점 G가 △ABC의 무게중심이고

△ABC의 넓이가 36 cm²일 때,

▱FBDG의 넓이를 구하면

$$\triangle GFB = \triangle GBD = \dfrac{1}{6} \triangle ABC$$

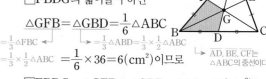

$= \dfrac{1}{3} \triangle FBC \leftarrow \qquad = \dfrac{1}{3} \triangle ABD = \dfrac{1}{3} \times \dfrac{1}{2} \triangle ABC$

$= \dfrac{1}{3} \times \dfrac{1}{2} \triangle ABC = \dfrac{1}{6} \times 36 = 6(\text{cm}^2)$이므로

> $\overline{AD}$, $\overline{BE}$, $\overline{CF}$는 △ABC의 중선이다.

▱FBDG $= \triangle GFB + \triangle GBD = 6 + 6 = 12(\text{cm}^2)$

---

249 ⟳7881-0375

오른쪽 그림에서 점 G는 △ABC의 무게중심이고 △ABC의 넓이가 24 cm²일 때, 색칠한 부분의 넓이를 구하여라.

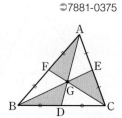

250 ⟳7881-0376

오른쪽 그림과 같이 점 G가 △ABC의 무게중심이고 △GCA의 넓이가 5 cm²일 때, △ABC의 넓이는?

① 10 cm²   ② 15 cm²   ③ 20 cm²

④ 25 cm²   ⑤ 30 cm²

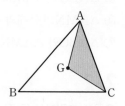

유형 06-82 무게중심과 평행사변형

평행사변형 ABCD에서
$\overline{BM}=\overline{CM}$, $\overline{CN}=\overline{DN}$이면

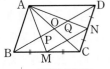

↳ $\overline{AM}$, $\overline{BO}$는 △ABC의 중선

(1) 점 P는 △ABC의 무게중심
⇨ $\overline{AP}:\overline{PM}=\overline{BP}:\overline{PO}=2:1$

↳ 두 점 M, N은 각각 BC, CD의 중점

(2) 점 Q는 △ACD의 무게중심
⇨ $\overline{AQ}:\overline{QN}=\overline{DQ}:\overline{QO}=2:1$

↳ $\overline{AN}$, $\overline{DO}$는 △ACD의 중선

(3) $\overline{BP}=\overline{PQ}=\overline{QD}=\dfrac{1}{3}\overline{BD}$

| 예 | 넓이가 48 cm²인 평행사변형 ABCD에서 △APQ의 넓이를 구하면

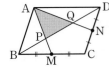

$\overline{PQ}=\dfrac{1}{3}\overline{BD}$이므로

$$\triangle APQ=\dfrac{1}{3}\triangle ABD=\dfrac{1}{3}\times\dfrac{1}{2}\square ABCD$$
$$=\dfrac{1}{6}\times 48=8(\text{cm}^2)$$

251
⊃7881-0377

오른쪽 그림의 평행사변형 ABCD에서 $\overline{BC}$, $\overline{CD}$의 중점 M, N에 대하여 $\overline{BD}$와 $\overline{AM}$, $\overline{AN}$과의 교점을 각각 E, F라 하자. $\overline{BD}=21$ cm 일 때, $\overline{EF}$의 길이를 구하여라.

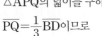

252
⊃7881-0378

오른쪽 그림과 같이 넓이가 60 cm²인 평행사변형 ABCD에서 점 O는 두 대각선의 교점이고 $\overline{BC}$의 중점 M에 대하여 $\overline{AM}$과 $\overline{BD}$의 교점이 P일 때, △APO의 넓이를 구하여라.

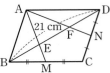

유형 06-83 닮은 도형의 넓이의 비

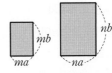

두 닮은 도형에서 닮음비가 $m:n$이면 넓이의 비는 $m^2:n^2$

↳ $m^2ab:n^2ab=m^2:n^2$

| 예 | △ABC와 △ADE에서 $\overline{BC}/\!/\overline{DE}$이므로

→ ∠A는 공통, ∠ABC=∠ADE

△ABC∽△ADE (AA 닮음) 닮음비가 $\overline{AB}:\overline{AD}=10:3$ 이므로 넓이의 비는 $10^2:3^2=100:9$이다.

9:(100−9)

따라서 △ADE와 □DBCE의 넓이의 비는 9:91이고 □DBCE=91 cm²이므로 △ADE=9 cm²이다.

253
⊃7881-0379

오른쪽 그림에서 △ABC∽△DEF이고, △ABC의 넓이가 32 cm²일 때, △DEF의 넓이를 구하여라.

254
⊃7881-0380

오른쪽 그림에서 $\overline{BC}/\!/\overline{DE}$이고, △ABC와 △ADE의 넓이의 비가 1 : 4이고, $\overline{AB}=4$ cm일 때, $\overline{AD}$의 길이를 구하여라.

255
⊃7881-0381

오른쪽 그림과 같이 중심이 같은 두 원의 반지름의 길이의 비가 3 : 8이고, 큰 원의 넓이가 64π cm²일 때, 색칠한 부분의 넓이를 구하여라.

유형 06-84 닮은 도형의 부피의 비

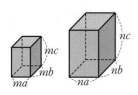

두 닮은 도형에서
닮음비가 $m : n$이면
부피의 비는 $m^3 : n^3$
$\rightarrow m^3abc : n^3abc = m^3 : n^3$

| 예 | 두 닮은 원기둥 A,
B에서 원기둥 B
의 부피를 구하자.
밑면인 원의 반지

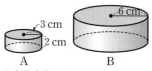

름의 길이의 비가 1 : 2이므로 닮음비는 1 : 2이다.
$\rightarrow 3 : 6 = 1 : 2$
따라서 부피의 비는 $1^3 : 2^3 = 1 : 8$이다. 원기둥 A의
부피가 18π cm^{3}이므로 원기둥 B의 부피는
$18\pi \times 8 = 144\pi\,(\mathrm{cm}^3)$이다.

256
⊃7881-0382

오른쪽 그림과 같이 두 닮은
직육면체 A, B에서 대응하는
모서리의 길이의 비가 3 : 4
이고, 직육면체 A의 부피가
54 cm^{3}일 때, 직육면체 B의
부피를 구하여라.

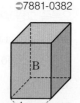

257
⊃7881-0383

오른쪽 그림은 원뿔을 모선의 삼등분점을
지나고 밑면에 평행한 평면으로 잘라 원뿔
A와 원뿔대 B, C의 세 부분으로 나눈 것
이다. A, B, C의 부피의 비는?

① 1 : 2 : 3   ② 1 : 3 : 5
③ 1 : 4 : 9   ④ 1 : 7 : 19
⑤ 1 : 8 : 27

258
⊃7881-0384

오른쪽 그림과 같이 높이가 6 cm인 원
뿔 모양의 종이컵에 물을 4 cm 높이
까지 채웠을 때의 물의 양이 64 mL였
다면, 종이컵에 가득 채울 수 있는 물의
양을 구하여라.

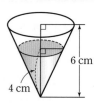

259
⊃7881-0385

구 모양인 두 공의 부피의 비가 27 : 125일 때, 큰 공의 반지
름의 길이가 5 cm일 때, 작은 공의 반지름의 길이는?

① $\dfrac{3}{2}$ cm   ② 2 cm   ③ $\dfrac{5}{2}$ cm

④ 3 cm   ⑤ $\dfrac{7}{2}$ cm

260
⊃7881-0386

다음 그림과 같이 두 닮은 삼각뿔 A, B의 겉넓이의 비가
16 : 25이고, 삼각뿔 A의 부피가 128 cm^{3}일 때, 삼각뿔 B의
부피는?

① 248 cm^3 ② 250 cm^3 ③ 252 cm^3
④ 254 cm^3 ⑤ 256 cm^3

유형 06-85   피타고라스 정리

세 변의 길이가 a, b, c인 직각삼각형 ABC에서 빗변의 길이가 c일 때

$a^2+b^2=c^2$ → 직각삼각형의 세 변 중 길이가 가장 길다.

| 예 | 피타고라스 정리에 의하여

$x^2=4^2+3^2=25$ → x가 빗변의 길이이다.

$x>0$이므로 $x=5$
→ 변의 길이는 양수이다.

261
⊃7881-0387

다음 직각삼각형에서 x의 값을 구하여라.

(1)

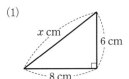

(2)

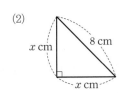

262
⊃7881-0388

오른쪽 그림에서 x, y의 값을 각각 구하여라.

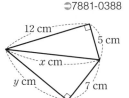

263
⊃7881-0389

오른쪽 그림에서 x, y의 값을 각각 구하여라.

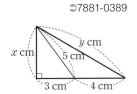

유형 06-86   직각삼각형이 되는 조건

세 변의 길이가 각각 a, b, c인 △ABC에서 $a^2+b^2=c^2$이면 △ABC는 빗변의 길이가 c인 직각삼각형이다.

| 예 | $x>3$인 x에 대하여 x, $x-1$, 3을 세 변으로 하는 △ABC가 직각삼각형이 되도록 하는 x의 값을 구하면

가장 긴 변의 길이 x가 빗변의 길이가 된다.

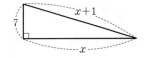

$(x-1)^2+3^2=x^2$,

$x^2-2x+1+9=x^2$,

$2x=10$

따라서 $x=5$

264
⊃7881-0390

다음 그림과 같은 삼각형이 직각삼각형이 되기 위한 x의 값을 구하여라.

265
⊃7881-0391

다음 중 직각삼각형의 세 변의 길이가 될 수 없는 것은?

① 5, 7, 8　　　② 1, 2, $\sqrt{5}$　　　③ 4, 5, $\sqrt{41}$

④ $3\sqrt{2}$, $3\sqrt{2}$, 6　　⑤ 7, 24, 25

266
⊃7881-0392

세 변의 길이가 각각 6, 8, x인 삼각형이 직각삼각형이 되도록 하는 x의 값을 모두 고르면? (정답 2개)

① $2\sqrt{7}$　　　② 8　　　③ $8\sqrt{2}$

④ $6\sqrt{3}$　　　⑤ 10

유형 06-87 피타고라스 정리의 증명 (1)

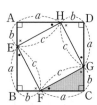

$\triangle$AEH, $\triangle$BFE, $\triangle$CGF, $\triangle$DHG는 모두 합동이다.

$\square$ABCD
$=\square$EFGH$+4\triangle$CGF ← 정사각형
이므로

$(a+b)^2=c^2+4\times\dfrac{1}{2}ab$

$\Rightarrow a^2+b^2=c^2$

| 예 | 오른쪽 그림에서

$\square$EFGH는 정사각형이므로
$\overline{EH}^2=100$, $\overline{EH}>0$이므로
$\overline{EH}=10$ → 직각삼각형 AEH에서 피타고라스 정리를 이용한다.

$\overline{AE}=\sqrt{\overline{EH}^2-\overline{AH}^2}$
$=\sqrt{10^2-8^2}=6$

$\overline{AB}=\overline{AE}+\overline{EB}=\overline{AE}+\overline{HA}=6+8=14$

따라서 $\square$ABCD의 넓이는 $14^2=196$이다.

넓이: 100

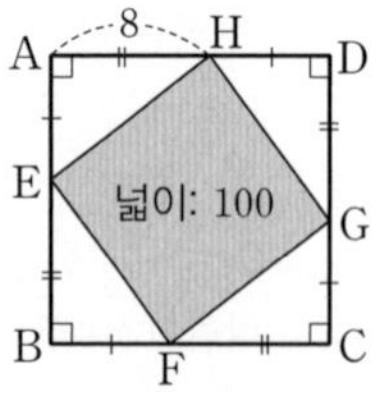

267

⊃7881-0393

오른쪽 그림과 같이 한 변의 길이가 17 cm인 정사각형 ABCD에서 $\overline{AE}=\overline{BF}=\overline{CG}=\overline{DH}=5$ cm일 때, $\overline{EF}$의 길이는?

① 10 cm ② 11 cm
③ 12 cm ④ 13 cm
⑤ 14 cm

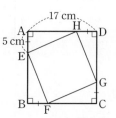
17 cm
5 cm

268

⊃7881-0394

정사각형 ABCD에서 $\overline{AH}=\overline{BE}=\overline{CF}=\overline{DG}=6$ cm, $\overline{AE}=3$ cm일 때, $\square$EFGH의 둘레의 길이는?

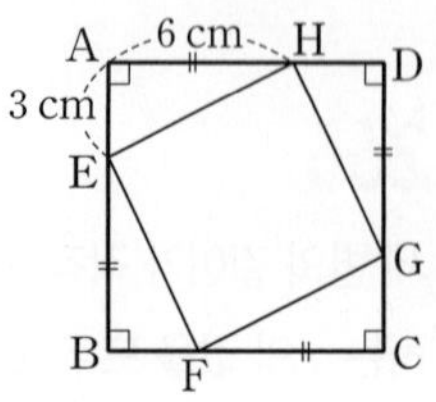

① $12\sqrt{2}$ cm ② $12\sqrt{3}$ cm
③ 24 cm ④ $12\sqrt{5}$ cm
⑤ $12\sqrt{6}$ cm

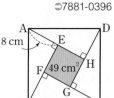
6 cm
3 cm

유형 06-88 피타고라스 정리의 증명 (2)

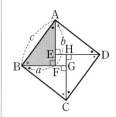

$\triangle$ABF, $\triangle$BCG, $\triangle$CDH, $\triangle$DAE는 모두 합동이다.

$\square$ABCD
$=\square$EFGH$+4\triangle$ABF ← 정사각형
이므로

$c^2=(b-a)^2+4\times\dfrac{1}{2}ab$

$\Rightarrow c^2=a^2+b^2$

| 예 | 오른쪽 그림에서

$\triangle$ABF는 직각삼각형이므로
$\overline{AF}=\sqrt{10^2-6^2}=8$

$\overline{AE}=\overline{BF}=6$이므로 → $\triangle$DAE $\equiv\triangle$ABF (RHA 합동)

$\overline{EF}=\overline{AF}-\overline{AE}=8-6=2$

$\square$EFGH는 정사각형이므로
$\square$EFGH의 넓이는 $2^2=4$이다.

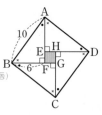
10
6

269

⊃7881-0395

오른쪽 그림에서 4개의 직각삼각형은 모두 합동이고, $\square$ABCD의 넓이는 169 cm²이다. $\overline{AF}=12$ cm일 때, $\square$EFGH의 넓이는?

① 49 cm² ② 64 cm² ③ 81 cm²
④ 100 cm² ⑤ 121 cm²

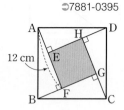
12 cm

270

⊃7881-0396

오른쪽 그림에서 4개의 직각삼각형은 모두 합동이고, $\square$EFGH의 넓이는 49 cm², $\overline{AE}=8$ cm일 때, $\square$ABCD의 둘레의 길이는?

① 64 cm ② 66 cm ③ 68 cm
④ 70 cm ⑤ 72 cm

8 cm
49 cm²

유형 06-89 삼각형과 피타고라스 정리

(1)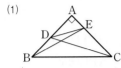
$\angle A = 90°$인 직각삼각형 ABC에서 $\overline{AB}$, $\overline{AC}$ 위의 점 D, E에 대하여
$$\overline{BE}^2 + \overline{CD}^2 = \overline{DE}^2 + \overline{BC}^2$$
└→ △ADE, △ABE, △ADC도 직각삼각형이다.

(2)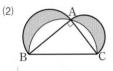
직각삼각형 ABC의 세 변을 각각 지름으로 하는 세 반원에 대하여 ┌→ = (작은 두 반원의 넓이의 합) + △ABC − (큰 반원의 넓이)
(색칠한 부분의 넓이) = △ABC
└→ (작은 두 반원의 넓이의 합) = (큰 반원의 넓이)

| 예 | $6^2 + 7^2 = 3^2 + \overline{BC}^2$
$\overline{BC}^2 = 76$
$\overline{BC} > 0$이므로 $\overline{BC} = 2\sqrt{19}$
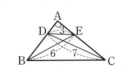

271
⊃7881-0397
오른쪽 그림과 같은 직각삼각형 ABC에서 $\overline{CD}$의 길이를 구하여라.
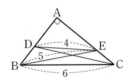

272
⊃7881-0398
오른쪽 그림은 직각삼각형 ABC의 세 변을 각각 지름으로 하는 반원을 그린 것이다. $\overline{AB} = 12$ cm, $\overline{BC} = 13$ cm일 때, 색칠한 부분의 넓이를 구하여라.
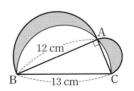

유형 06-90 사각형과 피타고라스 정리

(1)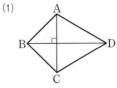
□ABCD에서 $\overline{AC} \perp \overline{BD}$ 일 때
$$\overline{AB}^2 + \overline{CD}^2 = \overline{AD}^2 + \overline{BC}^2$$
└→ $\overline{AB}$의 대변은 $\overline{CD}$, $\overline{AD}$의 대변은 $\overline{BC}$

(2)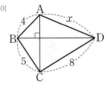
직사각형 ABCD의 내부의 한 점 P에 대하여
$$\overline{AP}^2 + \overline{CP}^2 = \overline{BP}^2 + \overline{DP}^2$$

| 예 | $4^2 + 8^2 = x^2 + 5^2$ →대변끼리 제곱하여 합한 값이 같다.
$x^2 = 55$
$x > 0$이므로 $x = \sqrt{55}$
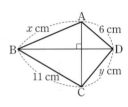

273
⊃7881-0399
오른쪽 그림과 같이 두 대각선이 직교하는 사각형에서 $x^2 + y^2$의 값을 구하여라.
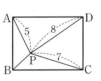

274
⊃7881-0400
오른쪽 그림과 같은 직사각형 ABCD 내부의 한 점 P에 대하여 $\overline{BP}$의 길이를 구하여라.

275
⊃7881-0401
오른쪽 그림과 같이 직사각형 ABCD의 내부의 한 점 P에 대하여 $\overline{AP} = \overline{CP}$일 때, $\overline{DP}$의 길이를 구하여라.

유형 06-91 특수한 각의 직각삼각형 (1)

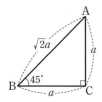

→ ∠C=90°, $\overline{BC}=\overline{CA}$

직각이등변삼각형 ABC에서
$$\overline{AB} : \overline{BC} : \overline{CA} = \sqrt{2} : 1 : 1$$
→ $\overline{AB}=\sqrt{a^2+a^2}=\sqrt{2a^2}=\sqrt{2}a$

| 예 | $x : \boxed{2} : y = \sqrt{2} : \boxed{1} : 1$ 이므로
$x : 2 = \sqrt{2} : 1$에서 $x=2\sqrt{2}$,
$2 : y = 1 : 1$에서 $y=2$이다.

x가 빗변의 길이이므로 길이가 가장 길다.

276

⊃7881-0402

다음은 x, y의 값을 구하는 과정이다. ☐ 안에 알맞은 수를 써넣어라.

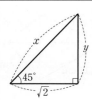

직각이등변삼각형이므로
$x : \sqrt{2} : y = \sqrt{2} : 1 : 1$
$x : \sqrt{2} = \sqrt{2} : 1$에서 $x=$☐
$\sqrt{2} : y = 1 : 1$에서 $y=$☐

277

⊃7881-0403

다음 그림에서 x, y의 값을 각각 구하여라.

(1)

(2)

278

⊃7881-0404

빗변의 길이가 $4\sqrt{2}$이고, 한 내각의 크기가 45°인 직각삼각형에서 나머지 두 변의 길이의 합을 구하여라.

유형 06-92 특수한 각의 직각삼각형 (2)

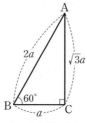

한 내각의 크기가 60°인
직각삼각형 ABC에서
$$\overline{AB} : \overline{BC} : \overline{CA} = 2 : 1 : \sqrt{3}$$
→ $\overline{CA}=\sqrt{(2a)^2-a^2}=\sqrt{3}a$

| 예 | $x : \boxed{5} : y = 2 : \boxed{1} : \sqrt{3}$ 이므로
$x : 5 = 2 : 1$에서 $x=10$,
$5 : y = 1 : \sqrt{3}$에서 $y=5\sqrt{3}$
이다.

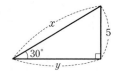

279

⊃7881-0405

다음은 x, y의 값을 구하는 과정이다. ☐ 안에 알맞은 수를 써넣어라.

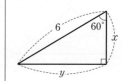

직각삼각형에서
$6 : x : y = 2 : 1 : \sqrt{3}$
$6 : x = 2 : 1$에서 $x=$☐
$6 : y = 2 : \sqrt{3}$에서 $y=$☐

280

⊃7881-0406

다음 그림에서 x, y의 값을 각각 구하여라.

(1)

(2)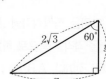

281

⊃7881-0407

빗변의 길이가 6인 직각삼각형 ABC에서 ∠A=30°일 때, ∠A의 대변의 길이를 구하여라.

유형 06-93 직사각형과 정사각형의 대각선의 길이

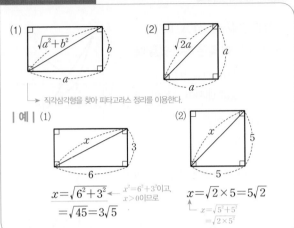

직각삼각형을 찾아 피타고라스 정리를 이용한다.

| 예 | (1)

$$x=\sqrt{6^2+3^2} \quad \leftarrow \begin{array}{l} x^2=6^2+3^2 \text{이고,} \\ x>0\text{이므로} \end{array}$$
$$=\sqrt{45}=3\sqrt{5}$$

(2)

$$x=\sqrt{2\times5}=5\sqrt{2}$$
$$\leftarrow \begin{array}{l} x=\sqrt{5^2+5^2} \\ =\sqrt{2\times5^2} \end{array}$$

282
⊃7881-0408

다음 그림에서 x의 값을 구하여라.

(1)
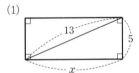

(2)

283
⊃7881-0409

가로의 길이가 4 cm이고, 대각선의 길이가 $\sqrt{41}$ cm인 직사각형의 넓이를 구하여라.

284
⊃7881-0410

대각선의 길이가 8 cm인 정사각형의 둘레의 길이는?

① 20 cm   ② $16\sqrt{2}$ cm   ③ 24 cm

④ $20\sqrt{2}$ cm   ⑤ 32 cm

유형 06-94 정삼각형의 높이와 넓이

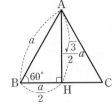

한 변의 길이가 a인 정삼각형에서

(1) 높이 : $\dfrac{\sqrt{3}}{2}a$ ← $\sqrt{a^2-\left(\dfrac{a}{2}\right)^2}=\sqrt{\dfrac{3}{4}a^2}=\dfrac{\sqrt{3}}{2}a$

(2) 넓이 : $\dfrac{\sqrt{3}}{4}a^2$ ← $\dfrac{1}{2}\times a\times\dfrac{\sqrt{3}}{2}a=\dfrac{\sqrt{3}}{4}a^2$

| 예 | 한 변의 길이가 2 cm인 정삼각형에서 높이는

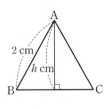

$a=2$를 대입한다.

$$h=\dfrac{\sqrt{3}}{2}\times2=\sqrt{3}$$

또, 넓이는

$$\dfrac{\sqrt{3}}{4}\times2^2=\sqrt{3}\,(\text{cm}^2)$$

285
⊃7881-0411

오른쪽 그림과 같이 높이가 $2\sqrt{3}$인 정삼각형 ABC의 한 변의 길이 x를 구하여라.

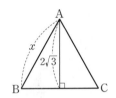

286
⊃7881-0412

높이가 6 cm인 정삼각형의 넓이를 구하여라.

287
⊃7881-0413

넓이가 $4\sqrt{3}$인 정삼각형의 한 변의 길이 a와 높이 h는?

① $a=2\sqrt{3}$, $h=\sqrt{6}$ ② $a=2\sqrt{3}$, $h=3$

③ $a=4$, $h=2\sqrt{2}$ ④ $a=4$, $h=2\sqrt{3}$

⑤ $a=4\sqrt{2}$, $h=2\sqrt{3}$

유형 06-95 좌표평면 위의 두 점 사이의 거리

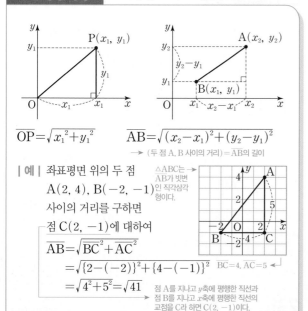

$$\overline{OP}=\sqrt{x_1{}^2+y_1{}^2} \qquad \overline{AB}=\sqrt{(x_2-x_1)^2+(y_2-y_1)^2}$$

→ (두 점 A, B 사이의 거리) = $\overline{AB}$의 길이

| 예 | 좌표평면 위의 두 점
A(2, 4), B(-2, -1)
사이의 거리를 구하면
점 C(2, -1)에 대하여
$\overline{AB}=\sqrt{\overline{BC}^2+\overline{AC}^2}$
$=\sqrt{\{2-(-2)\}^2+\{4-(-1)\}^2}$
$=\sqrt{4^2+5^2}=\sqrt{41}$

△ABC는 $\overline{AB}$가 빗변인 직각삼각형이다.

$\overline{BC}=4, \overline{AC}=5$ ←┘

점 A를 지나고 y축에 평행한 직선과 점 B를 지나고 x축에 평행한 직선의 교점을 C라 하면 C(2, -1)이다.

288

⊃7881-0414

좌표평면 위의 두 점 A(a, 2), B(1, -1) 사이의 거리가 $\sqrt{34}$일 때, a의 값을 구하여라.

(단, 점 A는 제1사분면 위의 점이다.)

289

⊃7881-0415

다음은 좌표평면 위의 세 점 A(3, 4), B(1, 2), C(3, 0)을 꼭짓점으로 하는 △ABC가 어떤 삼각형인지 알아보는 과정이다. □ 안에 알맞은 기호나 수를 써넣어라.

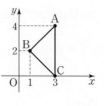

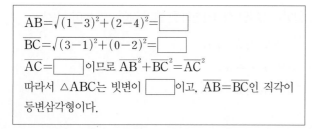

$\overline{AB}=\sqrt{(1-3)^2+(2-4)^2}=$ □
$\overline{BC}=\sqrt{(3-1)^2+(0-2)^2}=$ □
$\overline{AC}=$ □ 이므로 $\overline{AB}^2+\overline{BC}^2=\overline{AC}^2$
따라서 △ABC는 빗변이 □ 이고, $\overline{AB}=\overline{BC}$인 직각이등변삼각형이다.

유형 06-96 좌표평면 위에서의 최단 거리

좌표평면에서 두 점 A, B가 x축에 대하여 같은 쪽에 있을 때 x축 위의 점을 P(x, 0), 점 B를 x축에 대하여 대칭이동한 점을 B'이라 하면

→ y좌표의 부호를 바꾼다.

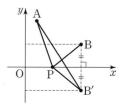

(\overline{AP}+\overline{BP}의 최솟값) = \overline{AB'}

┗→ 점 P가 y축 위의 점인 경우 점 B를 y축에 대해 대칭이동하여 점 B'의 좌표를 구한다.

| 예 | 점 B를 x축에 대하여 대칭이동한 점이 B'(5, -2)이고,
$\overline{BP}=\overline{B'P}$이므로
$\overline{AP}+\overline{BP}$
$=\overline{AP}+\overline{B'P}\geq\overline{AB'}$
$\overline{AB'}=\sqrt{4^2+(-6)^2}=2\sqrt{13}$
따라서 $\overline{AP}+\overline{BP}\geq2\sqrt{13}$이므로
$\overline{AP}+\overline{BP}$의 최솟값은 $2\sqrt{13}$이다.

→ 점 B의 y좌표의 부호를 바꾼다.

290

⊃7881-0416

x축 위의 한 점 P와 두 점 A(2, 5), B(6, 3)에 대하여 $\overline{AP}+\overline{BP}$의 최솟값을 구하여라.

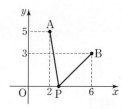

291

⊃7881-0417

다음은 y축 위의 한 점 P와 두 점 A(2, 3), B(4, 2)에 대하여 $\overline{AP}+\overline{BP}$의 최솟값을 구하는 과정이다. □ 안에 알맞은 수를 써넣어라.

점 B를 y축에 대하여 대칭이동한 점을 B'이라 하면
B'(□, 2)이고,
$\overline{BP}=\overline{B'P}$이므로
$\overline{AP}+\overline{BP}=\overline{AP}+\overline{B'P}\geq\overline{AB'}=$ □
따라서 $\overline{AP}+\overline{BP}$의 최솟값은 □ 이다.

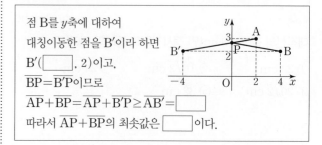

유형 06-97 직육면체의 대각선의 길이

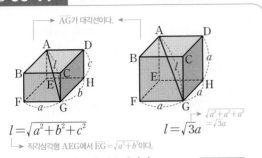

$$l=\sqrt{a^2+b^2+c^2}$$

└─ 직각삼각형 AEG에서 $\overline{EG}=\sqrt{a^2+b^2}$이다.

$$l=\sqrt{3}a$$

| **예** | 한 변의 길이가 x인 정육면체의
대각선의 길이가 9이므로
$\sqrt{3}x=9,\ x=3\sqrt{3}$

└─ 모든 모서리의 길이가 같으므로 가로의 길이, 세로의 길이, 높이가 모두 x이다.

292
⊃7881-0418

다음 그림에서 $\overline{AG}$의 길이를 각각 구하여라.

(1)
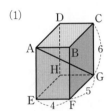

(2)
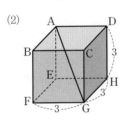

293
⊃7881-0419

오른쪽 그림의 직육면체에서 x의 값을 구하여라.

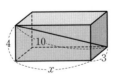

294
⊃7881-0420

밑면의 가로와 세로의 길이가 각각 3, 5인 직육면체의 대각선의 길이가 8일 때, 이 직육면체의 높이를 구하여라.

유형 06-98 원뿔의 높이와 부피

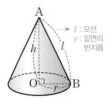

(1) 높이 : $h=\sqrt{l^2-r^2}$ ← 직각삼각형 AOB에서
$h^2+r^2=l^2$,
$h^2=l^2-r^2$
이고
$h>0$이므로

(2) 부피 : $V=\dfrac{1}{3}\pi r^2 h$

$$=\dfrac{1}{3}\pi r^2\sqrt{l^2-r^2}$$

| **예** | 오른쪽 그림의 원뿔에서

높이 : $h=\sqrt{17^2-8^2}=15$ ← $l=17$, $r=8$을 대입한다.

부피 : $V=\dfrac{1}{3}\times\pi\times 8^2\times 15$

$$=320\pi$$

295
⊃7881-0421

오른쪽 그림과 같은 원뿔에서 높이 h를 구하여라.

296
⊃7881-0422

오른쪽 그림과 같은 원뿔에서 밑면의 넓이를 구하여라.

297
⊃7881-0423

오른쪽 원뿔의 높이 h와 부피 V를 각각 구하여라.

유형 06-99 정사각뿔의 높이와 부피

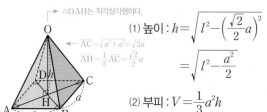

△OAH는 직각삼각형이다.

$\overline{AC}=\sqrt{a^2+a^2}=\sqrt{2}a$

$\overline{AH}=\frac{1}{2}\overline{AC}=\frac{\sqrt{2}}{2}a$

(1) 높이 : $h=\sqrt{l^2-\left(\frac{\sqrt{2}}{2}a\right)^2}$

$=\sqrt{l^2-\frac{a^2}{2}}$

(2) 부피 : $V=\frac{1}{3}a^2h$

$=\frac{1}{3}a^2\sqrt{l^2-\frac{a^2}{2}}$

점 H는 □ABCD의 대각선의 교점이다.

| 예 | 오른쪽 그림의 정사각뿔에서

$\overline{AH}=\frac{1}{2}\overline{AC}=\frac{1}{2}\times6\sqrt{2}=3\sqrt{2}$ $\overline{AC}=\sqrt{6^2+6^2}=6\sqrt{2}$

직각삼각형 OAH에서

높이 : $\overline{OH}=\sqrt{\overline{OA}^2-\overline{AH}^2}$

$=\sqrt{9^2-(3\sqrt{2})^2}$

$=3\sqrt{7}$

부피 : $V=\frac{1}{3}\times6^2\times3\sqrt{7}=36\sqrt{7}$

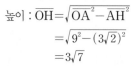

298
⊃7881-0424

오른쪽 그림과 같은 정사각뿔의 높이는?

① $2\sqrt{7}$ ② $3\sqrt{2}$ ③ $4\sqrt{2}$

④ $4\sqrt{5}$ ⑤ $5\sqrt{7}$

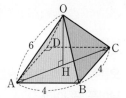

299
⊃7881-0425

오른쪽 정사각뿔의 높이 h와 부피 V는?

① $h=3$, $V=64$

② $h=3$, $V=64\sqrt{2}$

③ $h=3\sqrt{2}$, $V=64$

④ $h=3\sqrt{2}$, $V=64\sqrt{2}$

⑤ $h=6$, $V=128$

유형 06-100 정사면체의 높이와 부피

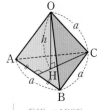

한 모서리의 길이가 a인 정사면체에서

정사면체의 모든 모서리의 길이는 같다.

(1) 높이 : $h=\frac{\sqrt{6}}{3}a$

(2) 부피

$V=\frac{1}{3}\times\frac{\sqrt{3}}{4}a^2\times\frac{\sqrt{6}}{3}a$ ← 정사면체의 높이

$=\frac{\sqrt{2}}{12}a^3$ 밑면인 정삼각형의 넓이

점 H는 △ABC의 무게중심이다.

| 예 | 한 모서리의 길이가 4인 정사면체에서

높이 : $h=\frac{\sqrt{6}}{3}\times4=\frac{4\sqrt{6}}{3}$

부피 : $V=\frac{\sqrt{2}}{12}\times4^3=\frac{16\sqrt{2}}{3}$

$a=4$를 대입한다.

300
⊃7881-0426

오른쪽 그림과 같은 한 모서리의 길이가 2인 정사면체의 높이 h와 부피 V를 구하여라.

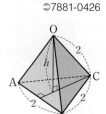

301
⊃7881-0427

오른쪽 정사면체에서 높이가 $4\sqrt{6}$일 때, 한 모서리의 길이는?

① 8   ② 10   ③ $6\sqrt{3}$

④ $8\sqrt{2}$ ⑤ 12

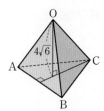

302
⊃7881-0428

높이가 6인 정사면체의 부피를 구하여라.

유형 06-101 직육면체에서의 최단 거리

직육면체의 한 꼭짓점에서 겉면을 따라 다른 꼭짓점에 이르는 최단 거리를 구할 때에는 선이 지나는 면의 전개도를 그려서 구한다.
→ 두 꼭짓점을 대각선의 양 끝점으로 하는 직사각형

| 예 | 직육면체의 겉면을 따라 꼭짓점 A에서 모서리 DC를 지나 꼭짓점 G에 이르는 최단 거리를 구하기 위해 선이 지나는 면의 전개도를 그리면 → $\overline{DH}=\overline{AE}=6\,cm$, $\overline{AB}=\overline{EF}=8\,cm$

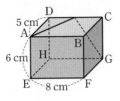

직각삼각형 ABG에서
$$\overline{AG}=\sqrt{\overline{AB}^2+\overline{GB}^2} \leftarrow \overline{GB}=\overline{HA}$$
$$=\sqrt{8^2+(6+5)^2}$$
$$=\sqrt{185}\,(cm)$$

유형 06-102 원기둥에서의 최단 거리

원기둥의 한 꼭짓점에서 옆면을 따라 다른 꼭짓점에 이르는 최단 거리를 구할 때에는 원기둥의 옆면의 전개도를 그려서 구한다.
→ 원기둥의 옆면은 직사각형이다.

| 예 | 원기둥의 A 지점에서 B 지점까지 원기둥의 옆면을 따라 실을 한 바퀴 감을 때, 필요한 실의 길이의 최솟값을 구하기 위해 원기둥의 옆면의 전개도를 그리면

→ (직사각형의 가로의 길이) = (밑면인 원의 둘레) = $2\pi \times 5 = 10\pi\,(cm)$

필요한 실의 길이의 최솟값은
$$\overline{AB}=\sqrt{(4\pi)^2+(10\pi)^2}$$
$$=2\sqrt{29}\pi\,(cm)$$

303
⊃7881-0429

오른쪽 그림과 같이 직육면체의 겉면을 따라 꼭짓점 A에서 모서리 BF를 지나 꼭짓점 G에 이르는 최단 거리를 구하여라.

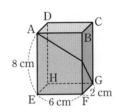

305
⊃7881-0431

오른쪽 그림과 같은 원기둥의 A 지점에서 B 지점까지 원기둥의 옆면을 따라 실을 한 바퀴 감을 때, 필요한 실의 길이의 최솟값을 구하여라.

304
⊃7881-0430

오른쪽 그림과 같이 직육면체의 겉면을 따라 꼭짓점 B에서 모서리 CG를 지나 꼭짓점 H에 이르는 최단 거리를 구하여라.

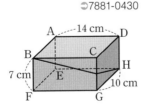

306
⊃7881-0432

오른쪽 그림과 같이 밑면인 원의 반지름의 길이가 3 cm인 원기둥의 A 지점에서 B 지점까지 원기둥의 옆면을 따라 실을 팽팽하게 감을 때의 실의 길이가 10π cm이다. 이때, 이 원기둥의 높이를 구하여라.

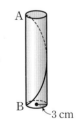

유형 06-103 삼각비의 뜻

직각삼각형 ABC에서 ∠A의 삼각비는

(1) $\sin A = \dfrac{a}{b}$ ← $\dfrac{(높이)}{(빗변의 길이)}$

(2) $\cos A = \dfrac{c}{b}$ ← $\dfrac{(밑변의 길이)}{(빗변의 길이)}$

(3) $\tan A = \dfrac{a}{c}$ ← $\dfrac{(높이)}{(밑변의 길이)}$

↳ 각각 '사인, 코사인, 탄젠트'라고 읽는다.

| 예 | 직각삼각형 ABC에서

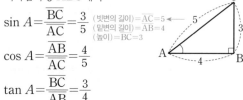

$\sin A = \dfrac{\overline{BC}}{\overline{AC}} = \dfrac{3}{5}$ (빗변의 길이)=$\overline{AC}$=5
(밑변의 길이)=$\overline{AB}$=4
(높이)=$\overline{BC}$=3

$\cos A = \dfrac{\overline{AB}}{\overline{AC}} = \dfrac{4}{5}$

$\tan A = \dfrac{\overline{BC}}{\overline{AB}} = \dfrac{3}{4}$

307

⊃7881-0433

오른쪽 그림의 △ABC에 대한 설명으로 옳지 <u>않은</u> 것은?

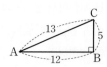

① $\sin A = \dfrac{5}{13}$ ② $\cos A = \dfrac{12}{13}$

③ $\tan A = \dfrac{12}{5}$ ④ $\sin C = \dfrac{12}{13}$

⑤ $\cos C = \dfrac{5}{13}$

308

⊃7881-0434

오른쪽 그림의 △ABC에서 $\sin A$, $\cos A$, $\tan A$의 값을 각각 구하여라.

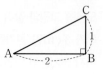

309

⊃7881-0435

오른쪽 그림의 △ABC에서 $\sin A + \cos A$의 값을 구하여라.

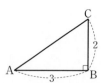

유형 06-104 삼각비를 이용하여 선분의 길이 구하기

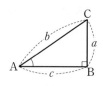

∠A의 삼각비의 값과 $\overline{AC}$의 길이 b를 알 때

$a = b \sin A, \; c = b \cos A$

↳ $\sin A = \dfrac{a}{b}$ ↳ $\cos A = \dfrac{c}{b}$

| 예 | 직각삼각형 ABC에서

$\sin C = \dfrac{\sqrt{3}}{2}$일 때,

$\sin C = \dfrac{\overline{AB}}{\overline{AC}}$이므로

$\overline{AB} = \overline{AC} \sin C = 8 \times \dfrac{\sqrt{3}}{2} = 4\sqrt{3} \, (\text{cm})$

310

⊃7881-0436

오른쪽 그림의 △ABC에서 $\cos B = \dfrac{3}{5}$일 때, $\overline{BC}$의 길이를 구하여라.

311

⊃7881-0437

오른쪽 그림의 △ABC에서 $\sin A = \dfrac{2}{3}$일 때, $\overline{AB}$의 길이를 구하여라.

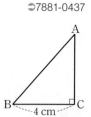

312

⊃7881-0438

오른쪽 그림의 △ABC에서 $\tan C = \dfrac{1}{3}$일 때, $\overline{AC}$의 길이를 구하여라.

유형 06-105 ▸ 다른 삼각비의 값 구하기

직각삼각형에서 한 삼각비의 값이 주어지면 다른 두 삼각비의 값을 구할 수 있다.

| 예 | $\angle B=90°$인 직각삼각형 ABC에서 $\cos A=\dfrac{2}{3}$일 때, $\dfrac{\overline{AB}}{\overline{AC}}=\dfrac{2}{3}$이므로 ➔ 변의 길이가 주어지지 않았으므로 문자로 놓는다.

$\overline{AC}=3a\,(a>0)$라 하면 $\overline{AB}=2a$

$\overline{BC}=\sqrt{\overline{AC}^2-\overline{AB}^2}$
$=\sqrt{(3a)^2-(2a)^2}=\sqrt{5}a$

➔ $\overline{AB}^2+\overline{BC}^2=\overline{AC}^2$

따라서 $\sin A=\dfrac{\overline{BC}}{\overline{AC}}=\dfrac{\sqrt{5}a}{3a}=\dfrac{\sqrt{5}}{3}$

$\tan A=\dfrac{\overline{BC}}{\overline{AB}}=\dfrac{\sqrt{5}a}{2a}=\dfrac{\sqrt{5}}{2}$

➔ 삼각비의 값은 변의 길이의 비만 알면 구할 수 있다.

313
➔7881-0439

오른쪽 그림과 같이 $\angle B=90°$인 직각삼각형 ABC에서 $\sin A=\dfrac{4}{5}$일 때, $\cos A$의 값을 구하여라.

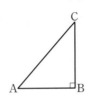

314
➔7881-0440

오른쪽 그림과 같은 직각삼각형 ABC에서 $\sin A=\dfrac{1}{3}$일 때, $\tan A$의 값을 구하여라.

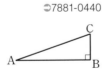

315
➔7881-0441

오른쪽 그림과 같은 직각삼각형 ABC에서 $\tan A=\dfrac{5}{4}$일 때, $\sin A\times\cos A$의 값을 구하여라.

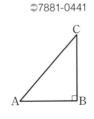

유형 06-106 ▸ 입체도형에서의 삼각비

피타고라스 정리를 이용하여 대각선의 길이를 구한 후 삼각비의 값을 구한다. ➔ 정육면체의 대각선의 길이

| 예 | 오른쪽 정육면체에서
$\overline{AG}=\sqrt{3}$, $\overline{EG}=\sqrt{2}$이므로
$\angle x$의 삼각비를 구하면 ➔ 정사각형의 대각선의 길이

$\sin x=\dfrac{\overline{AE}}{\overline{AG}}=\dfrac{1}{\sqrt{3}}=\dfrac{\sqrt{3}}{3}$

$\cos x=\dfrac{\overline{EG}}{\overline{AG}}=\dfrac{\sqrt{2}}{\sqrt{3}}=\dfrac{\sqrt{6}}{3}$

$\tan x=\dfrac{\overline{AE}}{\overline{EG}}=\dfrac{1}{\sqrt{2}}=\dfrac{\sqrt{2}}{2}$

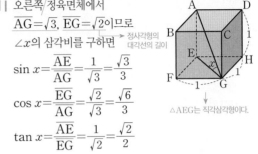

➔ $\triangle$AEG는 직각삼각형이다.

316
➔7881-0442

오른쪽 그림의 직육면체에서 $\cos x$의 값을 구하여라.

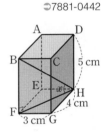

317
➔7881-0443

오른쪽 그림과 같이 한 모서리의 길이가 3인 정육면체에 대하여 $\overline{BH}$와 $\overline{FH}$가 이루는 각을 $\angle x$라 할 때, 다음 중 옳지 <u>않은</u> 것은?

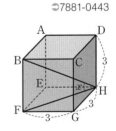

① $\overline{BH}=3\sqrt{3}$ ② $\sin x=\dfrac{\sqrt{3}}{3}$

③ $\cos x=\dfrac{\sqrt{6}}{3}$ ④ $\tan x=\dfrac{\sqrt{3}}{3}$

⑤ $\triangle$BFH는 직각삼각형이다.

유형 06-107 특수한 각의 삼각비의 값

$0°, 30°, 45°, 60°, 90°$일 때 삼각비의 값

삼각비 \ A	$0°$	$30°$	$45°$	$60°$	$90°$
$\sin A$	0	$\dfrac{1}{2}$	$\dfrac{\sqrt{2}}{2}$	$\dfrac{\sqrt{3}}{2}$	1
$\cos A$	1	$\dfrac{\sqrt{3}}{2}$	$\dfrac{\sqrt{2}}{2}$	$\dfrac{1}{2}$	0
$\tan A$	0	$\dfrac{\sqrt{3}}{3}$	1	$\sqrt{3}$	

| 예 | $\sin 60° \times \cos 30° - \sin 30° \times \cos 60°$

$= \dfrac{\sqrt{3}}{2} \times \dfrac{\sqrt{3}}{2} - \dfrac{1}{2} \times \dfrac{1}{2} = \dfrac{3}{4} - \dfrac{1}{4} = \dfrac{1}{2}$

곱셈을 먼저 계산한다.

$\tan 90°$의 값은 정할 수 없다.

유형 06-108 특수한 각의 삼각비를 이용한 선분의 길이 구하기

피타고라스 정리를 이용하여 구할 수 있다.

| 예 | 삼각형 ABC에서

BC의 길이

$\sin 60° = \dfrac{3\sqrt{3}}{AC} = \dfrac{\sqrt{3}}{2}$이므로

$\overline{AC} = 6$

$\tan 60° = \dfrac{3\sqrt{3}}{AB} = \sqrt{3}$이므로 $\overline{AB} = 3$

→ 높이($\overline{BC}$)가 주어졌으므로 빗변의 길이($\overline{AC}$)를 알기 위해 $\sin 60°$를, 밑변의 길이($\overline{AB}$)를 알기 위해 $\tan 60°$를 이용한다.

318
⊃7881-0444

$\cos 30° \times \tan 60° - \sin 45° \div \cos 45°$의 값을 구하여라.

319
⊃7881-0445

$\angle A = 60°$인 직각삼각형 ABC에서

$\sin A : \cos A : \tan A$의 값은?

① $1 : \sqrt{3} : 2$
② $\sqrt{3} : 1 : 2\sqrt{3}$
③ $2 : 1 : \sqrt{3}$
④ $2\sqrt{3} : \sqrt{3} : 1$
⑤ $3 : 3\sqrt{3} : 2\sqrt{3}$

320
⊃7881-0446

다음 중 계산 결과가 옳은 것은?

① $\cos 60° - \sin 30° = 1$
② $\sin 45° \times \tan 45° = \sqrt{2}$
③ $\cos 30° + \sin 60° = \sqrt{3}$
④ $\sin 90° \div \tan 30° + \cos 90° = \dfrac{\sqrt{3}}{3}$
⑤ $\sin 0° \times \tan 60° - \cos 0° = 0$

321
⊃7881-0447

다음 그림에서 x의 값을 구하여라.

(1)

(2)

322
⊃7881-0448

오른쪽 그림에서 x, y의 값을 각각 구하여라.

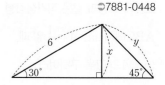

323
⊃7881-0449

오른쪽 그림에서 x, y의 값을 각각 구하여라.

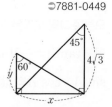

예각의 삼각비의 값

반지름의 길이가 1인 사분원에서

(1) $\sin a = \dfrac{\overline{AB}}{\overline{OA}} = \overline{AB}$

(2) $\cos a = \dfrac{\overline{OB}}{\overline{OA}} = \overline{OB}$

(3) $\tan a = \dfrac{\overline{CD}}{\overline{OC}} = \overline{CD}$

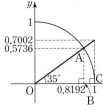

↳ $0° < \angle a < 90°$일 때, $\angle a$의 크기가 커지면 $\sin a$, $\tan a$의 값은 커지고, $\cos a$의 값은 작아진다.

| 예 | 오른쪽 그림에서
$\sin 35° = 0.5736$
$\cos 35° = 0.8192$
$\tan 35° = 0.7002$

324

⊃7881-0450

오른쪽 그림과 같이 반지름의 길이가 1인 사분원에 대하여 옳지 <u>않은</u> 것은?

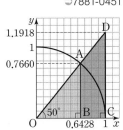

① $\sin x = \overline{BC}$　② $\cos x = \overline{AB}$
③ $\tan x = \overline{DE}$　④ $\sin y = \overline{AB}$
⑤ $\tan z = \overline{AD}$

325

⊃7881-0451

오른쪽 그림을 이용하여
$\tan 50° - \sin 50°$의 값을 구하여라.

삼각비의 표를 이용하여 값 구하기

삼각비의 표의 가로줄과 세로줄이 만나는 곳의 삼각비의 값을 구한다.

→ 표에서 $\sin 51° = 0.7771$

각도	사인($\sin$)	코사인($\cos$)	탄젠트($\tan$)
⋮	⋮	⋮	⋮
50°	0.7660	0.6428	1.1918
51°	0.7771	0.6293	1.2349
52°	0.7880	0.6157	1.2799
⋮	⋮	⋮	⋮

| 예 | 오른쪽 그림의 △ABC에서
$\overline{AC} = 10 \sin 51°$
　　$= 10 × 0.7771 = 7.771$
$\overline{BC} = 10 \cos 51°$
　　$= 10 × 0.6293 = 6.293$

326

⊃7881-0452

주어진 삼각비의 표를 이용하여 x, y의 값을 각각 옳게 구한 것은?

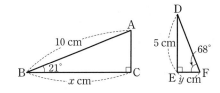

각도	사인($\sin$)	코사인($\cos$)	탄젠트($\tan$)
20°	0.3420	0.9397	0.3640
21°	0.3584	0.9336	0.3839
22°	0.3746	0.9272	0.4040

① $x = 3.584$, $y = 1.82$　② $x = 9.397$, $y = 1.82$
③ $x = 9.397$, $y = 2.02$　④ $x = 9.336$, $y = 1.82$
⑤ $x = 9.336$, $y = 2.02$

유형 06-111 직선의 기울기와 삼각비

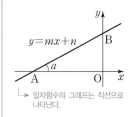

일차함수 $y=mx+n$의 그래프가 x축과 이루는 예각의 크기가 $\angle a$일 때

$$\tan a = \frac{\overline{BO}}{\overline{AO}} = m$$
$$= (\text{직선의 기울기})$$

↳ 일차함수의 그래프는 직선으로 나타난다.

| 예 | 일차함수 $y=mx+n$의 그래프에서 기울기는 $m=\tan 45°=1$이고,

x절편이 -3이므로
$-3+n=0$, $n=3$

$x=-3$, $y=0$ 을 대입한다.

따라서 일차함수는
$y=x+3$이다.

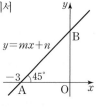

327

⊃7881-0453

일차함수 $y=x-2$의 그래프가 x축과 이루는 예각의 크기를 구하여라.

328

⊃7881-0454

오른쪽 그림과 같이 x절편이 -2이고 x축과 이루는 예각의 크기가 $60°$인 직선의 방정식을 구하여라.

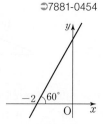

329

⊃7881-0455

오른쪽 그림에서 일차방정식 $5x-4y+20=0$의 그래프와 x축, y축과의 교점을 각각 A, B라 하자. $\angle\text{BAO}=\angle a$일 때, $\tan a$의 값을 구하여라.

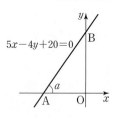

유형 06-112 삼각비의 실생활에의 활용

실생활에서 각의 크기와 변의 길이가 주어진 경우 삼각비의 값을 이용해 원하는 값을 얻을 수 있다. → 특수한 각이 아닌 경우 삼각비의 표를 이용한다.

| 예 | 비행기가 활주로를 $26°$ 각도로 이륙하여 이륙을 시작한 지점에서 $3\,\text{km}$ 떨어진 곳의 상공에 있을 때, 그 높이를 구하면

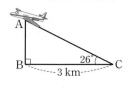

$\overline{AB}=3\tan 26°$ → 특수한 각이 아니므로 삼각비의 표를 이용하여 구한다.
$\quad\quad = 3 \times 0.4877$
$\quad\quad = 1.4631\,(\text{km})$

330

⊃7881-0456

오른쪽 그림과 같이 지면에 수직으로 서 있던 나무가 부러져 지면과 $30°$의 각을 이루게 되었을 때, 처음 나무의 높이를 구하여라.

331

⊃7881-0457

오른쪽 그림과 같이 B, C 지점에서 전봇대를 올려다 본 각도가 각각 $30°$, $45°$이었을 때, 다음은 전봇대의 높이를 구하는 과정이다. ☐ 안에 알맞은 수를 써넣어라.

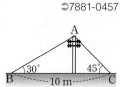

전봇대가 지면과 만나는 지점을 H라 하자.

$\overline{AH}=x\,\text{m}$라 하면

$\overline{BH}=x\times\tan 60°=\boxed{}x\,(\text{m})$

$\overline{HC}=x\times\tan 45°=x\,(\text{m})$

$\overline{BC}=\overline{BH}+\overline{HC}$이므로 $\boxed{}=(\sqrt{3}+1)x$

$x=\dfrac{10}{\sqrt{3}+1}=\boxed{}$

따라서 전봇대의 높이는 $\boxed{}\,(\text{m})$이다.

유형 06-113 삼각비와 삼각형의 넓이

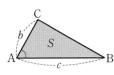

(1) 예각삼각형의 넓이

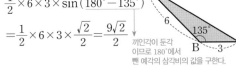

(2) 둔각삼각형의 넓이

$$S=\frac{1}{2}bc\sin A$$

$$S=\frac{1}{2}bc\sin(180°-A)$$

→ ∠A는 두 변 AC, AB의 끼인각이다. ←

|예| △ABC의 넓이는

$$\frac{1}{2}\times6\times3\times\sin(180°-135°)$$

$$=\frac{1}{2}\times6\times3\times\frac{\sqrt{2}}{2}=\frac{9\sqrt{2}}{2}$$

끼인각이 둔각
이므로 180°에서
뺀 예각의 삼각비의 값을 구한다.

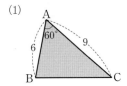

유형 06-114 삼각비와 사각형의 넓이 (1)

□ABCD의 넓이 S는

$$S=△ABC+△ACD$$

$$=\frac{1}{2}ab\sin x+\frac{1}{2}cd\sin y$$

→ 90°<x<180°일 때는 sin(180°-x), 90°<y<180°일 때는 sin(180°-y)로 계산한다.

|예| □ABCD

$$=△ABD+△DBC$$

$$=\frac{1}{2}\times6\times3\sqrt{2}$$

$$\times\sin(180°-135°)$$ → $\sin 45°=\frac{\sqrt{2}}{2}$

$$+\frac{1}{2}\times3\sqrt{10}\times3\sqrt{10}\times\sin 60°$$ → $\frac{\sqrt{3}}{2}$

$$=9+\frac{45\sqrt{3}}{2}(cm^2)$$

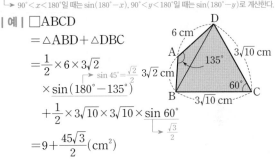

332
⊃7881-0458

다음 그림과 같은 △ABC의 넓이를 구하여라.

(1)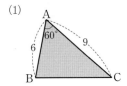

(2)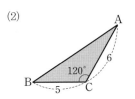

333
⊃7881-0459

오른쪽 그림과 같은 △ABC의 넓
이가 $8\sqrt{2}$ cm²일 때, $\overline{BC}$의 길이를
구하여라.

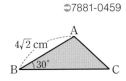

334
⊃7881-0460

오른쪽 그림과 같은 둔각삼각
형 ABC의 넓이가 6 cm²일
때, ∠B의 크기를 구하여라.

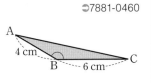

335
⊃7881-0461

오른쪽 그림과 같은 □ABCD의
넓이를 구하여라.

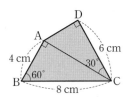

336
⊃7881-0462

오른쪽 그림과 같은 □ABCD
의 넓이를 구하여라.

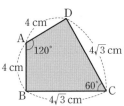

337
⊃7881-0463

오른쪽 그림과 같은 □ABCD의
넓이를 구하여라.

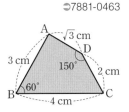

유형 06-115 삼각비와 평행사변형의 넓이

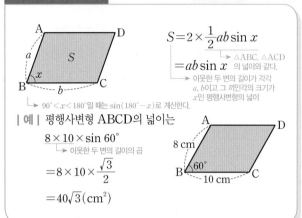

$S = 2 \times \dfrac{1}{2} ab \sin x$
    ↳ $\triangle$ABC, $\triangle$ACD
     의 넓이와 같다.
$= ab \sin x$
  ↳ 이웃한 두 변의 길이가 각각
   a, b이고 그 끼인각의 크기가
   x인 평행사변형의 넓이

↳ $90° < x < 180°$일 때는 $\sin(180° - x)$로 계산한다.

| 예 | 평행사변형 ABCD의 넓이는

$8 \times 10 \times \sin 60°$
  ↳ 이웃한 두 변의 길이의 곱
$= 8 \times 10 \times \dfrac{\sqrt{3}}{2}$
$= 40\sqrt{3} \, (\mathrm{cm}^2)$

338
➲7881-0464

오른쪽 그림과 같은 평행사변형 ABCD의 넓이를 구하여라.

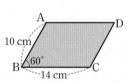

339
➲7881-0465

한 변의 길이가 12 cm인 마름모의 한 내각의 크기가 135°일 때, 마름모 ABCD의 넓이를 구하여라.

340
➲7881-0466

오른쪽 그림과 같은 평행사변형의 넓이가 $12\sqrt{3}$ cm²일 때, $\overline{BC}$의 길이를 구하여라.

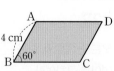

유형 06-116 삼각비와 사각형의 넓이 (2)

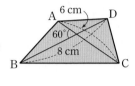

□ABCD의 넓이 S는

$S = \dfrac{1}{2} ab \sin x$
  ↳ 두 대각선의 길이가 각각 a, b이고
   두 대각선이 이루는 각의 크기가
   x인 사각형의 넓이

↳ $90° < x < 180°$일 때는 $\sin(180° - x)$로 계산한다.

| 예 | □ABCD의 넓이는

$\dfrac{1}{2} \times 6 \times 8 \times \sin 60°$
   ↳ 두 대각선의 길이의 곱
$= \dfrac{1}{2} \times 6 \times 8 \times \dfrac{\sqrt{3}}{2}$
$= 12\sqrt{3} \, (\mathrm{cm}^2)$

341
➲7881-0467

오른쪽 그림과 같은 □ABCD의 넓이를 구하여라.

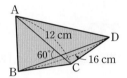

342
➲7881-0468

오른쪽 그림과 같은 평행사변형 ABCD의 넓이를 구하여라.

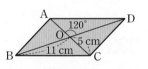

343
➲7881-0469

오른쪽 그림과 같은 □ABCD의 넓이가 $3\sqrt{2}$ cm²일 때, $\overline{AC}$의 길이를 구하여라.

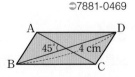

유형 06-117 현의 수직이등분선의 성질

원의 중심에서 현에 내린 수선은 그 현을 수직이등분한다.

(1) $\overline{OM} \perp \overline{AB}$이면 $\overline{AM} = \overline{BM}$

(2) 현의 수직이등분선은 그 원의 중심을 지난다.
→ 원의 중심은 현의 수직이등분선 위에 있다.

| 예 | 직각삼각형 OAM에서
$\overline{AM} = \sqrt{10^2 - 6^2} = 8 \,(\text{cm})$
$\overline{OM} \perp \overline{AB}$이므로 $\overline{AM} = \overline{BM}$
따라서 $x = 2\overline{AM}$
$\qquad = 2 \times 8 = 16$

→ 점 M은 $\overline{AB}$의 중점

344
⊃7881-0470

오른쪽 그림의 원 O에서 x의 값을 구하여라.

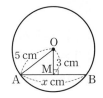

345
⊃7881-0471

다음은 아래 그림의 원 O에서 x의 값을 구하는 과정이다. ☐ 안에 알맞은 수나 식을 써넣어라.

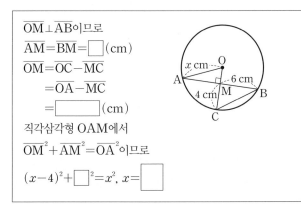

$\overline{OM} \perp \overline{AB}$이므로
$\overline{AM} = \overline{BM} = \boxed{} \,(\text{cm})$
$\overline{OM} = \overline{OC} - \overline{MC}$
$\qquad = \overline{OA} - \overline{MC}$
$\qquad = \boxed{} \,(\text{cm})$
직각삼각형 OAM에서
$\overline{OM}^2 + \overline{AM}^2 = \overline{OA}^2$이므로
$(x-4)^2 + \boxed{}^2 = x^2, \ x = \boxed{}$

유형 06-118 원의 중심에서 현까지의 거리

→ 원의 중심에서 같은 거리에 있는 두 현의 길이는 같다.

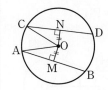

(1) $\overline{OM} = \overline{ON}$이면 $\overline{AB} = \overline{CD}$

(2) $\overline{AB} = \overline{CD}$이면 $\overline{OM} = \overline{ON}$

→ 길이가 같은 두 현은 원의 중심에서 같은 거리에 있다.

| 예 | ① 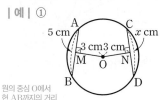 ②

원의 중심 O에서 현 AB까지의 거리
$\overline{OM} = \overline{ON} = 3\,\text{cm}$이므로
$x = \overline{AB} = 5$
→ 원의 중심 O에서 현 CD까지의 거리

$\overline{AB} = \overline{CD} = 7\,\text{cm}$이므로
$y = \overline{OM} = 3$

346
⊃7881-0472

다음 그림의 원 O에서 x의 값을 구하여라.

(1)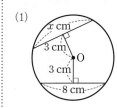

(2)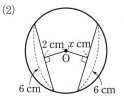

347
⊃7881-0473

오른쪽 그림의 원 O에서 x, y의 값을 각각 구하여라.

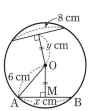

348
⊃7881-0474

오른쪽 그림과 같이 원 O에서 $\overline{OM} = \overline{ON}$, $\angle BAC = 40°$일 때. $\angle ABC$의 크기를 구하여라.

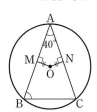

유형 06-119 원의 접선

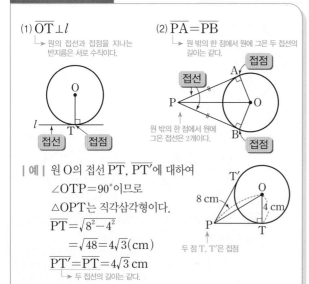

(1) $\overline{OT} \perp l$
↳ 원의 접선과 접점을 지나는 반지름은 서로 수직이다.

[접선] [접점]

(2) $\overline{PA} = \overline{PB}$
↳ 원 밖의 한 점에서 원에 그은 두 접선의 길이는 같다.

[접선] [접점]

원 밖의 한 점에서 원에 그은 접선은 2개이다.

| 예 | 원 O의 접선 $\overline{PT}$, $\overline{PT'}$에 대하여

$\angle OTP = 90°$이므로

$\triangle OPT$는 직각삼각형이다.

$\overline{PT} = \sqrt{8^2 - 4^2}$

$= \sqrt{48} = 4\sqrt{3}$(cm)

$\overline{PT'} = \overline{PT} = 4\sqrt{3}$ cm
↳ 두 접선의 길이는 같다.

두 점 T, T'은 접점

유형 06-120 원의 접선과 각의 크기

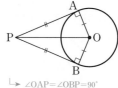

$\triangle OAP \equiv \triangle OBP$이므로

(1) $\angle APO = \angle BPO$ → 합동인 두 도형은 대응각의 크기가 각각 같다.

(2) $\angle AOP = \angle BOP$

(3) $\angle APB + \angle AOB = 180°$

↳ $\angle OAP = \angle OBP = 90°$

| 예 | 원 O의 접선 $\overline{PA}$, $\overline{PB}$에 대하여

$\angle OAP = 90°$이므로

$\angle APO = 90° - 50° = 40°$, → 접선과 반지름은 서로 수직이다.

$\angle APO = \angle BPO$이므로

$\angle APB = 2\angle APO$ → $\triangle OAP \equiv \triangle OBP$이므로 대응각의 크기가 각각 같다.

$= 2 \times 40° = 80°$

349
⊃7881-0475

오른쪽 그림에서 $\overline{PA}$는 접선, 점 A는 접점이다. $\overline{OP} = 5$ cm, $\overline{PA} = 4$ cm일 때, 원 O의 반지름의 길이를 구하여라.

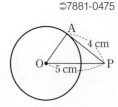

350
⊃7881-0476

오른쪽 그림과 같이 반지름의 길이가 6 cm인 원 O에서 $\overline{PA}$, $\overline{PB}$는 접선, 두 점 A, B는 접점이다. $\overline{OP} = 10$ cm일 때, $\overline{PB}$의 길이를 구하여라.

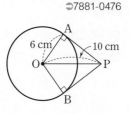

351
⊃7881-0477

오른쪽 그림과 같이 반지름의 길이가 5 cm인 원 O에서 $\overline{PA}$, $\overline{PB}$는 접선, 두 점 A, B는 접점이다. $\overline{OP} = 13$ cm일 때, $\square$OBPA의 둘레의 길이를 구하여라.

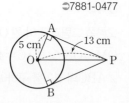

352
⊃7881-0478

오른쪽 그림에서 $\overline{PT}$는 원 O의 접선, 점 T는 접점이고 $\angle OPT = 30°$일 때, $\angle POT$의 크기를 구하여라.

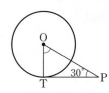

353
⊃7881-0479

오른쪽 그림에서 $\overrightarrow{PA}$, $\overrightarrow{PB}$는 원 O의 접선이고, 두 점 A, B는 접점일 때, 다음 중 옳지 않은 것은?

① $\overline{PA} = 8\sqrt{3}$　② $\overline{OA} = 8$

③ $\angle OAP = 90°$　④ $\angle AOB = 120°$

⑤ $\overline{PO} = 12$

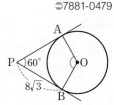

354
⊃7881-0480

오른쪽 그림에서 $\overrightarrow{PA}$, $\overrightarrow{PB}$는 각각 점 A, B를 접점으로 하는 원 O의 접선이다. $\angle OAB = 25°$일 때, $\angle APB$의 크기를 구하여라.

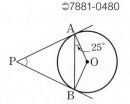

유형 06-121 **원에 외접하는 삼각형**

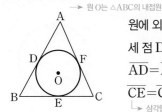

→ 원 O는 △ABC의 내접원

원에 외접하는 △ABC에서
세 점 D, E, F가 접점일 때
$\overline{AD}=\overline{AF}$, $\overline{BD}=\overline{BE}$,
$\overline{CE}=\overline{CF}$

└→ 삼각형의 내접원의 활용(유형 06-62)에
서도 배웠다.

| 예 | $\overline{AD}=\overline{AF}=5$ cm →두 접선의 길이는 같다.
$\overline{BE}=\overline{BD}=13-5=8$(cm)
$\overline{CE}=\overline{CF}=6$ cm이므로
$\overline{BC}=\overline{BE}+\overline{CE}=8+6$
$=14$(cm)

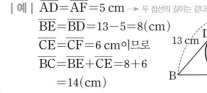

유형 06-122 **원에 외접하는 사각형**

→ $\overline{AB}$, $\overline{BC}$, $\overline{CD}$, $\overline{DA}$는 접선이고, 네 점 P, Q, R, S는 접점이다.

원에 외접하는 사각형의 대변의
길이의 합은 서로 같다.
$$\overline{AB}+\overline{CD}=\overline{AD}+\overline{BC}$$

└→ $\overline{AP}=\overline{AS}$, $\overline{BP}=\overline{BQ}$, $\overline{CQ}=\overline{CR}$, $\overline{DR}=\overline{DS}$

| 예 | $\overline{AB}+\overline{CD}=\overline{AD}+\overline{BC}$,
$\overline{AB}+7=6+9$ ←$\overline{AD}$의 대변은 $\overline{BC}$
따라서 $\overline{AB}=8$ cm

$\overline{AB}$의 대변은 $\overline{CD}$

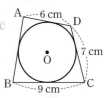

355
⊃7881-0481

오른쪽 그림에서 원 O는 △ABC
의 내접원이고, 세 점 D, E, F는
접점일 때, $\overline{EC}$의 길이를 구하여
라.

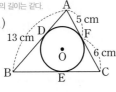

356
⊃7881-0482

오른쪽 그림에서 원 O는 △ABC
의 내접원이고, 세 점 D, E, F는
접점일 때, $\overline{BC}$의 길이를 구하여라.

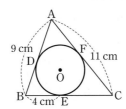

357
⊃7881-0483

오른쪽 그림에서 원 O는 △ABC의
내접원이고, 세 점 D, E, F는 접점
일 때, △ABC의 둘레의 길이를 구
하여라.

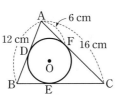

358
⊃7881-0484

오른쪽 그림에서 □ABCD가 원 O
에 외접할 때, x의 값을 구하여라.

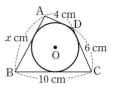

359
⊃7881-0485

오른쪽 그림에서 □ABCD가 원
O에 외접할 때, $\overline{CD}$의 길이를 구
하여라.

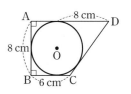

360
⊃7881-0486

오른쪽 그림에서 □ABCD가 원
O에 외접할 때, □ABCD의 둘레
의 길이를 구하여라.

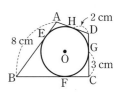

유형 06-123 원주각과 중심각의 크기

원주각 : 원 위의 한 점에서 그은 두 현이 이루는 각

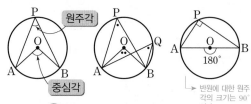

∠APB가 $\widehat{AB}$에 대한 원주각이면

$$\angle APB = \frac{1}{2}\angle AOB \quad \rightarrow \quad \angle AOB = 2\angle APB$$

| 예 | (1)   (2)

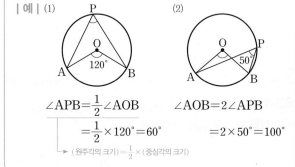

$$\angle APB = \frac{1}{2}\angle AOB \qquad \angle AOB = 2\angle APB$$
$$= \frac{1}{2} \times 120° = 60° \qquad = 2 \times 50° = 100°$$

→ (원주각의 크기) = $\frac{1}{2}$ × (중심각의 크기)

361

○7881-0487

다음 그림의 원 O에서 ∠x의 크기를 구하여라.

(1)   (2)

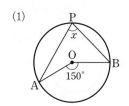 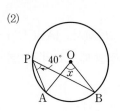

362

○7881-0488

오른쪽 그림의 원 O에서 ∠x의 크기를
구하여라.

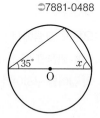

유형 06-124 한 호에 대한 원주각의 크기

한 호에 대한 원주각의 크기는 모두
같다. → 한 호에 대한 원주각은 무수히 많다.

⇨ ∠APB = ∠AQB

| 예 | ∠APB, ∠AQB는 모두
$\widehat{AB}$에 대한 원주각이므로
∠x = ∠AQB = 40°

363

○7881-0489

다음 그림의 원 O에서 ∠x의 크기를 구하여라.

(1)   (2)

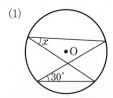 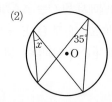

364

○7881-0490

다음은 ∠ACB = 94°, ∠PBQ = 30°일 때, ∠APB의 크기
를 구하는 과정이다. ☐ 안에 알맞은 기호나 수를 써넣어라.

∠PAQ, ∠PBQ는 $\widehat{PQ}$에
대한 원주각이므로
∠PAQ = ☐ = 30°
△PAC에서
∠ACB = ∠APB + ∠PAQ
따라서 ☐ ° = ∠APB + 30°이므로
∠APB = ☐ °

THEME 06

유형 06-125 원주각의 크기와 호의 길이

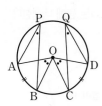

→ 호의 길이가 같으면 원주각(또는 중심각)의 크기가 같다.

(1) $\overset{\frown}{AB}=\overset{\frown}{CD}$이면

$$\angle APB=\angle CQD$$

(2) $\angle APB=\angle CQD$이면

$$\overset{\frown}{AB}=\overset{\frown}{CD}$$

→ 원주각(또는 중심각)의 크기가 같으면 호의 길이가 같다.

(3) 호의 길이는 원주각의 크기에 비례한다. → 호의 길이는 중심각의 크기에 비례한다.

| 예 | 한 원에서 길이가 같은 호에 대한 원주각의 크기는 같으므로

$$\angle x=40\degree$$

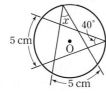

365

⊃7881-0491

다음 그림의 원에서 x의 값을 구하여라.

(1)

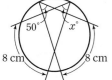

(2)

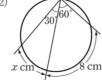

366

⊃7881-0492

다음은 점 P가 현 AB, CD의 교점이고, $\angle ABC=32\degree$, $\overset{\frown}{AC}=\overset{\frown}{BD}$일 때, $\angle BPD$의 크기를 구하는 과정이다. □ 안에 알맞은 기호나 수를 써넣어라.

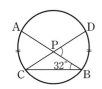

$\overset{\frown}{AC}=\overset{\frown}{DB}$이므로

$\boxed{}=\angle ABC=32\degree$

△PCB에서

$\angle BPD=\angle ABC+\angle DCB$

$=\boxed{}\degree$

유형 06-126 네 점이 한 원 위에 있을 조건

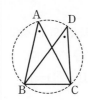

$\overline{BC}$에 대하여

→ ∠BAC와 ∠BDC는 $\overset{\frown}{BC}$에 대한 원주각이다.

$\angle BAC=\angle BDC$일 때,

네 점 A, B, C, D는 한 원 위에 있다.

→ 두 점 A, D가 $\overline{BC}$에 대해 같은 쪽에 있어야 한다.

| 예 | 네 점 A, B, C, D가 한 원 위에 있으려면 → $\overset{\frown}{AD}$에 대한 원주각

$\angle ABD=\angle ACD=40\degree$

이어야 하므로 △ABP에서

$x=180-(85+40)=55$

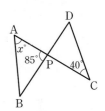

367

⊃7881-0493

다음 중 네 점 A, B, C, D가 한 원 위에 있는 것을 모두 고르면? (정답 2개)

①

②

③

④

⑤

368

⊃7881-0494

오른쪽 그림에서 $\overline{AB}=\overline{BC}=\overline{CA}$일 때, 네 점 A, B, C, D가 한 원 위에 있도록 하는 $\angle x$, $\angle y$의 크기를 각각 구하여라.

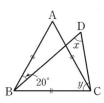

유형 06-127 원에 내접하는 사각형의 성질

원에 내접하는 사각형의 한 쌍의 대각의 크기의 합은 180°이다.

$$\angle A + \angle C = \angle B + \angle D = 180°$$

↳ (원에 내접하는 사각형) = (네 꼭짓점이 한 원 위에 있는 사각형)

| 예 | □ABCD가 원에 내접하므로

$\angle x + 70° = 180°$ → ↳ ∠A의 대각은
∠C이므로
$\angle x = 110°$ → ∠A + ∠C = 180°

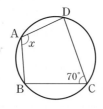

369

⊃7881-0495

오른쪽 그림과 같이 □ABCD가 원에 내접할 때, x, y의 값을 각각 구하여라.

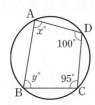

370

⊃7881-0496

오른쪽 그림과 같이 □ABCD가 원에 내접할 때, $\angle x$, $\angle y$의 크기를 각각 구하여라.

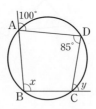

371

⊃7881-0497

오른쪽 그림과 같이 □ABCD가 원에 내접할 때, ∠A의 크기를 구하여라.

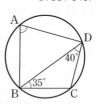

유형 06-128 사각형이 원에 내접하기 위한 조건

다음 조건 중 하나를 만족하면 □ABCD는 원에 내접한다.

→ 네 점이 한 원 위에 있을 조건과 같다.   → 원에 내접하는 사각형의 성질과 같다.

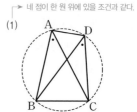

$\angle BAC = \angle BDC$

↳ BC에 대한 원주각의
크기가 같을 때

$\angle A + \angle C = 180°$

또는 $\angle B + \angle D = 180°$

↳ 대각의 크기의 합이 180°일 때

| 예 | □ABCD가 원에 내접하려면

$\angle BAC = \angle BDC = 40°$

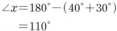

이어야 하므로 △ABP에서 → BC에 대해 같은
쪽에 있는 각

$\angle x = 180° - (40° + 30°)$

$= 110°$

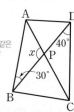

372

⊃7881-0498

오른쪽 그림의 □ABCD가 원에 내접하기 위한 ∠ABD의 크기는?

① 32°   ② 33°   ③ 34°

④ 35°   ⑤ 36°

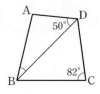

373

⊃7881-0499

오른쪽 그림과 같이 $\overline{AB} = \overline{AD}$인 □ABCD에서 ∠DAC의 크기를 구하여라.

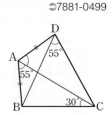

유형 06-129 접선과 현이 이루는 각

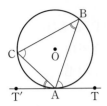

원 O에서 $\overleftrightarrow{TT'}$은 접선,
점 A가 접점일 때,
∠BAT=∠BCA,
∠CAT′=∠CBA
└→ 접선과 현이 └→ 원주각
이루는 각

| 예 | 오른쪽 그림에서
∠x=∠BAT=70°
∠y=∠CBA=50°
└→ ∠x, ∠CBA는 원주각
∠y, ∠BAT는 접선과 현이 이루는 각

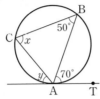

374
⊃7881-0500

다음 그림에서 $\overleftrightarrow{AT}$는 원 O의 접선이고, 점 A는 접점일 때, ∠x, ∠y의 크기를 각각 구하여라.

(1)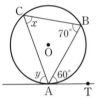

(2)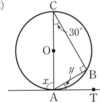

375
⊃7881-0501

오른쪽 그림에서 $\overleftrightarrow{BE}$는 원의 접선이고, 점 B는 접점이다. ∠DAB=70°, ∠DBC=25°일 때, ∠CBE의 크기를 구하여라.

376
⊃7881-0502

오른쪽 그림에서 $\overleftrightarrow{BE}$는 원의 접선이고, 점 B는 접점일 때, ∠CBE의 크기를 구하여라.

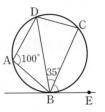

377
⊃7881-0503

오른쪽 그림에서 $\overrightarrow{PA}$, $\overrightarrow{PB}$는 원 O의 접선이고, 두 점 A, B는 접점이다. ∠DAC=72°, ∠APB=56°일 때, ∠CBE의 크기를 구하여라.

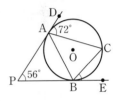

378
⊃7881-0504

오른쪽 그림에서 $\overline{PT}$는 원의 접선이고, 점 T는 접점이다. $\overline{BT}=\overline{BP}$, ∠BPT=24°일 때, ∠ATB의 크기를 구하여라.

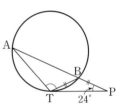

379
⊃7881-0505

오른쪽 그림에서 원 O는 △ABC의 내접원이고, △DEF의 외접원이다. ∠A=50°일 때, ∠DEF의 크기를 구하여라.

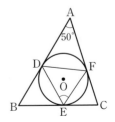

원에서의 비례 관계

원에서 두 현 AB, CD 또는 두 현의 연장선이 만나는 점을 P라 하면 $\overline{PA} \times \overline{PB} = \overline{PC} \times \overline{PD}$

→ $\overline{PA} \times \overline{AB} \ne \overline{PC} \times \overline{CD}$ 임에 주의한다.

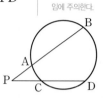

→ ∠PAC=∠PDB, ∠PCA=∠PBD이므로 △PAC∽△PDB(AA 닮음)이다.
PA : PD=PC : PB이므로 PA×PB=PC×PD

| 예 | (1)

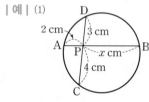

$2 \times x = 4 \times 3$
따라서 $x = 6$

(2)

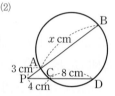

$3 \times (3+x) = 4 \times (4+8)$
$9 + 3x = 48$, $3x = 39$
따라서 $x = 13$

380
⊃7881-0506

다음 그림에서 x의 값을 구하여라.

(1)

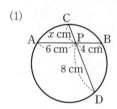

(2)

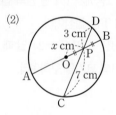

381
⊃7881-0507

오른쪽 그림에서 $\overline{PC}$의 길이를 구하여라.

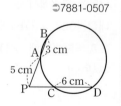

원의 접선에서의 비례 관계

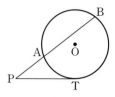

원 O에서 $\overline{PT}$는 접선, 점 T는 접점일 때 $\overline{PT}^2 = \overline{PA} \times \overline{PB}$

| 예 | $\overline{PT}^2 = \overline{PA} \times \overline{PB}$이므로
$x^2 = 2(2+6)$, $x^2 = 16$
$x > 0$이므로 $x = 4$

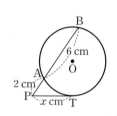

382
⊃7881-0508

오른쪽 그림에서 $\overline{PT}$는 원 O의 접선, 점 T는 접점일 때, x의 값을 구하여라.

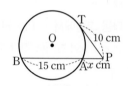

383
⊃7881-0509

오른쪽 그림에서 $\overline{PT}$는 원 O의 접선이고, 점 T는 접점이다. $\overline{PA} = \overline{AB}$, $\overline{PT} = 6$ cm일 때, $\overline{AB}$의 길이를 구하여라.

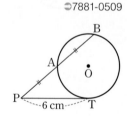

384
⊃7881-0510

오른쪽 그림에서 $\overline{PT}$는 원 O의 접선, 점 T는 접점이다. $\overline{PT} = 10$ cm, $\overline{PA} = 8$ cm일 때, 원 O의 반지름의 길이를 구하여라.

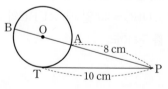

유형 06-132 공통인 현을 가지는 두 원과 비례 관계

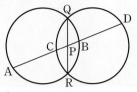

두 원에서 점 A, C, P, B, D가 같은 선분 위에 있을 때

$$\overline{PA} \times \overline{PB} = \overline{PC} \times \overline{PD}$$

↳ $\overline{PA} \times \overline{PB} = \overline{PQ} \times \overline{PR}$
$\overline{PC} \times \overline{PD} = \overline{PQ} \times \overline{PR}$

↳ $\overline{QR}$는 두 점 Q, R에서 만나는 두 원의 공통인 현이다.

| 예 | $\overline{PA} \times \overline{PB} = \overline{PC} \times \overline{PD}$
이므로
$(5+x) \times 2$
$= x \times (2+6)$
$10+2x = 8x, \ 6x = 10$
따라서 $x = \dfrac{5}{3}$

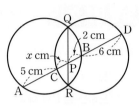

유형 06-133 공통인 접선을 가지는 두 원과 비례 관계

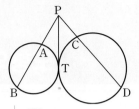

두 원에서

$$\overline{PA} \times \overline{PB} = \overline{PC} \times \overline{PD}$$

↳ $\overline{PT}^2 = \overline{PA} \times \overline{PB}$
$\overline{PT}^2 = \overline{PC} \times \overline{PD}$

↳ $\overline{PT}$는 점 T를 접점으로 하는 두 원의 공통인 접선이다.

| 예 | $\overline{PA} \times \overline{PB} = \overline{PC} \times \overline{PD}$이므로
$4 \times (4+8)$
$= 3 \times (3+x)$
$48 = 9 + 3x, \ 3x = 39$
따라서 $x = 13$

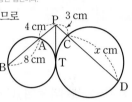

385
⊃7881-0511

오른쪽 그림에서 $\overline{EF}$가 두 원의 공통인 현일 때, $\overline{PC}$의 길이를 구하여라.

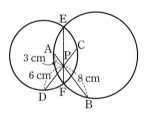

387
⊃7881-0513

오른쪽 그림에서 $\overline{PT}$는 두 원의 공통인 접선, 점 T는 공통인 접점일 때, $\overline{CD}$의 길이를 구하여라.

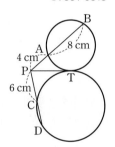

386
⊃7881-0512

오른쪽 그림에서 $\overline{PQ}$는 두 원의 공통인 현일 때, $\overline{BC}$의 길이는?

① 1 cm ② $\dfrac{6}{5}$ cm

③ $\dfrac{4}{3}$ cm ④ $\dfrac{7}{4}$ cm

⑤ 2 cm

388
⊃7881-0514

오른쪽 그림에서 $\overline{PT}$는 두 원 O, O'의 공통인 접선이고, 점 T는 공통인 접점이다. $\overline{PA} = 4$ cm, $\overline{AB} = 3$ cm, $\overline{PC} = 2$ cm일 때, $\overline{CD}$의 길이는?

① 4 cm ② 7 cm ③ 9 cm

④ 11 cm ⑤ 12 cm

THEME

07

도형의 방정식

유형 **07-1** **두 점 사이의 거리**

(1) 수직선 위의 두 점 $A(x_1)$, $B(x_2)$ 사이의 거리
$$\overline{AB}=|x_1-x_2|$$

(2) 좌표평면 위의 두 점 $A(x_1, y_1)$, $B(x_2, y_2)$ 사이의 거리
$$\overline{AB}=\sqrt{(x_2-x_1)^2+(y_2-y_1)^2}$$

| 예 | 두 점 $A(1, 2)$, $B(3, 4)$ 사이의 거리는
$$\overline{AB}=\sqrt{(3-1)^2+(4-2)^2}=2\sqrt{2}$$
→ $\sqrt{(1-3)^2+(2-4)^2}$ 으로 계산하여도 같은 값을 얻을 수 있다.

001
⊃7881-0515

다음 수직선 위의 두 점 사이의 거리가 5일 때, a, b의 값으로 가능한 것을 모두 구하여라.

(1) $A(1)$, $B(a)$ (2) $C(b)$, $D(10)$

002
⊃7881-0516

좌표평면 위의 두 점 $A(1, 2)$, $B(a, 4)$ 사이의 거리가 $\sqrt{13}$ 이 되도록 하는 모든 a의 값의 합을 구하여라.

003
⊃7881-0517

두 점 $A(1, 1)$, $B(4, -2)$로부터 같은 거리에 있는 y축 위의 점 P의 좌표는 (a, b)이다. 이때 $a+b$의 값을 구하여라.

유형 **07-2** **수직선 위의 선분의 내분점과 외분점**

수직선 위의 두 점 $A(x_1)$, $B(x_2)$에 대하여

(1) 선분 AB를 $m : n$ $(m>0, n>0)$으로
내분하는 점 P의 좌표는
→ 내분점은 그 선분 위에 있다.
$$P\left(\frac{mx_2+nx_1}{m+n}\right)$$ 내분

(2) 선분 AB를 $m : n$ $(m>0, n>0, m\neq n)$으로
외분하는 점 Q의 좌표는
→ 외분점은 선분의 연장선 위에 있다.   → $m>n$일 때
$$Q\left(\frac{mx_2-nx_1}{m-n}\right)$$ 외분

| 예 | 두 점 $A(2)$, $B(5)$에 대하여 선분 AB를
$2 : 1$로 내분하는 점 P의 좌표는
$$P\left(\frac{2\times5+1\times2}{2+1}\right), 즉 P(4)$$ → 내분점은 두 점 A와 B 사이에 존재한다.
$2 : 1$로 외분하는 점 Q의 좌표는
$$Q\left(\frac{2\times5-1\times2}{2-1}\right), 즉 Q(8)$$ → 외분점은 선분 AB의 외부에 존재한다.

004
⊃7881-0518

두 점 $A(2)$, $B(x)$에 대하여 선분 AB를 $3 : 1$로 내분하는 점이 $P(5)$일 때, x의 값을 구하여라.

005
⊃7881-0519

두 점 $A(x)$, $B(3)$에 대하여 선분 AB를 $2 : 3$으로 외분하는 점이 $Q(6)$일 때, x의 값을 구하여라.

유형 07-3 좌표평면 위의 선분의 내분점과 외분점

좌표평면 위의 두 점 $A(x_1, y_1)$, $B(x_2, y_2)$에 대하여

(1) 선분 AB를 $m : n$ $(m>0, n>0)$으로

내분하는 점 P의 좌표는 $P\left(\dfrac{mx_2+nx_1}{m+n}, \dfrac{my_2+ny_1}{m+n}\right)$

> $m=n$이면 내분점 P의 좌표는 중점의 좌표가 된다.

(2) 선분 AB를 $m : n$ $(m>0, n>0, m\neq n)$으로

외분하는 점 Q의 좌표는 $Q\left(\dfrac{mx_2-nx_1}{m-n}, \dfrac{my_2-ny_1}{m-n}\right)$

| 예 | 두 점 $A(1, -2)$, $B(4, 3)$에 대하여

선분 AB를 $2 : 1$로 내분하는 점 P의 좌표는

$P\left(\dfrac{2\times4+1\times1}{2+1}, \dfrac{2\times3+1\times(-2)}{2+1}\right)$, 즉 $P\left(3, \dfrac{4}{3}\right)$

선분 AB를 $2 : 1$로 외분하는 점 Q의 좌표는

$Q\left(\dfrac{2\times4-1\times1}{2-1}, \dfrac{2\times3-1\times(-2)}{2-1}\right)$, 즉 $Q(7, 8)$

006
➲7881-0520

두 점 $A(-1, 3)$과 $B(-3, 7)$에 대하여 선분 AB의 중점의 좌표를 (a, b)라 할 때, ab의 값은?

① -6 ② -10 ③ -12

④ -16 ⑤ -20

007
➲7881-0521

좌표평면 위의 두 점 $A(2, -1)$, $B(-3, -4)$에 대하여 다음을 구하여라.

(1) 선분 AB를 $1 : 2$로 내분하는 점 P의 좌표

(2) 선분 AB를 $3 : 2$로 외분하는 점 Q의 좌표

008
➲7881-0522

두 점 $A(a, 6)$, $B(b, a)$를 이은 선분 AB를 $1 : 2$로 외분하는 점 P의 좌표가 $(-9, 4)$일 때, $a+b$의 값은?

① 27   ② 30   ③ 33

④ 36   ⑤ 40

009
➲7881-0523

두 점 $A(3, a)$, $B(b, 6)$을 이은 선분 AB를 $1 : 3$으로 내분하는 점의 좌표가 $(4, 6)$일 때, $a+b$의 값은?

① 8   ② 10   ③ 13

④ 16   ⑤ 20

010
➲7881-0524

네 점 $A(2, 4)$, $B(6, 3)$, $C(6, b)$, $D(a, 5)$를 꼭짓점으로 하는 사각형 ABCD가 평행사변형일 때, ab의 값은?

① 4   ② 8   ③ 12

④ 16   ⑤ 20

유형 07-4 삼각형의 무게중심

좌표평면 위의 세 점 $A(x_1, y_1)$, $B(x_2, y_2)$, $C(x_3, y_3)$을 꼭짓점으로 하는 삼각형 ABC의 무게중심 G의 좌표는

$$\left(\frac{x_1+x_2+x_3}{3}, \frac{y_1+y_2+y_3}{3} \right)$$

→ 세 중선의 교점으로 중선을 꼭짓점으로 부터 2 : 1로 내분 하는 점이다.

| 예 | 세 점 $A(0, 0)$, $B(4, 0)$, $C(2, 6)$을 꼭짓점으로 하는 △ABC의 무게중심 G의 좌표는

$$G\left(\frac{0+4+2}{3}, \frac{0+0+6}{3} \right), 즉 G(2, 2)$$

← x좌표의 평균   → y좌표의 평균

011
⊃7881-0525

세 점 $A(3, 0)$, $B(3, 6)$, $C(0, 0)$을 꼭짓점으로 하는 △ABC의 무게중심 G의 좌표를 (a, b)라 할 때, ab의 값은?

① 1   ② 2   ③ 3
④ 4   ⑤ 5

012
⊃7881-0526

세 점 $A(-3, 2)$, $B(1, -4)$, $C(-7, 5)$를 꼭짓점으로 하는 △ABC의 무게중심 G의 좌표는?

① $(2, 1)$ ② $(0, 2)$ ③ $(-2, 3)$
④ $(-3, 2)$ ⑤ $(-3, 1)$

013
⊃7881-0527

세 점 $A(1, a)$, $B(0, 0)$, $C(2a, 2b)$를 꼭짓점으로 하는 삼각형 ABC의 무게중심의 좌표가 $(1, 3)$일 때, ab의 값은?

① 1   ② 2   ③ 3
④ 4   ⑤ 5

014
⊃7881-0528

세 점 $A(1, 2)$, $B(3, 2)$, $C(2, 8)$에 대하여 선분 BC의 중점을 M이라 하자. 이때 선분 AM을 2 : 1로 내분하는 점의 좌표를 (a, b)라 할 때, $a+b$의 값은?

① 6   ② 8   ③ 10
④ 12   ⑤ 14

015
⊃7881-0529

세 점 $A(1, 2)$, $B(2, 4)$, $C(3, 3)$을 꼭짓점으로 하는 삼각형 ABC의 세 변 AB, BC, CA의 중점을 각각 A′, B′, C′이라 하자. 삼각형 A′B′C′의 무게중심 G의 좌표가 (a, b)일 때, $a+b$의 값은?

① 1   ② 2   ③ 3
④ 4   ⑤ 5

유형 07-5 한 점과 기울기가 주어진 직선의 방정식

좌표평면 위의 한 점 $A(x_1, y_1)$을 지나고, 기울기가 m인 직선의 방정식은

$$y - y_1 = m(x - x_1)$$

| 예 | 점 $(1, 2)$를 지나고 기울기가 -3인 직선의 방정식은 $y - 2 = -3(x-1)$이므로 $y = -3x + 5$이다.
└─→ 기울기

016
⊃7881-0530

점 $(1, 6)$을 지나고 기울기가 2인 직선의 방정식은?

① $y = 6x$ ② $y = 2x + 4$

③ $y = 2x - 11$ ④ $y = x - 4$

⑤ $y = x + 4$

017
⊃7881-0531

기울기가 4이고 점 $(5, 0)$을 지나는 직선의 방정식을 구하여라.

018
⊃7881-0532

점 $(2, 4)$를 지나고 기울기가 -3인 직선이 점 $A(4, a)$를 지난다고 할 때, a의 값은?

① -1 ② -2 ③ -3

④ -4 ⑤ -5

유형 07-6 두 점을 지나는 직선의 방정식

좌표평면 위의 서로 다른 두 점 (x_1, y_1), (x_2, y_2)를 지나는 직선의 방정식은

→ (기울기) $= \dfrac{(y의 \ 값의 \ 증가량)}{(x의 \ 값의 \ 증가량)}$

(1) $x_1 \neq x_2$일 때, $y - y_1 = \dfrac{y_2 - y_1}{x_2 - x_1}(x - x_1)$

(2) $x_1 = x_2$일 때, $x = x_1$

| 예 | 세 점 $A(1, 4)$, $B(2, 3)$, $C(2, 2)$에 대하여 두 점 A, C를 지나는 직선과 두 점 B, C를 지나는 직선의 방정식은

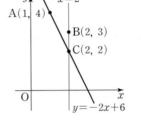

직선 BC의 방정식은
$x = 2$ → x축에 수직이다.

직선 AC의 방정식은
$$y - 4 = \frac{2 - 4}{2 - 1}(x - 1)$$
즉, $y = -2x + 6$

019
⊃7881-0533

두 점 $A(0, 2)$, $B(1, 1)$을 지나는 직선의 방정식을 $ax + y + b = 0$이라 할 때, 상수 a, b에 대하여 ab의 값을 구하여라.

020
⊃7881-0534

다음과 같이 주어진 두 점 A, B를 지나는 직선의 방정식을 구하여라.

(1) $A(3, 4)$, $B(3, 6)$

(2) $A(1, -1)$, $B(3, -1)$

021
⊃7881-0535

좌표평면 위의 직선이 세 점 $A(4, 3)$, $B(6, 5)$, $C(k, 7)$을 지난다고 할 때, k의 값을 구하여라.

유형 07-7 일차방정식이 나타내는 그래프

일차방정식 $ax+by+c=0$ $(a\neq0)$의 그래프는 다음과 같은 직선이다.

(1) $b\neq0$인 경우 : $y=-\dfrac{a}{b}x-\dfrac{c}{b}$

(2) $b=0$인 경우 : $x=-\dfrac{c}{a}$

|예| 일차방정식 $3x+2y-1=0$은 $y=-\dfrac{3}{2}x+\dfrac{1}{2}$이므로

기울기가 $-\dfrac{3}{2}$이고, y절편이 $\dfrac{1}{2}$인 직선을 그래프로
$\qquad\qquad\qquad\underset{\longrightarrow\ x=0\text{일 때 }y\text{의 값}}{}$
한다.

022
⊃7881-0536

다음 일차함수 중 그 그래프가 일차방정식 $2x-3y+3=0$의 그래프와 같은 것은?

① $y=-\dfrac{3}{2}x-1$ ② $y=-\dfrac{3}{2}x+1$ ③ $y=\dfrac{2}{3}x+1$

④ $y=\dfrac{2}{3}x+\dfrac{1}{3}$ ⑤ $y=\dfrac{2}{3}x-1$

023
⊃7881-0537

두 직선 $-2x+y-5=0$, $3x+2y-3=0$의 교점과
점 $(1,2)$를 지나는 그래프의 일차방정식이 $x+ay+b=0$일
때, 상수 a, b에 대하여 $a+b$의 값을 구하여라.

024
⊃7881-0538

다음 일차방정식의 그래프 중 제1, 2, 4사분면만을 지나는 것은?

① $x+y=1$ ② $x-y=-2$ ③ $2x+3y+4=0$

④ $-3x+y=5$ ⑤ $3x-5y-1=0$

유형 07-8 두 직선의 위치 관계

두 직선 $y=mx+n$, $y=m'x+n'$에 대하여

(1) 두 직선이 서로 평행하다. → $m=m', n=n'$이면 두 직선은 일치한다.
$\iff m=m', n\neq n'$

(2) 두 직선이 서로 수직이다.
$\iff mm'=-1$

|예| 세 직선 $l:y=x+1$, $m:y=x+3$, $k:y=-x+1$
에 대하여 두 직선 l, m은 기울기가 같고 y절편이 다르므로 서로 평행하다. 두 직선 m, k는 기울기의 곱이 -1이므로 서로 수직이다.

025
⊃7881-0539

다음 직선의 방정식을 구하여라.

(1) 직선 $2x+y=1$에 평행하고, 점 $(1,2)$를 지나는 직선

(2) 직선 $2x+y=1$에 수직이고, 점 $(1,2)$를 지나는 직선

026
⊃7881-0540

두 점 $A(1,2)$와 $B(3,-2)$를 이은 선분 AB의 수직이등분선의 방정식을 구하여라.

027
⊃7881-0541

두 직선 $x-3y+1=0$, $2x+ay-5=0$이 서로 평행하도록 하는 상수 a의 값은? (단, $a\neq0$이다.)

① -6 ② -4 ③ -2
④ 3 ⑤ 5

유형 07-9   점과 직선 사이의 거리

(1) 점 (x_1, y_1)과 직선 $ax+by+c=0$ 사이의 거리 d는

$$d=\frac{|ax_1+by_1+c|}{\sqrt{a^2+b^2}}$$

(2) 평행한 두 직선 l, k에 대하여 직선 l 위의 점을 P라 하면 두 직선 l과 k 사이의 거리는 점 P와 직선 k 사이의 거리와 같다.
└→ 두 직선 사이의 거리   └→ 점과 직선 사이의 거리

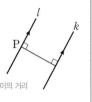

| 예 | 점 $(-3, 1)$과 직선 $-4x+3y-5=0$ 사이의 거리 d는

$$d=\frac{|(-4)\times(-3)+3\times1-5|}{\sqrt{(-4)^2+3^2}}=\frac{10}{5}=2$$

028
⊃7881-0542

원점과 직선 $6x+8y+5=0$ 사이의 거리를 구하여라.

029
⊃7881-0543

점 $(-1, 2)$와 직선 $3x+4y+10=0$ 사이의 거리는?

① 1   ② 2   ③ 3
④ 4   ⑤ 5

030
⊃7881-0544

점 $(1, 2)$에서의 거리가 1이고, 원점을 지나는 직선의 방정식을 구하여라.

[031~032] 평행한 두 직선 $3x+2y-6=0$, $3x+2y+7=0$ 사이의 거리를 구하려고 한다. 다음 물음에 답하여라.

031
⊃7881-0545

점 $(a, 6)$이 직선 $3x+2y-6=0$ 위에 있을 때, a의 값은?

① -1 ② -2 ③ -3
④ -4 ⑤ -5

032
⊃7881-0546

위에서 구한 점 $(a, 6)$과 직선 $3x+2y+7=0$ 사이의 거리를 구하여라.

033
⊃7881-0547

두 직선 $-2x+y=1$, $-2x+y=11$ 사이의 거리는?

① $\sqrt{5}$ ② $\sqrt{6}$ ③ $\sqrt{7}$
④ $2\sqrt{5}$ ⑤ $2\sqrt{6}$

유형 07-10 원의 방정식

중심이 (a, b)이고 반지름의 길이가 r인 원의 방정식은
$$(x-a)^2+(y-b)^2=r^2$$
| 예 | 중심이 $(2, 3)$이고 반지름의 길이가 1인 원의 방정식은
$$(x-2)^2+(y-3)^2=1^2$$
└→ 중심 $(2, 3)$ ◄──   └→ (반지름의 길이)=1

034
⊃7881-0548

다음 원의 방정식을 구하여라.

(1) 중심이 $(-1, 3)$이고 반지름의 길이가 2인 원

(2) 중심이 $(4, -3)$이고 원점을 지나는 원

035
⊃7881-0549

원 $(x-2)^2+(y-a)^2=3^2$의 중심이 직선 $y=2x$ 위에 있다. 이 원의 반지름의 길이를 r라 할 때, $a+r$의 값은?
(단, a, r는 상수이다.)

① 5　　　　② 7　　　　③ 9

④ 11　　　⑤ 13

036
⊃7881-0550

원 $(x-r)^2+(y-2r)^2=r^2$의 중심이 제1사분면 위에 있고 원의 둘레의 길이가 6π일 때, 원의 중심의 좌표를 구하여라.

037
⊃7881-0551

두 점 $A(2, 0)$, $B(0, 2)$를 지름의 양 끝점으로 하는 원의 방정식을 $(x-a)^2+(y-b)^2=c$라 할 때, 상수 a, b, c에 대하여 $a+b+c$의 값은?

① 1　　　　② 2　　　　③ 3

④ 4　　　　⑤ 5

038
⊃7881-0552

중심이 x축 위에 있고 두 점 $(0, -2)$, $(1, 2)$를 지나는 원의 넓이는?

① $\dfrac{1}{4}\pi$　　　② $\dfrac{7}{4}\pi$　　　③ $\dfrac{13}{4}\pi$

④ $\dfrac{17}{4}\pi$　　　⑤ $\dfrac{21}{4}\pi$

유형 07-11 좌표축에 접하는 원의 방정식

중심이 (a, b)인 원이

(1) x축에 접하면 $(x-a)^2+(y-b)^2=b^2$
→ 중심의 y좌표의 절댓값이 반지름의 길이이다.

(2) y축에 접하면 $(x-a)^2+(y-b)^2=a^2$
→ 중심의 x좌표의 절댓값이 반지름의 길이이다.

| 예 | 중심이 $(1, 2)$이고 x축에 접하는 원의 방정식은
$(x-1)^2+(y-2)^2=2^2$이다.

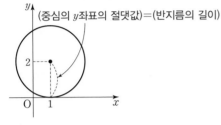

039
⊃7881-0553

중심이 $(-3, 2)$이고 y축에 접하는 원의 방정식을 구하여라.

040
⊃7881-0554

중심이 직선 $y=2x$ 위에 있고 x축에 접하며 점 $(1, 0)$을 지나는 원이 있다. 이 원의 중심의 좌표를 (a, b)라 할 때, $a+b$의 값은?

① 1 ② 2 ③ 3
④ 4 ⑤ 5

041
⊃7881-0555

점 $(1, 2)$를 지나고 x축과 y축에 동시에 접하는 두 원의 반지름의 길이의 합을 구하여라.

(단, 원의 중심은 제1사분면 위에 있다.)

유형 07-12 이차방정식이 나타내는 도형

이차방정식
$x^2+y^2+Ax+By+C=0$이 나타내는 도형은
$\left(x+\dfrac{A}{2}\right)^2+\left(y+\dfrac{B}{2}\right)^2=\dfrac{A^2+B^2-4C}{4}$가 나타내는 도형

과 같으므로

(1) $A^2+B^2-4C>0$이면

중심이 $\left(-\dfrac{A}{2}, -\dfrac{B}{2}\right)$이고 반지름의 길이가

$\dfrac{\sqrt{A^2+B^2-4C}}{2}$인 원이다.

(2) $A^2+B^2-4C=0$이면 점 $\left(-\dfrac{A}{2}, -\dfrac{B}{2}\right)$

(3) $A^2+B^2-4C<0$이면 공집합이다.

042
⊃7881-0556

$(x-1)^2+(y-3)^2=k^2-k$가 좌표평면에서 한 점을 나타내게 하는 k의 값을 모두 구하여라.

043
⊃7881-0557

방정식 $x^2+y^2-2x+6y-6=0$이 나타내는 원의 중심과 반지름의 길이를 각각 구하여라.

044
⊃7881-0558

x, y에 대한 이차방정식 $x^2+y^2+4x-6y+k=0$이 원을 나타내도록 하는 자연수 k의 최댓값을 구하여라.

유형 07-13 원과 직선의 위치 관계

원 $x^2+y^2=r^2$과 직선 $y=mx+n$의 위치 관계는

(1) 두 도형의 방정식을 연립하여 만든 이차방정식

$$(m^2+1)x^2+2mnx+n^2-r^2=0$$

의 판별식을 D라 할 때

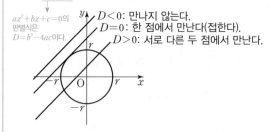

$ax^2+bx+c=0$의 판별식은 $D=b^2-4ac$이다.

$D<0$: 만나지 않는다.
$D=0$: 한 점에서 만난다(접한다).
$D>0$: 서로 다른 두 점에서 만난다.

(2) 원의 중심과 직선 사이의 거리를 d, 원의 반지름의 길이를 r라 하면

① $d<r$ 서로 다른 두 점에서 만난다.   ② $d=r$ 한 점에서 만난다.(접한다)   ③ $d>r$ 만나지 않는다.

| 예 | 원 $x^2+y^2=4$와 직선 $x+y=2$에 대하여 원의 중심 $(0,0)$과 직선 사이의 거리는 $\sqrt{2}$이고, 원의 반지름의 길이는 2이므로 원과 직선은 서로 다른 두 점에서 만난다. $(d<r)$
$\rightarrow \sqrt{2}<2$

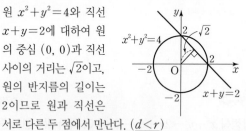

045
🔗7881-0559

다음 원과 직선의 위치 관계를 구하여라.

(1) $x^2+y^2=5$, $x+2y=1$

(2) $x^2+y^2=9$, $y=-x+6$

046
🔗7881-0560

원 $x^2+y^2=4$와 직선 $y=2x+k$가 한 점에서 만날 때, 상수 k의 값을 구하여라. (단, $k>0$이다.)

047
🔗7881-0561

원 $x^2+y^2=9$와 직선 $y=x+a$가 두 점에서 만나도록 하는 자연수 a의 값의 개수는?

① 1   ② 2   ③ 3

④ 4   ⑤ 5

048
🔗7881-0562

중심이 $(1,0)$이고 원점을 지나는 원에 직선 $y=2x+a$가 접할 때 모든 상수 a의 값의 합은?

① -1 ② -2 ③ -3

④ -4 ⑤ -5

049
🔗7881-0563

원 $(x-2)^2+(y+1)^2=r^2$과 직선 $-3x+4y-12=0$이 만나지 않도록 하는 자연수 r의 최댓값은?

① 1   ② 2   ③ 3

④ 4   ⑤ 5

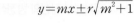

유형 07-14 · 기울기가 주어질 때 원의 접선의 방정식

원 $x^2+y^2=r^2$에 접하고 기울기가 m인 접선의 방정식

$$y=mx\pm r\sqrt{m^2+1}$$

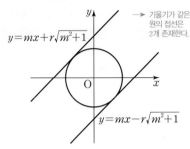

→ 기울기가 같은
원의 접선은
2개 존재한다.

$y=mx+r\sqrt{m^2+1}$

$y=mx-r\sqrt{m^2+1}$

| 예 | 원 $x^2+y^2=1$에 접하고 기울기가 2인 접선의 방정식은

$$\underbrace{y=2x+\sqrt{5},\ y=2x-\sqrt{5}}_{y=2x\pm1\times\sqrt{2^2+1}}$$

050
⊃7881-0564

다음 직선의 방정식을 구하여라.

(1) 원 $x^2+y^2=4$에 접하고 기울기가 -3인 직선

(2) 원 $x^2+y^2=9$에 접하고 직선 $y=2x-1$과 평행한 직선

051
⊃7881-0565

다음 중 원 $x^2+y^2=4$에 접하고 직선 $y=-x+1$과 평행한 직선이 지나지 <u>않는</u> 점의 좌표는?

① $(0,\ 2\sqrt{2})$　　　　② $(\sqrt{2},\ -\sqrt{2})$

③ $(\sqrt{2},\ \sqrt{2})$　　　　④ $(-\sqrt{2},\ -\sqrt{2})$

⑤ $(-\sqrt{2},\ 3\sqrt{2})$

052
⊃7881-0566

다음 중 원 $x^2+y^2=25$에 접하고 기울기가 2인 접선은 2개가 있다. 이 두 접선의 x절편의 곱은?

① $\dfrac{75}{4}$　　　② $-\dfrac{75}{4}$　　　③ $-\dfrac{95}{2}$

④ $-\dfrac{121}{2}$　　　⑤ $-\dfrac{125}{4}$

053
⊃7881-0567

직선 $x+3y+2=0$과 수직이고 원 $x^2+y^2=1$에 접하는 직선의 방정식이 $ax+y+b=0$일 때, a^2+b^2의 값은?

(단, a, b는 상수이다.)

① 13　　　② 15　　　③ 17

④ 19　　　⑤ 21

054
⊃7881-0568

원 $x^2+y^2=1$에 접하고 직선 $y=-\dfrac{1}{2}x+3$과 수직이며 y절편이 양수인 직선이 점 $(\sqrt{5},\ a)$를 지날 때, a의 값은?

① $\sqrt{2}$　　　② $2\sqrt{5}$　　　③ $3\sqrt{5}$

④ $4\sqrt{6}$　　　⑤ $4\sqrt{7}$

THEME 07 도형의 방정식

유형 07-15 원 위의 점에서의 접선의 방정식

원 $x^2+y^2=r^2$ 위의 점 $(x_1,\ y_1)$에서의 접선의 방정식은

$$x_1x+y_1y=r^2$$

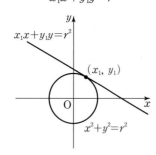

| 예 | $x^2+y^2=4$ 위의 점 $(1,\ \sqrt{3})$에서의 접선의 방정식은

$$x+\sqrt{3}y=4$$

└→ 원 $x^2+y^2=4$ 위의 점이다.
접선과 원의 교점이 된다.

유형 07-16 원 밖의 한 점에서 원에 그은 접선의 방정식

원 밖의 한 점에서 원에 그은 접선의 방정식은 원 위의 접점을 $(x_1,\ y_1)$이라 하고, 이 접점에서 접선의 방정식을 구한다.

| 예 | 점 $(5,\ 0)$에서 원 $x^2+y^2=5$에 그은 접선의 방정식을 구해 보자. 원 위의 접점을 $(x_1,\ y_1)$이라 하면 접선의 방정식은 $x_1x+y_1y=5$이다.

접선이 점 $(5,\ 0)$을 지나므로
$x_1\times5+y_1\times0=5$, $5x_1=5$, $x_1=1$
점 $(x_1,\ y_1)$이 원 $x^2+y^2=5$ 위에 있으므로
$x_1^2+y_1^2=5$
그런데 $x_1=1$이므로 $y_1^2=4$, $y_1=\pm2$
따라서 접선의 방정식은 $x+2y=5$ 또는 $x-2y=5$

└→ 원 밖의 한 점에서 원에 그은 접선은 2개이다.

---

055 ⊃7881-0569

원 $x^2+y^2=5$ 위의 다음 점에서의 접선의 방정식을 구하여라.

(1) $(2,\ 1)$ (2) $(\sqrt{2},\ \sqrt{3})$

056 ⊃7881-0570

원 $x^2+y^2=10$ 위의 두 점 $(1,\ 3)$, $(-1,\ 3)$을 각각 지나는 접선의 방정식이 있다. 이 두 접선이 만나는 점의 좌표를 구하여라.

057 ⊃7881-0571

원 $x^2+y^2=8$ 위의 점 $(2,\ a)$에서의 접선의 방정식이 $x+by=c$일 때, 상수 a, b, c에 대하여 abc의 값은?

① 6   ② 8   ③ 10
④ 12   ⑤ 14

058 ⊃7881-0572

원 $x^2+y^2=20$ 위의 점 $(a,\ b)$에서의 접선의 기울기가 3일 때, ab의 값은?

① -2 ② -4 ③ -6
④ -8 ⑤ -10

059 ⊃7881-0573

점 $(0,\ 4)$에서 원 $x^2+y^2=4$에 그은 접선의 방정식을 구하여라.

060 ⊃7881-0574

점 $(2,\ 1)$에서 원 $x^2+y^2=1$에 그은 접선의 방정식 중 제1, 3, 4사분면을 지나는 것을 $4x+ay+b=0$이라 할 때, 상수 a, b에 대하여 $a+b$의 값은?

① -8 ② -6 ③ -4
④ -2 ⑤ 2

061 ⊃7881-0575

점 $\mathrm{P}(1,\ 3)$에서 원 $x^2+y^2=2$에 접선을 그었을 때 생기는 두 접선의 접점을 각각 Q, Q'이라 하자. 두 점 Q와 Q'의 y좌표의 합은?

① $\dfrac{4}{3}$ ② $\dfrac{6}{5}$ ③ $\dfrac{7}{8}$
④ $4\sqrt{3}$ ⑤ $6\sqrt{2}$

유형 07-17 점과 도형의 평행이동

(1) 점 $P(x, y)$를 x축의 방향으로 a만큼, y축의 방향으로 b 만큼 평행이동한 점 P'의 좌표는 $P'(x+a, y+b)$

(2) 방정식 $f(x, y)=0$이 나타내는 도형을 x축의 방향으로 a만큼, y축의 방향으로 b만큼 평행이동한 도형의 방정식은 $f(x-a, y-b)=0$ ➜ 좌표평면 위의 도형의 방정식은 일반적으로 $f(x, y)=0$의 꼴로 나타낼 수 있다.

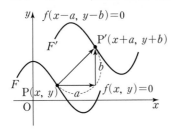

| 예 | x축의 방향으로 1만큼, y축의 방향으로 2만큼 평행이동하면

점 $(1, 3)$ $\xrightarrow{\text{평행이동}}$ 점 $(2, 5)$ ➜ 점$(1+1, 3+2)$

도형 $y=x^2$ $\xrightarrow{}$ 도형 $y-2=(x-1)^2$ ➜ x 대신 $x-1$, y 대신 $y-2$

➜ 포물선의 꼭짓점이 점 $(0, 0)$에서 점 $(1, 2)$로 이동한다.

062
➜7881-0576

다음 점을 x축의 방향으로 -2만큼, y축의 방향으로 3만큼 평행이동한 점의 좌표를 구하여라.

(1) $(-1, 4)$

(2) $(2, 1)$

063
➜7881-0577

원 $x^2+y^2=4$를 x축의 방향으로 3만큼, y축의 방향으로 -2만큼 평행이동한 도형의 방정식을 구하여라.

064
➜7881-0578

직선 $2x-y+1=0$을 x축의 방향으로 1만큼, y축의 방향으로 -2만큼 평행이동시키면 점 $(2, k)$를 지난다. k의 값은?

① 1   ② 2   ③ 3

④ 4   ⑤ 5

065
➜7881-0579

직선 $4x-3y+1=0$을 x축의 방향으로 a만큼 평행이동하였더니 원 $(x+1)^2+(y-2)^2=25$에 접하였다. 이때 가능한 실수 a의 값의 곱은?

① -40 ② -34 ③ -20

④ 12   ⑤ 18

066
➜7881-0580

원 $x^2+(y+1)^2=6$을 원 $(x-2)^2+(y-2)^2=6$으로 옮기는 평행이동에 의하여 직선 $x+2y+1=0$은 직선 $x+ay+b=0$으로 옮겨진다. 이때 상수 a, b에 대하여 $a+b$의 값은?

① -1 ② -2 ③ -3

④ -4 ⑤ -5

유형 07-18 대칭이동

구분	점 (a, b)를 대칭이동	도형 $f(x, y)=0$을 대칭이동
x축	$(a, -b)$	$f(x, -y)=0$
y축	$(-a, b)$	$f(-x, y)=0$
원점	$(-a, -b)$	$f(-x, -y)=0$
$y=x$	(b, a)	$f(y, x)=0$

| 예 | 점 $P(1, 2)$를 대칭이동하면 다음과 같다.

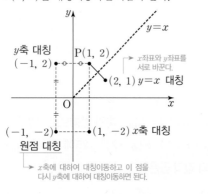

067 ⊃7881-0581

다음 점을 x축, y축, 원점에 대하여 대칭이동한 점의 좌표를 각각 구하여라.

(1) $(-1, 3)$

(2) $(2, 3)$

068 ⊃7881-0582

다음 방정식이 나타내는 도형을 x축, y축, 원점에 대하여 대칭이동한 도형의 방정식을 각각 구하여라.

(1) $y=2x-1$

(2) $x^2+y^2+2x-4=0$

069 ⊃7881-0583

점 $A(1, -2)$를 원점에 대하여 대칭이동한 점을 B, 점 B를 직선 $y=x$에 대하여 대칭이동한 점을 C라 할 때, 선분 BC의 길이는?

① $\dfrac{1}{2}$ ② $\dfrac{\sqrt{2}}{2}$ ③ $\sqrt{2}$

④ $2\sqrt{2}$ ⑤ $3\sqrt{2}$

070 ⊃7881-0584

점 P를 x축에 대하여 대칭이동한 후 y축에 대하여 대칭이동하였더니 좌표가 $(3, -1)$이 되었다. 점 P의 좌표를 구하여라.

071 ⊃7881-0585

직선 $2x+y-1=0$을 직선 $y=x$에 대하여 대칭이동한 후 원점에 대하여 대칭이동한 직선이 점 $(3, k)$를 지날 때 k의 값은?

① -1 ② -2 ③ -3

④ -4 ⑤ -5

유형 07-19 부등식의 영역

부등식 $y > f(x)$ 영역

⟺ 함수 $y = f(x)$의 그래프의 윗부분

부등식 $y < f(x)$ 영역

⟺ 함수 $y = f(x)$의 그래프의 아랫부분

→ $y \geq f(x)$, $y \leq f(x)$와 같이 등호를 포함한 부등식의 영역은 경계선을 포함하며 이때 경계선은 실선으로 나타낸다.

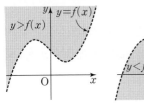

→ 경계선을 포함하지 않는 경우 경계선을 점선으로 나타낸다.

유형 07-20 원의 내부와 외부 영역

부등식 $x^2 + y^2 < r^2$의 영역은 원 $x^2 + y^2 = r^2$의 내부이다.

부등식 $x^2 + y^2 > r^2$의 영역은 원 $x^2 + y^2 = r^2$의 외부이다.

| 예 | 부등식 $(x-1)^2 + (y-2)^2 < 4$의 영역은 원 $(x-1)^2 + (y-2)^2 = 4$의 내부이다.

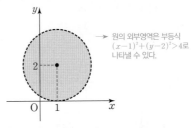

→ 원의 외부영역은 부등식 $(x-1)^2 + (y-2)^2 > 4$로 나타낼 수 있다.

072

⊃7881-0586

다음 주어진 부등식의 영역을 좌표평면 위에 나타내어라.

(1) $y < 2x + 1$

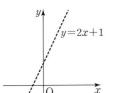

(2) $y > x^2 + x$

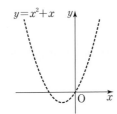

073

⊃7881-0587

점 $(1, a)$는 직선 $y = x + 1$의 아랫부분, 점 $(-2a, -3)$은 직선 $y = 2x - 1$의 윗부분에 있도록 하는 정수 a의 개수를 구하여라.

074

⊃7881-0588

점 $(k, 2)$가 포물선 $y = x^2 + 3x - 2$의 아랫부분에 있을 때, 실수 k의 값의 범위를 구하여라.

075

⊃7881-0589

다음 주어진 부등식의 영역을 좌표평면 위에 나타내어라.

(1) $x^2 + y^2 > 4$

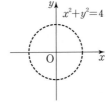

(2) $(x-2)^2 + (y+1)^2 < 9$

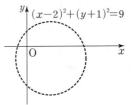

076

⊃7881-0590

다음 그림에서 색칠한 부분을 부등식으로 나타내어라.

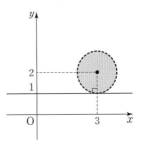

유형 **07-21** **연립부등식의 영역**

연립부등식의 영역은 연립부등식에 포함된 각 부등식의 영역의 공통부분을 구하면 된다.

| 예 | 연립부등식 $\begin{cases} y < 2x \\ y > -3x+4 \end{cases}$ 의 영역을 좌표평면 위에 나타내면 다음과 같다.

  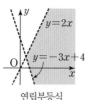

부등식 $y < 2x$의 영역   부등식 $y > -3x+4$의 영역   연립부등식 $\begin{cases} y < 2x \\ y > -3x+4 \end{cases}$의 영역

077 ⊃7881-0591

다음 연립부등식의 영역을 좌표평면 위에 나타내어라.

$$\begin{cases} 2x-y+4>0 \\ x+y+1>0 \end{cases}$$

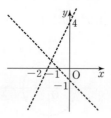

078 ⊃7881-0592

연립부등식 $\begin{cases} y \geq 2x \\ y \leq -x+3 \end{cases}$ 의 영역 중에서 제1사분면에 있는 영역의 넓이는?

① $\dfrac{1}{4}$ ② $\dfrac{3}{2}$ ③ 2

④ 3 ⑤ $\dfrac{7}{2}$

[079~080] 꼭짓점이 원점인 포물선과 직선에 대하여 어떤 연립부등식의 영역이 오른쪽 그림과 같다. 다음 물음에 답하여라.

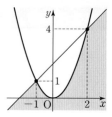

079 ⊃7881-0593

위 그림의 경계를 이루는 포물선의 방정식과 직선의 방정식이 각각 $y=ax^2$, $y=bx+c$라 할 때, 상수 a, b, c에 대하여 $a+b+c$의 값은?

① 1 ② 2 ③ 3

④ 4 ⑤ 5

080 ⊃7881-0594

위 그림의 색칠한 영역을 나타내는 연립부등식을 구하여라.

(단, 경계선은 포함한다.)

081 ⊃7881-0595

연립부등식 $\begin{cases} (x+1)^2+y^2 \leq 9 \\ x+y \leq -1 \end{cases}$ 의 영역의 넓이는?

① $\dfrac{3}{2}\pi$ ② 3π ③ $\dfrac{9}{2}\pi$

④ $\dfrac{11}{2}\pi$ ⑤ 6π

두 개 이상의 다항식의 곱으로 표현된 부등식의 영역

유형 07-22

(1) 부등식 $f(x, y)g(x, y) > 0$의 영역

$\iff \begin{cases} f(x, y) > 0 \\ g(x, y) > 0 \end{cases}$ 또는 $\begin{cases} f(x, y) < 0 \\ g(x, y) < 0 \end{cases}$

(2) 부등식 $f(x, y)g(x, y) < 0$의 영역

$\iff \begin{cases} f(x, y) > 0 \\ g(x, y) < 0 \end{cases}$ 또는 $\begin{cases} f(x, y) < 0 \\ g(x, y) > 0 \end{cases}$

| 예 | 부등식 $(x-y)(x^2+y^2-1) < 0$의 영역

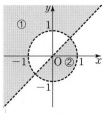

① $\begin{cases} x-y < 0 \\ x^2+y^2-1 > 0 \end{cases}$

또는

② $\begin{cases} x-y > 0 \\ x^2+y^2-1 < 0 \end{cases}$

→ 경계선을 포함할 경우 $(x-y)(x^2+y^2-1) \leq 0$이 된다.

082

➥7881-0596

다음 부등식의 영역을 좌표평면 위에 나타내어라.

$$(x+2y-1)(2x-y+3) > 0$$

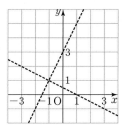

083

➥7881-0597

오른쪽 그림의 색칠한 영역을 나타내는 부등식으로 옳은 것은?
(단, 경계선은 포함한다.)

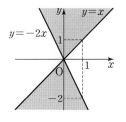

① $(y-x)(y+2x) < 0$

② $(y-x)(y+2x) > 0$

③ $(y-x)(y+2x) \leq 0$

④ $(y-x)(y+2x) \geq 0$

⑤ $(y+x)(y-2x) < 0$

[084~085] 직선 $x+ay+b=0$의 그래프와 원 $(x-1)^2+(y-c)^2=4$의 그래프를 좌표평면에 그리면 오른쪽 그림과 같다. 다음 물음에 답하여라.

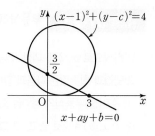

084

➥7881-0598

상수 a, b, c에 대하여 $a+b+c$의 값은?

① 1   ② 2   ③ 3

④ 4   ⑤ 5

085

➥7881-0599

오른쪽은 위의 그림에서 색칠한 부분의 영역을 나타내는 다항식의 곱으로 이루어진 부등식을 구하여라. (단, 경계선은 포함하지 않는다.)

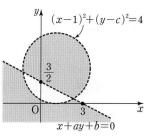

086

➥7881-0600

오른쪽 그림의 색칠한 영역을 나타내는 부등식으로 옳은 것은?
(단, 경계선은 포함하지 않는다.)

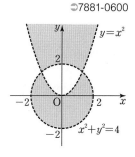

① $(y-x^2)(x^2+y^2-4) > 0$

② $(y-x^2)(x^2+y^2-4) \geq 0$

③ $(y-x^2)(x^2+y^2-4) < 0$

④ $(y-x^2)(x^2+y^2-4) \leq 0$

⑤ $(y-2x^2)(x^2+y^2-2) < 0$

유형 07-23 부등식의 영역에서 일차식의 최대, 최소

일반적으로 x, y에 대한 부등식의 영역에서 식 $f(x, y)$의 최댓값과 최솟값은 다음과 같이 구한다.

(1) 주어진 부등식의 영역을 좌표평면 위에 나타낸다.

(2) $f(x, y)=k$로 놓고, 그 그래프를 부등식의 영역과 만나도록 움직여 본다.

(3) k의 값 중에서 최댓값과 최솟값을 구한다.

| 예 | 연립부등식 $x\geq0$, $y\geq0$, $3x+2y\leq6$을 만족하는 점 (x, y)에 대하여 $y-2x$의 최댓값과 최솟값은 연립부등식의 영역을 다음 그림과 같이 나타내고 $y-2x=k$로 놓은 후 영역 안에서 움직여서 구한다.

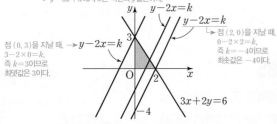

따라서 주어진 연립부등식의 영역에서
$y-2x$의 최댓값은 $x=0$, $y=3$일 때 3이고,
최솟값은 $x=2$, $y=0$일 때 -4이다.

[087~088] 연립부등식 $\begin{cases} x+2y\leq6 \\ 2x+y\leq9 \end{cases}$ 의 영역과 만나는 점 (x, y)에 대하여 $x+y$의 최댓값을 구하려고 한다. 다음 물음에 답하여라.

087
⊃7881-0601

연립부등식 $\begin{cases} x+2y\leq6 \\ 2x+y\leq9 \end{cases}$ 의
영역을 좌표평면 위에 나타내어라.

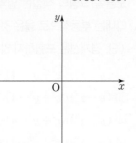

088
⊃7881-0602

위의 영역에 속하는 점 (x, y)에 대하여 $x+y$의 최댓값을 구하여라.

089
⊃7881-0603

다음 연립부등식을 만족하는 점 (x, y)에 대하여 $y-x$의 최댓값을 M, 최솟값을 m이라 할 때, Mm의 값은?

$$\begin{cases} x\geq0, y\geq0 \\ x+2y\leq5 \\ 2x+y\leq4 \end{cases}$$

① -1 ② -2 ③ -3

④ -4 ⑤ -5

090
⊃7881-0604

다음 연립부등식을 만족하는 점 (x, y)에 대하여 $y-x$의 최댓값과 최솟값을 각각 구하여라.

$$\begin{cases} y\leq2x \\ x^2+y^2\leq5 \end{cases}$$

091
⊃7881-0605

어느 공장에서 제품 A, B를 한 개 생산하는 데 필요한 원료 C, D의 양과 각 제품을 한 개 생산할 때 생기는 이익은 아래 표와 같다. 하루 동안 공급되는 원료 C, D의 양은 각각 최대 17 kg, 9 kg이라 할 때, 하루에 얻을 수 있는 최대 이익은?

원료 제품	C(kg)	D(kg)	이익(만 원)
A	8	3	2
B	3	2	1

① 1만 원 ② 2만 원 ③ 3만 원

④ 4만 원 ⑤ 5만 원

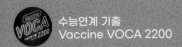

수능연계 기출
Vaccine VOCA 2200

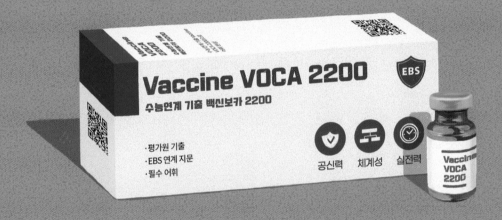

○ **수능 영단어장의 끝판왕!**
10개년 수능 빈출 어휘 + 7개년 연계교재 핵심 어휘

○ **수능 적중 어휘 자동암기 3종 세트 제공**
휴대용 포켓 단어장 / 표제어 & 예문 MP3 파일 / 수능형 어휘 문항 실전 테스트

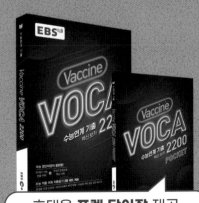

휴대용 **포켓 단어장** 제공

올림포스

[국어, 영어, 수학의 EBS 대표 교재, 올림포스]

2015 개정 교육과정에 따른 모든 교과서의 기본 개념 정리
내신과 수능을 대비하는 다양한 평가 문항
수행평가 대비 코너 제공

국어, 영어, 수학은 EBS 올림포스로 끝낸다.

[올림포스 16책]

국어 영역 : 국어, 현대문학, 고전문학, 독서, 언어와 매체, 화법과 작문
영어 영역 : 독해의 기본1, 독해의 기본2, 구문 연습 300
수학 영역 : 수학(상), 수학(하), 수학Ⅰ, 수학Ⅱ, 미적분, 확률과 통계, 기하

50일
수학 하

정답과 풀이

초·중·고 수학의 맥을 잡는 "50일"
– 수학 개념 단기 보충 특강
– 취약점 보완을 위한 긴급 학습

EBS

고교 국어 입문 1위
베스트셀러

윤혜정의 개념의 나비효과 입문편 & 입문편 워크북

윤혜정 선생님

입문편

시, 소설, 독서. 더도 말고 덜도 말고 딱 15강씩.
영역별로 알차게 정리하는 필수 국어 개념 입문서
3단계 Step으로 시작하는 국어 개념 공부의 첫걸음

입문편 | 워크북

'윤혜정의 개념의 나비효과 입문편'과 찰떡 짝꿍 워크북
바로 옆에서 1:1 수업을 해 주는 것처럼 음성 지원되는
혜정샘의 친절한 설명과 함께하는 문제 적용 연습

EBS 50일 수학 하

정답과 풀이

한눈에 보는 정답

본문 6~29쪽

THEME 05
함수

001 ③ **002** ② **003** ①, ④ **004** ④ **005** $y=2x$
006 ② **007** ① **008** ②, ③ **009** ⑤
010 $xy=50000$ **011** ㄱ, ㄷ **012** $f(x)=\dfrac{100}{x}$
013 ④ **014** A(2), B(-3) **015** 풀이 참조
016 ④ **017** ⑤ **018** ③, ⑤ **019** (1) $y=2x+3$
(2) $y=3x-9$ (3) $y=-3x+1$ (4) $y=4x+3$
020 (1) -1 (2) 4 **021** $y=2x-1$ **022** ④
023 ③ **024** ④ **025** $y=2x-12$
026 $y=-x+1$ **027** ③ **028** ③ **029** ⑤
030 ⑤ **031** ②, ⑤ **032** ② **033** ② **034** ①
035 ③ **036** ② **037** $x=1$ **038** ② **039** ①
040 ⑤ **041** -2 **042** ② **043** ②, ④ **044** 4
045 ④ **046** ④ **047** ⑤
048 $y=-2(x-3)^2$, $(3, 0)$ **049** ④ **050** ②
051 ③ **052** ④ **053** ③ **054** ④ **055** ④
056 -2, -1 **057** (1) 2 (2) 1 (3) 0 (4) 2
058 ③ **059** $a>\dfrac{3}{2}$ **060** ③ **061** ③
062 (1) 서로 다른 두 점에서 만난다. (2) 한 점에서 만난다.
063 ① **064** -1 **065** ② **066** ③ **067** ④
068 최댓값 : -1, 최솟값 : -5 **069** ① **070** ④
071 정의역 : $X=\{1, 3, 5\}$, 공역 : $Y=\{1, 2, 3, 4, 5\}$,
치역 : $\{2, 4, 5\}$ **072** ③ **073** ② **074** ②
075 ③ **076** (2), (4) **077** (1) 64 (2) 24 **078** ④
079 ② **080** ③ **081** ④
082 (1) $4x^2-4x+3$ (2) $-2x^2-3$ **083** ② **084** ①
085 ② **086** ③ **087** (1) -1 (2) 2 (3) 7
088 $f^{-1}(x)=\dfrac{x-1}{2}$ **089** ②
090 (1) 8 (2) 2 (3) 2 (4) 6 **091** -1 **092** $\dfrac{1}{2}$
093 풀이 참조 **094** ④, ⑤

095 $(0, 0)$, $(-1, -1)$, $(1, 1)$ **096** ②
097 (1) 3 (2) x^2-2x+4 **098** (1) $\dfrac{2x+1}{(x-1)(x+2)}$
(2) $\dfrac{3x+1}{x+1}$ (3) $\dfrac{x}{2(x-1)}$ (4) $2(x+1)$ **099** ①
100 ③ **101** $\dfrac{3x+4}{2x+3}$ **102** ② **103** ④
104 $p=2$, $q=1$, $k=-6$ **105** ③ **106** ③
107 ③ **108** ② **109** ④ **110** ④ **111** ③
112 ④ **113** (1) $\sqrt{x}+1$ (2) $\sqrt{x+2}+\sqrt{x}$ **114** ②
115 ③ **116** ④ **117** $y=\sqrt{3(x-2)}+3$
118 ② **119** ④ **120** ① **121** ③
122 정의역 : $\{x|x\geq1\}$, 치역 : $\{y|y\geq2\}$
123 ⑤ **124** ④ **125** ② **126** ②

본문 30~103쪽

THEME 06
도형

001 ㉠, ㉣ **002** ㉡ **003** 3 **004** ① **005** ②
006 10 **007** ⑤ **008** 12 cm **009** ④ **010** ①
011 ④ **012** 23 **013** $\angle a=55°$, $\angle b=80°$
014 195° **015** ③ **016** ④ **017** 65° **018** 52°
019 ③ **020** (1) 30° (2) 60° **021** ①, ③ **022** ②
023 ④ **024** (1) 2 (2) 2 (3) $\perp$ **025** $\angle a=120°$,
$\angle b=60°$ **026** $\angle a=50°$, $\angle b=130°$, $\angle c=45°$
027 (1) 10° (2) 125° **028** ⑤ **029** ②
030 $\angle a=55°$, $\angle b=55°$ **031** ③ **032** ④
033 정십오각형 **034** 24 cm **035** 10 **036** ④
037 (1) 9 (2) 170 **038** 8 **039** (1) 75° (2) 130°
040 85° **041** 120° **042** (1) 42° (2) 105° **043** 40°
044 109° **045** ③ **046** (1) 100° (2) 140°
047 정육각형 **048** (1) 110° (2) 70° **049** 135°
050 ④ **051** ② **052** 112
053 (1) 110° (2) 12 cm

054 $\triangle ABC \equiv \triangle EDF$ (SAS 합동)

055 ㉠과 ㉣, ㉡과 ㉺, ㉢과 ㉠   **056** ②, ④   **057** ②

058 ㉡, ㉤, ㉺   **059** ㉢   **060** 8 cm   **061** ②

062 6 cm   **063** ⑤   **064** 9 cm   **065** 10 cm   **066** 18 cm

067 6 cm   **068** 24 cm^2 **069** 36 cm^2

070 48 cm^2 **071** 9   **072** 42 cm^2

073 (1) 14 cm^2 (2) $\frac{15}{2}$ cm^2 **074** 5   **075** 4

076 (1) 39 cm^2 (2) 20 cm^2 **077** 86 cm^2

078 높이 : 24 cm, 넓이 : 1080 cm^2

079 (1) 20 cm^2 (2) 30 cm^2 **080** 96 cm^2

081 288 cm^2 **082** ②   **083** 2

084 $a=7$, $b=5$, $c=3$ **085** 72 cm   **086** 4 cm   **087** ④

088 ⑤   **089** ⑤   **090** (1) 2 (2) 5 (3) 5   **091** ④

092 ④   **093** ②   **094** ①   **095** 8 cm   **096** ②

097 2 cm   **098** (1) 8π cm (2) 12 cm

099 80π cm   **100** 54π cm

101 (1) 36π cm^2 (2) 10 cm

102 가로의 길이 : 8π cm, 세로의 길이 : 8 cm

103 $(144-36\pi)$ cm^2 **104** 8   **105** 48π cm^2

106 18π cm^2 **107** $\frac{4}{3}\pi$ cm

108 24π cm^2 **109** 12 cm

110 (1) 18π cm^2 (2) 10π cm^2 **111** 4 cm

112 8π cm **113** (1) 40 (2) 6   **114** 36π cm^2

115 ①, ⑤   **116** ③   **117** ①   **118** ②

119 (1) 삼각형 (2) 6, 육 (3) 4   **120** 정팔면체

121 ①   **122** ⑤   **123** 10   **124** 오각기둥

125 겉넓이 : 288 cm^2, 부피 : 240 cm^3 **126** 9 cm

127 ④   **128** ①   **129** 20   **130** ④   **131** ②

132 72 cm^2 **133** 105 cm^2 **134** 5

135 70 cm^3 **136** 6 cm   **137** 9 cm

138 178 cm^2 **139** 20 cm^2 **140** 5 cm

141 $\frac{784}{3}$ cm^3 **142** 280 cm^3 **143** 4

144 ③   **145** ②   **146** ㉠, ㉢, ㉺   **147** ①

148 ④   **149** $x=6\pi$, $y=5$ **150** 80π cm^2

151 (1) 겉넓이 : 150π cm^2, 부피 : 250π cm^3

(2) 겉넓이 : 32π cm^2, 부피 : 24π cm^3

152 12π cm^3 **153** 72π cm^2

154 $\frac{25}{2}$ cm   **155** (1) 40π cm^2 (2) 132π cm^2

156 55π cm^2 **157** 90π cm^2

158 50π cm^3 **159** ①   **160** 24π cm^3

161 (1) 90π (2) 120π (3) 210π **162** 183π cm^2

163 (1) 104π cm^3 (2) 468π cm^3 **164** ④

165 겉넓이 : 36π cm^2, 부피 : 36π cm^3

166 (1) 144π cm^3 (2) 125π cm^3 **167** $\frac{32}{3}\pi$ cm^3

168 75π cm^3 **169** ③   **170** 12 cm

171 (1) 70 (2) 50   **172** $\angle x=56°$, $\angle y=124°$

173 30°   **174** 55°

175 (1) $x=90$, $y=65$ (2) $x=35$, $y=3$

176 45°   **177** 5 cm   **178** ④   **179** 4   **180** 3

181 $x=60$, $y=2$ **182** 7 cm   **183** ④   **184** ④

185 20°   **186** 60°   **187** 7   **188** 50°   **189** 5

190 ⑤   **191** $x=35$, $y=2$ **192** 25°   **193** 125°

194 2 cm   **195** π cm^2 **196** 7 cm

197 (1) $x=5$, $y=4$ (2) $x=4$, $y=3$ **198** 72°

199 6   **200** $x=60$, $y=7$ **201** $\overline{DF}$

202 $\angle x=50°$, $\angle y=40°$ **203** 67   **204** 50°

205 60°   **206** $x=6$, $y=30$ **207** 50°

208 $\angle x=45°$, $\angle y=90°$ **209** ③

210 $\angle x=30°$, $\angle y=75°$ **211** 115°   **212** ③

213 40°   **214** ①, ②   **215** ③   **216** 15 cm^2

217 ②   **218** ④   **219** 30 cm^2 **220** ①

221 ②   **222** ④   **223** $x=6$, $y=\frac{8}{3}$ **224** 4 cm

225 ④   **226** ④   **227** $\frac{45}{8}$ **228** $\frac{16}{3}$ **229** 5

230 $\frac{9}{2}$ **231** 150 cm^2 **232** 8   **233** 9

234 6   **235** (1) 6 (2) $\frac{48}{5}$ **236** $\frac{51}{5}$ **237** ②

238 (1) 8 (2) $\frac{25}{3}$ **239** $\overline{EC}$ **240** (1) 20 (2) 5

241 ④   **242** 12 cm **243** 10   **244** 2 cm   **245** 8 cm

246 $x=6$, $y=5$ **247** 11   **248** 8 cm

249 12 cm^2 **250** ②   **251** 7 cm **252** 5 cm^2

253 72 cm^2 **254** 8 cm   **255** 55π cm^2

256 128 cm^3 **257** ④   **258** 216 mL

259 ④   **260** ②   **261** (1) 10 (2) 4$\sqrt{2}$

262 $x=13$, $y=2\sqrt{30}$ **263** $x=4$, $y=\sqrt{65}$ **264** 24

265 ①   **266** ①, ⑤   **267** ④   **268** ④   **269** ①

270 ③   **271** 3$\sqrt{3}$ **272** 30 cm^2 **273** 157

274 $\sqrt{10}$ **275** $\sqrt{23}$ **276** 2, $\sqrt{2}$

277 (1) $x=3\sqrt{2}$, $y=3\sqrt{2}$ (2) $x=3$, $y=3\sqrt{2}$ **278** 8

279 3, 3$\sqrt{3}$ **280** (1) $x=2\sqrt{3}$, $y=2$ (2) $x=3$, $y=\sqrt{3}$

281 3   **282** (1) 12 (2) 3$\sqrt{2}$ **283** 20 cm^2

284 ②   **285** 4   **286** $12\sqrt{3}$ cm²   **287** ④

288 6   **289** $2\sqrt{2}$, $2\sqrt{2}$, 4, $\overline{AC}$ **290** $4\sqrt{5}$

291 -4, $\sqrt{37}$, $\sqrt{37}$ **292** (1) $\sqrt{77}$ (2) $3\sqrt{3}$ **293** $5\sqrt{3}$

294 $\sqrt{30}$ **295** $2\sqrt{7}$ **296** 45π **297** $h=3\sqrt{3}$, $V=9\sqrt{3}\pi$

298 ①   **299** ④   **300** $h=\dfrac{2\sqrt{6}}{3}$, $V=\dfrac{2\sqrt{2}}{3}$

301 ⑤   **302** $27\sqrt{3}$ **303** $8\sqrt{2}$ cm   **304** 25 cm

305 10π cm   **306** 8π cm   **307** ③

308 $\sin A=\dfrac{\sqrt{5}}{5}$, $\cos A=\dfrac{2\sqrt{5}}{5}$, $\tan A=\dfrac{1}{2}$

309 $\dfrac{5\sqrt{13}}{13}$ **310** 6 cm   **311** 6 cm   **312** $3\sqrt{10}$ cm

313 $\dfrac{3}{5}$ **314** $\dfrac{\sqrt{2}}{4}$ **315** $\dfrac{20}{41}$ **316** $\dfrac{\sqrt{2}}{2}$ **317** ④

318 $\dfrac{1}{2}$ **319** ②   **320** ③   **321** (1) $2\sqrt{2}$ (2) 10

322 $x=3$, $y=3\sqrt{2}$ **323** $x=4\sqrt{3}$, $y=4$ **324** ⑤

325 0.4258   **326** ⑤   **327** 45°   **328** $y=\sqrt{3}x+2\sqrt{3}$

329 $\dfrac{5}{4}$ **330** 9 m   **331** $\sqrt{3}$, 10, $5(\sqrt{3}-1)$, $5(\sqrt{3}-1)$

332 (1) $\dfrac{27\sqrt{3}}{2}$ (2) $\dfrac{15\sqrt{3}}{2}$ **333** 8 cm   **334** 150°

335 $14\sqrt{3}$ cm²   **336** $16\sqrt{3}$ cm²

337 $\dfrac{7\sqrt{3}}{2}$ cm²   **338** $70\sqrt{3}$ cm²

339 $72\sqrt{2}$ cm²   **340** 6 cm

341 $48\sqrt{3}$ cm²   **342** $55\sqrt{3}$ cm²   **343** 3 cm

344 8   **345** 6, $x-4$, 6, $\dfrac{13}{2}$ **346** (1) 8 (2) 2

347 $x=8$, $y=2\sqrt{5}$ **348** 70°   **349** 3 cm

350 8 cm   **351** 34 cm   **352** 60°   **353** ⑤

354 50°   **355** 6 cm   **356** 16 cm   **357** 20 cm

358 8   **359** 10 cm   **360** 26 cm

361 (1) 75° (2) 80°   **362** 55°   **363** (1) 30° (2) 35°

364 ∠PBQ, 94, 64   **365** (1) 50 (2) 4

366 ∠DCB, 64   **367** ②, ③

368 ∠$x=60°$, ∠$y=80°$ **369** $x=85$, $y=80$

370 ∠$x=95°$, ∠$y=80°$ **371** 75°   **372** ①

373 65°

374 (1) ∠$x=60°$, ∠$y=70°$ (2) ∠$x=90°$, ∠$y=30°$

375 45°   **376** 65°   **377** 46°   **378** 108°   **379** 65°

380 (1) 3 (2) $\sqrt{7}$ **381** 4 cm   **382** 5

383 $3\sqrt{2}$ cm   **384** $\dfrac{9}{4}$ cm   **385** 4 cm

386 ②   **387** 2 cm   **388** ⑤

THEME 07
도형의 방정식

001 (1) 6 또는 -4 (2) 5 또는 15   **002** 2   **003** -3

004 6   **005** 4   **006** ②

007 (1) P$\left(\dfrac{1}{3}, -2\right)$ (2) Q$(-13, -10)$ **008** ③

009 ③   **010** ②   **011** ④   **012** ⑤   **013** ④

014 ①   **015** ⑤   **016** ②   **017** $y=4x-20$

018 ②   **019** -2 **020** (1) $x=3$ (2) $y=-1$

021 8   **022** ③   **023** -3 **024** ①

025 (1) $y=-2x+4$ (2) $y=\dfrac{1}{2}x+\dfrac{3}{2}$

026 $y=\dfrac{1}{2}x-1$ **027** ①   **028** $\dfrac{1}{2}$ **029** ③

030 $y=\dfrac{3}{4}x$ **031** ②   **032** $\sqrt{13}$ **033** ④

034 (1) $(x+1)^2+(y-3)^2=4$
(2) $(x-4)^2+(y+3)^2=25$ **035** ②   **036** (3, 6)

037 ④   **038** ②   **039** $(x+3)^2+(y-2)^2=9$

040 ③   **041** 6   **042** 0, 1

043 원의 중심 : $(1, -3)$, 반지름의 길이 : 4   **044** 12

045 (1) 서로 다른 두 점에서 만난다. (2) 만나지 않는다.

046 $2\sqrt{5}$ **047** ④   **048** ④   **049** ④

050 (1) $y=-3x\pm2\sqrt{10}$ (2) $y=2x\pm3\sqrt{5}$ **051** ②

052 ⑤   **053** ④   **054** ③   **055** (1) $2x+y=5$

(2) $\sqrt{2}x+\sqrt{3}y=5$ **056** $\left(0, \dfrac{10}{3}\right)$ **057** ②

058 ③   **059** $\sqrt{3}x+y=4$, $-\sqrt{3}x+y=4$ **060** ①

061 ②   **062** (1) $(-3, 7)$ (2) $(0, 4)$

063 $(x-3)^2+(y+2)^2=4$ **064** ①   **065** ②

066 ⑤   **067** 풀이 참조   **068** 풀이 참조

069 ⑤   **070** P$(-3, 1)$ **071** ②

072 풀이 참조   **073** 1

074 $k<-4$ 또는 $k>1$ **075** 풀이 참조

076 $(x-3)^2+(y-2)^2<1$ **077** 풀이 참조

078 ②   **079** ④   **080** $\begin{cases} y\le x^2 \\ y\le x+2 \end{cases}$ **081** ③

082 풀이 참조   **083** ④   **084** ①

085 $(x+2y-3)\{(x-1)^2+(y-2)^2-4\}<0$ **086** ①

087 풀이 참조   **088** 5   **089** ⑤

090 최댓값 : 1, 최솟값 : $-\sqrt{10}$ **091** ⑤

THEME 05
함수

001_ 답 ③

과자의 개수가 2배, 3배, 4배, …가 되면 무게 역시 2배, 3배, 4배, …가 되므로 과자의 개수와 과자의 무게가 정비례 관계이다.

따라서 과자의 수가 1에서 3으로 3배가 되면 무게가 40 g의 3배가 되어야 하므로 $a = 40 \times 3 = 120$이다.

002_ 답 ②

$x = 1$일 때 $y = 40$

$x = 2$일 때 $y = 80$이다.

x와 y는 정비례하므로

$x = 1$, $y = 40$을 $y = kx$에 대입하면

$40 = k \times 1$, $k = 40$

003_ 답 ①, ④

x와 y가 정비례 관계이면 $y = ax$ ($a \neq 0$) 꼴로 나타난다.

따라서 정비례 관계인 것은 $y = 10x$, $y = 15x$이다.

004_ 답 ④

각각의 관계식을 구해 보면 다음과 같다.

ㄱ. $y = 500x$

ㄴ. $x + y = 24$

ㄷ. $y = 9x$

따라서 정비례 관계인 것은 ㄱ, ㄷ이다.

005_ 답 $y = 2x$

한 개의 무게가 2 kg이므로 x개의 무게는 $2x$ kg이다.

따라서 x와 y의 대응 관계를 식으로 나타내면

$y = 2x$

006_ 답 ②

가로의 길이가 2배, 3배, 4배, …가 되면 세로의 길이는

$\frac{1}{2}$배, $\frac{1}{3}$배, $\frac{1}{4}$배, …가 되므로 x와 y는 반비례 관계이다.

$3a = 24$에서 $a = 8$

007_ 답 ①

(직사각형의 넓이) = (가로의 길이) × (세로의 길이)이므로

$24 = x \times y$, 즉 $xy = 24$

008_ 답 ②, ③

x와 y가 반비례 관계이면 $xy = a$ ($a \neq 0$) 꼴로 나타난다.

따라서 반비례 관계인 것은 ② $xy = 20$, ③ $xy = 3$이다.

009_ 답 ⑤

각각을 관계식으로 나타내면 다음과 같다.

ㄱ. $x + y = 12$

ㄴ. $xy = 30$

ㄷ. $xy = 10$

따라서 반비례 관계인 것은 ㄴ, ㄷ이다.

010_ 답 $xy = 50000$

x명이 y원씩 내면 총 xy원이다.

따라서 x와 y의 대응 관계를 식으로 나타내면 $xy = 50000$

011_ 답 ㄱ, ㄷ

y가 x의 함수이려면 x의 값이 정해지면 y의 값이 오직 하나로 정해져야 한다.

ㄴ. $x = 3$일 때, y의 값은 3, 6, 9, …이다.

　　즉, x의 배수는 하나로 정해지지 않는다.

ㄹ. $x = 5$일 때, y의 값은 1, 2, 3, 4이다.

　　즉, 자연수 x와 서로소인 자연수는 일반적으로 하나로 정해지지 않는다.

따라서 함수인 것은 ㄱ, ㄷ이다.

012_ 답 $f(x) = \dfrac{100}{x}$

(직사각형의 넓이) = (가로의 길이) × (세로의 길이)이므로

$(세로의 길이) = \dfrac{(직사각형의 넓이)}{(가로의 길이)}$가 성립한다.

따라서 $f(x) = \dfrac{100}{x}$

013_ 답 ④

$f(4)$는 $x = 4$일 때의 y의 값이므로

$f(4) = 2 \times 4 = 8$

014_ 답 $A(2)$, $B(-3)$

점 A의 좌표는 2이고, 점 B의 좌표는 -3이다.

015_ 답 $A(3, -2)$, $B(-4, 3)$, 그림은 풀이 참조

점 A의 x좌표는 3, y좌표는 -2이므로

점 A의 좌표는 $(3, -2)$이고,

점 B의 x좌표는 -4, y좌표는 3이므로

점 B의 좌표는 $(-4, 3)$이다.

점 $C(2, 1)$을 좌표평면에 표시하면 다음과 같다.

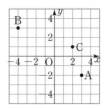

016_ 답 ④

제4사분면에 있는 점의 x좌표는 양수, y좌표는 음수이어야 한다.

따라서 제4사분면에 있는 점은 ④ $(1, -1)$

①, ② 제1사분면 위의 점

③ 제3사분면 위의 점

⑤ 원점 $(0, 0)$은 어느 사분면 위에도 있지 않다.

017_ 답 ⑤

일차함수는 $y=ax+b$ (a, b는 상수, $a \neq 0$) 꼴이다.

④ $y=x^2-x+1-x^2=-x+1$이므로 일차함수이다.

따라서 일차함수가 아닌 것은 ⑤ $y=\dfrac{x-1}{x}$이다.

018_ 답 ③, ⑤

x와 y의 관계식은 다음과 같다.

① $y=4x$ ② $y=24-x$ ③ $y=\pi x^2$

④ $y=2x$ ⑤ $y=\dfrac{x(x-3)}{2}=\dfrac{1}{2}x^2-\dfrac{3}{2}x$

따라서 일차함수가 아닌 것은 ③, ⑤이다.

019_ 답 (1) $y=2x+3$ (2) $y=3x-9$

(3) $y=-3x+1$ (4) $y=4x+3$

일차함수 $y=ax$의 그래프를 y축의 방향으로 b만큼 평행이동한 그래프가 나타내는 식은 $y=ax+b$이다.

(2) $y=3x-5-4$, $y=3x-9$

(3) $y=-3x+2-1$, $y=-3x+1$

(4) $y=4x+1+2$, $y=4x+3$

020_ 답 (1) -1 (2) 4

(1) $y=2x+2$에 $y=0$을 대입하면

 $0=2x+2$, $x=-1$이므로 x절편은 -1

(2) $y=-x+4$에 $y=0$을 대입하면

 $0=-x+4$, $x=4$이므로 x절편은 4

021_ 답 $y=2x-1$

$y=ax+b$에서 (기울기)$=a=2$, (y절편)$=b=-1$이므로 구하는 일차함수의 식은 $y=2x-1$이다.

022_ 답 ④

$y=2x+4$의 기울기는 2이고, $y=0$을 대입하면

$0=2x+4$, $x=-2$이므로 x절편은 -2

$x=0$을 대입하면 $y=4$이므로 y절편은 4

따라서 $a=2$, $b=-2$, $c=4$이므로

$a+b+c=2+(-2)+4=4$

023_ 답 ③

기울기가 3이므로 $y=3x+b$로 놓을 수 있다.

$x=1$, $y=6$을 대입하면 $6=3\times1+b$, $b=3$

따라서 구하는 일차함수의 식은 $y=3x+3$

024_ 답 ④

기울기가 -2이므로 $y=-2x+b$로 놓을 수 있다.

$x=2$, $y=4$를 대입하면 $4=-2\times2+b$, $b=8$

따라서 $y=-2x+8$이므로 이 직선의 y절편은 8

025_ 답 $y=2x-12$

기울기가 2이므로 $y=2x+b$로 놓을 수 있다.

x절편이 6이므로 점 $(6, 0)$을 지난다.

$x=6$, $y=0$을 대입하면 $0=2\times6+b$, $b=-12$

따라서 구하는 일차함수의 식은 $y=2x-12$

026_ 답 $y=-x+1$

두 점 $A(0, 1)$, $B(1, 0)$을 지나는 직선의 기울기는

$\dfrac{0-1}{1-0}=-1$이므로 $y=-x+b$로 놓을 수 있다.

점 $A(0, 1)$을 지나므로 $x=0$, $y=1$을 대입하면 $b=1$

따라서 구하는 일차함수의 식은 $y=-x+1$

027_ 답 ③

x절편이 -3이므로 점 $(-3, 0)$을 지난다. 따라서 점 $(-3, 0)$과 $(1, 2)$를 지나는 일차함수의 식을 구하면 된다.

$(기울기)=\dfrac{2-0}{1-(-3)}=\dfrac{2}{4}=\dfrac{1}{2}$이므로

$y=\dfrac{1}{2}x+b$로 놓을 수 있다.

$x=1$, $y=2$를 대입하면

$2=\dfrac{1}{2}\times1+b$, $b=\dfrac{3}{2}$

따라서 구하는 일차함수의 식은 $y=\dfrac{1}{2}x+\dfrac{3}{2}$이므로

$a=\dfrac{1}{2}$, $b=\dfrac{3}{2}$에서 $ab=\dfrac{1}{2}\times\dfrac{3}{2}=\dfrac{3}{4}$

028_ 답 ③

두 점 $A(2, 3)$, $B(4, 5)$를 지나는 직선을 그래프로 하는 일차함수의 식을 구하면 된다.

$(기울기)=\dfrac{5-3}{4-2}=1$이므로 $y=x+b$로 놓을 수 있다.

점 $A(2, 3)$을 지나므로 $x=2$, $y=3$을 대입하면

$3=2+b$, $b=1$이므로 일차함수의 식은 $y=x+1$이다.

점 $C(a, 7)$을 지나므로 $x=a$, $y=7$을 대입하면

$7=a+1$, $a=6$

029_ 답 ⑤

⑤ y절편이 -1이므로 y축의 음의 부분과 만난다.

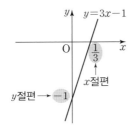

030_ 답 ⑤

기울기가 양수이므로 오른쪽 위로 향하는 직선이며 y절편이 음수이므로 y축의 음의 부분과 만난다.

따라서 가능한 그래프는 ⑤이다.

031_ 답 ②, ⑤

$y=2x+1$의 그래프와 기울기가 같고 y절편이 달라야 하므로 기울기는 2이고 y절편은 1이 아닌 직선을 그래프로 하는 일차함수를 찾는다.

따라서 주어진 조건을 만족하는 일차함수의 식은

② $y=2x-1$, ⑤ $y=2x$

032_ 답 ②

$y=-2x+3$의 그래프와 평행하므로 기울기가 -2이다.

일차함수의 식을 $y=-2x+b$로 놓으면

점 $(2, -4)$를 지나므로 $x=2$, $y=-4$를 대입하면

$-4=-2\times2+b$, $b=0$

따라서 구하는 일차함수의 식은 $y=-2x$

033_ 답 ②

$y=ax+1$의 그래프가 $y=-3x+2$의 그래프와 평행하므로 $a=-3$이다.

$y=-3x+1$의 그래프가 점 $(1, b)$를 지나므로

$b=-3\times1+1=-2$

따라서 $ab=(-3)\times(-2)=6$

034_ 답 ①

$2x+4y+9=0$, $4y=-2x-9$

따라서 $y=-\dfrac{1}{2}x-\dfrac{9}{4}$

035_ 답 ③

$2ax+2y+1=0$에서 $y=-ax-\dfrac{1}{2}$

따라서 기울기가 $-a$이므로 $-a=3$, $a=-3$

036_ 답 ②

$3y=-2x-12$, $y=-\dfrac{2}{3}x-4$이므로

y절편은 -4이다. 즉 $b=-4$

x절편은 a이므로 $x=a$, $y=0$을 대입하면

$0=-\dfrac{2}{3}a-4$, $a=-6$

따라서 $a+b=-6+(-4)=-10$

037_ 답 $x=1$

오른쪽 그림과 같이 점 $(1, 1)$과 점 $(1, 3)$을 지나는 직선은 y축과 평행하다.

따라서 일차방정식은 $x=1$

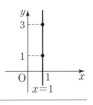

038_ 답 ②

$ax+y+b=0$에서 $y=-ax-b$

이 그래프가 x축과 평행하므로 $a=0$이다.

또한 점 $(3, 2)$를 지나므로 $2=0\times 3-b$, $b=-2$이다.

따라서 $a+b=0+(-2)=-2$

039_ 답 ①

y축에 수직이므로 $y=q$ 꼴의 그래프이기 때문에 두 점의 y좌표가 같다.

$2a-2=-a+1$, $3a=3$

따라서 $a=1$

040_ 답 ⑤

두 그래프의 교점의 좌표가 $(1, 2)$이므로

연립방정식의 해는 $(1, 2)$

041_ 답 -2

두 그래프의 교점의 좌표가 $(1, 1)$이므로

연립방정식의 해는 $x=1$, $y=1$이다.

이를 $ax+y+1=0$에 대입하면

$a+1+1=0$이므로 $a=-2$

042_ 답 ②

연립방정식의 해가 존재하지 않으므로 두 연립방정식의 그래프가 만나지 않아야 한다. 즉, 두 연립방정식의 그래프가 평행하여야 하므로 기울기가 같고 y절편이 달라야 한다.

$2x+3y=2$에서 $y=-\dfrac{2}{3}x+\dfrac{2}{3}$이고

$4x+ay=5$에서 $y=-\dfrac{4}{a}x+\dfrac{5}{a}$이므로

$-\dfrac{2}{3}=-\dfrac{4}{a}$이며 $\dfrac{2}{3}\neq\dfrac{5}{a}$이다.

따라서 $a=6$

043_ 답 ②, ④

$y=ax^2+bx+c$ $(a\neq 0$, a, b, c는 상수$)$ 꼴로 나타나는 함수가 이차함수이다.

②는 $y=-x-2$이므로 이차함수가 아니다.

④ $\dfrac{1}{x^2+x}$은 x에 대한 이차식이 아니므로 이차함수가 아니다.

044_ 답 4

점 $(2, a)$가 $y=x^2$의 그래프 위에 있으므로

$x=2$, $y=a$를 대입하면 $a=2^2=4$

045_ 답 ④

④ 축이 y축이므로 축의 방정식은 $x=0$

046_ 답 ④

$y=ax^2$의 그래프는 $a>0$이면 아래로 볼록하다.

따라서 해당하는 것은 ㄱ, ㄴ, ㄷ의 3개이다.

047_ 답 ⑤

$y=ax^2$의 그래프가 위로 볼록하므로 $a<0$이다.

또한 $y=x^2$의 그래프보다 폭이 좁으므로 a의 절댓값은 1보다 크다.

따라서 a의 값이 될 수 있는 것은 ⑤ $-\dfrac{5}{4}$이다.

048_ 답 $y=-2(x-3)^2$, $(3, 0)$

$y=-2x^2$의 그래프를 x축의 방향으로 3만큼 평행이동한 그래프의 식은 $y=-2(x-3)^2$이다.

이 그래프의 꼭짓점의 좌표는 $(3, 0)$이다.

049_ 답 ④

$y=ax^2$의 그래프를 x축의 방향으로 1만큼, y축의 방향으로 3만큼 평행이동한 그래프의 식은

$y=a(x-1)^2+3$이다.

이 그래프가 점 $(2, 7)$을 지나므로 $x=2$, $y=7$을 대입하면

$7=a(2-1)^2+3$, $a=4$

050_ 답 ②

$y=-\dfrac{1}{2}x^2$의 그래프를 x축의 방향으로 2만큼 평행이동한 그래프의 식은 $y=-\dfrac{1}{2}(x-2)^2$이다.

이 그래프가 점 $(4, k)$를 지나므로 $x=4$, $y=k$를 대입하면

$k=-\dfrac{1}{2}(4-2)^2=-\dfrac{1}{2}\times 4=-2$

051_ 답 ③

이차함수 $y=2(x-1)^2-3$은 $x=1$일 때 최솟값 -3을 가지고 최댓값은 없다.

052_ 답 ④

$x=-2$일 때 최댓값 13을 가지는 이차함수의 식은
$y=a(x+2)^2+13$ (a는 상수) 꼴이다.
점 $(1, 4)$를 지나므로 $x=1$, $y=4$를 대입하면
$4=9a+13$, $a=-1$
따라서 구하는 이차함수의 식은 $y=-(x+2)^2+13$

053_ 답 ③

$y=x^2+2x-4=(x+1)^2-5$이므로
$x=-1$일 때 최솟값은 -5이다.

054_ 답 ④

$y=2x^2+4x+k$
$=2(x^2+2x+1-1)+k$
$=2(x+1)^2-2+k$
이므로 최솟값은 $-2+k$이다.
따라서 $-2+k=2$이므로 $k=4$

055_ 답 ④

① $y=x^2+1$은 $x=0$일 때 최솟값 1을 가진다.
② $y=2(x-1)^2$은 $x=1$일 때 최솟값 0을 가진다.
③ $y=x^2+2x=(x+1)^2-1$이므로
  $x=-1$일 때 최솟값 -1을 가진다.
④ $y=-(x+3)^2+1$은 최솟값이 없다.
⑤ $y=2x^2+4x+3=2(x+1)^2+1$은
  $x=-1$일 때 최솟값 1을 가진다.

┃다른 풀이┃

이차함수에서 이차항의 계수가 음수이면 최솟값은 없으므로 해당하는 것은 ④이다.

056_ 답 $-2, -1$

교점의 x좌표를 α, β ($\alpha<\beta$)라 하면
$x^2+3x+2=0$의 실근이 α, β이다.
$(x+2)(x+1)=0$에서 두 실근은 $\alpha=-2$, $\beta=-1$이므로
교점의 x좌표는 -2, -1이다.

057_ 답 (1) 2 (2) 1 (3) 0 (4) 2

$ax^2+bx+c=0$에서 $D=b^2-4ac$라 하면
(1) $y=2x^2+x-1$에서 $D=1^2-4\times2\times(-1)=9>0$이므로
  교점의 개수는 2
(2) $y=x^2+2x+1$에서 $D=2^2-4\times1\times1=0$이므로
  교점의 개수는 1
(3) $y=-2x^2+2x-8$에서 $D=2^2-4\times(-2)\times(-8)=-60<0$
  이므로 교점의 개수는 0
(4) $y=x^2-3x+2$에서 $D=(-3)^2-4\times1\times2=1>0$이므로
  교점의 개수는 2

058_ 답 ③

그래프가 x축과 한 점에서 만나므로
이차방정식 $3x^2+6x+k=0$의 판별식을 D라 하면
$D=6^2-4\times3\times k=0$, $36-12k=0$에서 $k=3$

059_ 답 $a>\dfrac{3}{2}$

$y=x^2+2ax+a^2+2a-3$에서
이차방정식 $x^2+2ax+a^2+2a-3=0$의 판별식을 D라 하면
$D=(2a)^2-4(a^2+2a-3)<0$
$-8a+12<0$, 즉 $a>\dfrac{3}{2}$

060_ 답 ③

$y=x^2-2x+a$의 그래프를 y축의 방향으로 -2만큼 평행이동한 그래프의 식은 $y=x^2-2x+a-2$이다.
이 그래프가 x축과 접하므로
이차방정식 $x^2-2x+a-2=0$의 판별식을 D라 하면
$D=(-2)^2-4(a-2)=0$
$-4a=-12$, 즉 $a=3$

061_ 답 ③

이차함수 $y=x^2-3x+a$의 그래프가
직선 $y=2x-1$과 만나는 점의 x좌표는
$x^2-3x+a-2x+1=0$의 해와 같다.
$x=1$을 대입하면 $1-3+a-2+1=0$
따라서 $a=3$

062_ 답 (1) 서로 다른 두 점에서 만난다.
　　　　(2) 한 점에서 만난다.

(1) $-2x^2-x+1=x-1$

$\quad -2x^2-x+1-x+1=0$

$\quad -2x^2-2x+2=0$

판별식을 D라 하면

$\quad D=(-2)^2-4\times(-2)\times 2=20>0$

이므로 서로 다른 두 점에서 만난다.

(2) $-2x^2-x+1=3x+3$

$\quad -2x^2-x+1-3x-3=0$

$\quad -2x^2-4x-2=0$

판별식을 D라 하면

$\quad D=(-4)^2-4\times(-2)\times(-2)=0$

이므로 한 점에서 만난다.

063_ 답 ①

$x^2-3x+1=x+k$, $x^2-3x+1-(x+k)=0$

$x^2-4x+1-k=0$에서 판별식을 D라 하면

$D=(-4)^2-4\times 1\times(1-k)=0$이므로

$16-4+4k=0$

따라서 $k=-3$

064_ 답 -1

이차함수 $y=x^2$의 그래프와 직선 $y=-2x+k$가 만나므로

$x^2-(-2x+k)=0$이 실근을 가진다.

$x^2+2x-k=0$에서 판별식을 D라 하면

$D=2^2-4\times 1\times(-k)\geq 0$

$4+4k\geq 0$, $k\geq -1$

따라서 k의 최솟값은 -1

065_ 답 ②

이차함수 $y=x^2-2x+4$의 그래프와 직선 $y=-4x-k$가 만나지 않으므로

$x^2-2x+4-(-4x-k)=0$의 판별식 D에 대하여 $D<0$이다.

$x^2-2x+4+4x+k=0$

$x^2+2x+4+k=0$

$D=2^2-4\times 1\times(4+k)<0$, $4-16-4k<0$, $k>-3$

따라서 정수 k의 최솟값은 -2

066_ 답 ③

$y=2(x-1)^2-1$은 x의 값의 범위가 실수 전체일 때 $x=1$에서 최솟값 -1을 가지므로 $\alpha=1$

또한 축이 직선 $x=1$이므로 $2\leq x\leq 3$에서는 $x=2$일 때 최솟값을 가진다. 즉, $\beta=2$

따라서 $\alpha+\beta=1+2=3$

067_ 답 ④

$y=x^2+4x+6$

$\quad =x^2+4x+4+2$

$\quad =(x+2)^2+2$

이므로 $x=-2$에서 최솟값 2를 가지므로 $a=-2$, $b=2$

따라서 $a+b=-2+2=0$

068_ 답 최댓값 : -1, 최솟값 : -5

$y=x^2-6x+4$

$\quad =x^2-6x+9-5$

$\quad =(x-3)^2-5$

이 이차함수의 꼭짓점의 좌표는 $(3, -5)$이다.

따라서 $x=3$일 때 최솟값 -5를 가지고

$x=5$일 때 최댓값 -1을 가진다.

069_ 답 ①

$y=-x^2+4x+k$

$\quad =-x^2+4x-4+4+k$

$\quad =-(x-2)^2+4+k$

이므로 $x=2$일 때 최댓값 $4+k$를 가진다.

따라서 $4+k=5$이므로 $k=1$

070_ 답 ④

$y=-x^2+2kx+4k$

$\quad =-x^2+2kx-k^2+k^2+4k$

$\quad =-(x-k)^2+k^2+4k$

이므로 $x=k$일 때 최댓값 k^2+4k를 가진다.

$k^2+4k=6$, $k^2+4k-6=0$

따라서 위의 이차방정식의 두 근은 모두 실근이므로 모든 실수 k의 값의 합은 이차방정식의 근과 계수의 관계에 의하여 -4이다.

071_ 답 정의역 : $X=\{1, 3, 5\}$

　　　　공역 : $Y=\{1, 2, 3, 4, 5\}$

　　　　치역 : $\{2, 4, 5\}$

072_ 답 ③

정의역의 각 값에 대한 함숫값이 공역의 원소이어야 한다.

따라서 X에서 Y로의 함수인 것은 ③ $f(x)=|x-1|$이다.

①에서 $f(2)=4$, ②에서 $f(2)=\dfrac{1}{2}$,

④에서 $f(2)=\sqrt{2}$, ⑤에서 $f(2)=3$

이므로 함숫값이 공역의 원소가 아니다.

073_ 답 ②

정의역이 집합 $X=\{-2,\,-1,\,0,\,1\}$에서

$f(-2)=(-2)^2+1=5$, $f(-1)=(-1)^2+1=2$

$f(0)=0^2+1=1$, $f(1)=1^2+1=2$

이므로 치역은 $\{1,\,2,\,5\}$이다.

따라서 치역의 모든 원소의 합은 $1+2+5=8$

074_ 답 ②

$f(0)=0$, $f(1)=1$이므로 $b=1$이다.

$Y=\{0,\,1\}$이므로 $f(a)=0$ 또는 $f(a)=1$이다.

$f(a)=0$이면 $a^2=0$, $a=0$이므로 $a<0$에 모순이다.

따라서 $f(a)\neq0$

$f(a)=1$이므로 $a^2=1$

$a<0$이므로 $a=-1$

따라서 $a=-1$, $b=1$이므로 $a+b=(-1)+1=0$

075_ 답 ③

$f(x)=x^2-x-1$, $g(x)=2x-3$이므로

두 함수가 같기 위해서는 정의역의 두 원소가 $x^2-x-1=2x-3$,

즉 $x^2-x-1-2x+3=0$의 해가 되어야 한다.

$x^2-3x+2=0$, $(x-1)(x-2)=0$

$x=1$ 또는 $x=2$

따라서 $a+b=1+2=3$

076_ 답 (2), (4)

일대일함수는 정의역의 임의의 두 원소 x_1, x_2에 대하여

$x_1\neq x_2$이면 $f(x_1)\neq f(x_2)$이어야 한다.

이를 만족하는 함수는 (2) $y=2x-1$과 (4) $y=\sqrt{x}$이다.

(1) $f(x)=x^2$은 $f(-1)=f(1)=1$이고

(3) $f(x)=|x|$는 $f(-1)=f(1)=1$이므로

일대일함수가 아니다.

077_ 답 (1) 64 (2) 24

(1) X에서 Y로의 함수의 개수는 X의 세 원소에 대하여 Y의 원소 4가지 중 한 가지를 대응시키는 경우의 수이므로 $4^3=64$이다.

(2) X에서 Y로의 일대일함수의 개수는 a의 함숫값으로 4가지, b의 함숫값으로 a의 함숫값을 제외한 3가지, c의 함숫값으로 a, b의 함숫값을 제외한 2가지를 선택하는 경우의 수이므로 $4\times3\times2=24$이다.

078_ 답 ④

$f(x)$가 일대일 대응이고 $a>0$이므로

$x=0$일 때 $y=2$이고, $x=4$일 때 $y=10$이다.

이를 대입하면 $\begin{cases} 2=b \\ 10=4a+b \end{cases}$

따라서 $b=2$, $a=2$이므로 $ab=2\times2=4$

079_ 답 ②

상수함수는 $f(x)=c$ (c는 상수) 꼴이고, 상수 c가 될 수 있는 수가 3개이므로 상수함수의 개수는 3이다.

항등함수의 개수는 1이다.

따라서 $a=3$, $b=1$이므로 $a+b=3+1=4$

080_ 답 ③

정의역의 모든 원소에 대한 함숫값이 자기 자신이어야 한다.

즉, $f(0)=0$, $f(1)=1$을 만족하면 된다.

이를 만족하는 것은 ㄱ. $f(x)=x^2$, ㄴ. $f(x)=|x|$이다.

081_ 답 ④

f는 상수함수이므로 $f(2)=f(1)=2$이고, g는 항등함수이므로 $g(2)=2$이다.

따라서 $f(2)+g(2)=2+2=4$

082_ 답 (1) $4x^2-4x+3$ (2) $-2x^2-3$

(1) $(f\circ g)(x)=f(g(x))=f(-2x+1)$

$=(-2x+1)^2+2$

$=4x^2-4x+3$

(2) $(g\circ f)(x)=g(f(x))=g(x^2+2)$

$=-2(x^2+2)+1$

$=-2x^2-3$

083_ 답 ②

$(f \circ f)(2) = f(f(2)) = f(2+k)$
$\qquad = 2+k+k = 2+2k = 6$

따라서 $k=2$

084_ 답 ①

$(f \circ f)(0) = f(f(0)) = f(-2) = -4$,
$(f \circ g)(1) = f(g(1)) = f(1) = -1$,
$(g \circ f)(1) = g(f(1)) = g(-1) = 1$이므로
$(f \circ f)(0) + (f \circ g)(1) - (g \circ f)(1)$
$= -4 + (-1) - 1 = -6$

085_ 답 ②

$(f \circ g)(a) = f(g(a)) = f(2a+1)$
$\qquad = (2a+1)^2 + 2a+1 = 4a^2+4a+1+2a+1$
$\qquad = 4a^2+6a+2$
$(g \circ f)(a) = g(f(a)) = g(a^2+a)$
$\qquad = 2(a^2+a)+1 = 2a^2+2a+1$
$4a^2+6a+2 = 2a^2+2a+1$, $2a^2+4a+1=0$
위의 이차방정식의 근은 모두 실수이므로 두 실근의 합은 이차방
정식의 근과 계수의 관계에 의하여 $-\dfrac{4}{2} = -2$

따라서 주어진 식을 만족시키는 a의 값의 합은 -2이다.

086_ 답 ③

$f(2) = 0$, $f(0) = 2$이므로
$h(0) = (f \circ f)(0) = f(f(0)) = f(2) = 0$
$h(2) = (f \circ f)(2) = f(f(2)) = f(0) = 2$
따라서 $h(0) + h(2) = 0 + 2 = 2$

087_ 답 (1) -1 (2) 2 (3) 7

(1) $f(3) = -1$
(2) $f(2) = -3$이므로 $f^{-1}(-3) = 2$
(3) $f(3) = -1$, $f(4) = -4$이므로
$\quad f^{-1}(-1) + f^{-1}(-4) = 3 + 4 = 7$

088_ 답 $f^{-1}(x) = \dfrac{x-1}{2}$

$y = 2x+1$에서 $2x = y-1$, $x = \dfrac{y-1}{2}$이다.

x, y를 서로 바꾸면 $y = \dfrac{x-1}{2}$

따라서 $f^{-1}(x) = \dfrac{x-1}{2}$

089_ 답 ②

$g^{-1}(k) = a$라 하면 $(f \circ g^{-1})(k) = f(g^{-1}(k)) = -1$에서
$f(a) = -1$이다.
$-3a+2 = -1$, $a=1$
$g^{-1}(k) = a$에서 $g(a) = k$, $g(1) = k$
$k = g(1) = -1$

090_ 답 (1) 8 (2) 2 (3) 2 (4) 6

(1) $f(2) = 8$
(2) $f^{-1}(8) = 2$
(3) $(f^{-1} \circ f)(2) = f^{-1}(f(2)) = f^{-1}(8) = 2$
(4) $(f \circ f^{-1})(6) = f(f^{-1}(6)) = f(3) = 6$

091_ 답 -1

$((g \circ (f \circ g)^{-1} \circ f) \circ g) = (g \circ g^{-1} \circ f^{-1} \circ f) \circ g = g$
이므로 구하는 값은
$g(1) = -1$

092_ 답 $\dfrac{1}{2}$

$(g \circ f)(x) = g(x+1)$
$\qquad = -2(x+1)+4$
$\qquad = -2x+2$
한편, $(g \circ f)^{-1}$를 구하기 위하여
$y = -2x+2$라 하면
$x = \dfrac{2-y}{2} = 1 - \dfrac{y}{2}$
이므로 x, y를 서로 바꾸면
$y = 1 - \dfrac{x}{2}$
즉, $(g \circ f)^{-1}(x) = 1 - \dfrac{x}{2}$이다.
그런데 $(g \circ f)^{-1}(x) = (f^{-1} \circ g^{-1})(x)$이므로
$(f^{-1} \circ g^{-1})(x) = -\dfrac{x}{2} + 1$
따라서 $a = -\dfrac{1}{2}$, $b=1$이므로
$a+b = \dfrac{1}{2}$

093_ 답 (1)

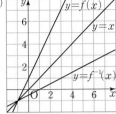

(2)

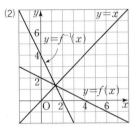

094_ 답 ④, ⑤

함수 $y=f(x)$와 $y=f^{-1}(x)$의 그래프의 교점이

(a, b)가 될 필요충분조건은

$f(a)=b, f(b)=a$이다.

따라서 점 $(1, 3)$, $(3, 1)$, $(2, 2)$가

$y=f(x)$와 $y=f^{-1}(x)$의 그래프의 교점이 될 수 있다.

095_ 답 $(0, 0)$, $(-1, -1)$, $(1, 1)$

함수 $y=x^3$은 x의 값이 증가할 때, y의 값도 증가하는 함수이므로 $y=f(x)$와 $y=f^{-1}(x)$의 그래프의 교점의 좌표는 $y=f(x)$와 $y=x$의 그래프의 교점의 좌표와 같다.

$x^3=x$, $x(x+1)(x-1)=0$

$x=0$ 또는 $x=-1$ 또는 $x=1$

따라서 교점의 좌표는 $(0, 0)$, $(-1, -1)$, $(1, 1)$

096_ 답 ②

$f(x)=x^2 (x \geq 0)$과 그 역함수의

그래프는 오른쪽과 같다.

$y=f(x)$와 $y=g(x)$의 그래프의

교점은 $y=f(x)$의 그래프와 직선

$y=x$의 교점과 같다.

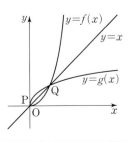

교점을 구하기 위하여 $x^2=x$라 하면

$x(x-1)=0$, $x=0$ 또는 $x=1$

따라서 두 교점은 $P(0, 0)$, $Q(1, 1)$이므로

$\overline{PQ}=\sqrt{1^2+1^2}=\sqrt{2}$

097_ 답 (1) 3 　(2) x^2-2x+4

(1) $\dfrac{3x-6}{x-2}=\dfrac{3(x-2)}{x-2}=3$

(2) $\dfrac{x^3+8}{x+2}=\dfrac{(x+2)(x^2-2x+4)}{x+2}$

$=x^2-2x+4$

098_ 답 (1) $\dfrac{2x+1}{(x-1)(x+2)}$ 　(2) $\dfrac{3x+1}{x+1}$

(3) $\dfrac{x}{2(x-1)}$ 　(4) $2(x+1)$

(1) $\dfrac{1}{x-1}+\dfrac{1}{x+2}=\dfrac{x+2+x-1}{(x-1)(x+2)}$

$=\dfrac{2x+1}{(x-1)(x+2)}$

(2) $3-\dfrac{2}{x+1}=\dfrac{3x+3-2}{x+1}=\dfrac{3x+1}{x+1}$

(3) $\dfrac{x+1}{2x} \times \dfrac{x^2}{x^2-1}=\dfrac{x+1}{2x} \times \dfrac{x^2}{(x+1)(x-1)}$

$=\dfrac{x}{2(x-1)}$

(4) $\dfrac{x^2+3x+2}{x-3} \div \dfrac{x+2}{2x-6}$

$=\dfrac{(x+2)(x+1)}{x-3} \times \dfrac{2(x-3)}{x+2}$

$=2(x+1)$

099_ 답 ①

$\dfrac{1}{x(x+1)}=\dfrac{1}{x}-\dfrac{1}{x+1}$

$\dfrac{1}{(x+1)(x+2)}=\dfrac{1}{x+1}-\dfrac{1}{x+2}$

주어진 식을 간단히 하면

$\dfrac{1}{x}-\dfrac{1}{x+2}=\dfrac{2}{x(x+2)}$

따라서 $a=2$, $b=2$이므로 $a+b=2+2=4$

100_ 답 ③

$$\frac{2x}{x+1} - \frac{6}{x^2+3x+2} = \frac{2x}{x+1} - \frac{6}{(x+1)(x+2)}$$
$$= \frac{2x(x+2)}{(x+1)(x+2)} - \frac{6}{(x+1)(x+2)}$$
$$= \frac{2x^2+4x-6}{(x+1)(x+2)}$$
$$= \frac{2(x-1)(x+3)}{(x+1)(x+2)}$$

따라서 $a=-1$, $b=3$ 또는 $a=3$, $b=-1$이므로
$ab=(-1)\times 3=-3$ 또는 $ab=3\times(-1)=-3$이다.
따라서 $ab=-3$

101_ 답 $\dfrac{3x+4}{2x+3}$

$$1+\frac{1}{2+\dfrac{1}{x+1}} = 1+\frac{1}{\dfrac{2x+3}{x+1}} = 1+\frac{x+1}{2x+3}$$
$$= \frac{2x+3+x+1}{2x+3} = \frac{3x+4}{2x+3}$$

102_ 답 ②

$y=\dfrac{2}{x}$의 그래프를 x축의 방향으로 1만큼 평행이동한 그래프의

식은 $y=\dfrac{2}{x-1}$이다.

점 $(2, a)$를 지나므로 $x=2$, $y=a$를 대입하면

$a=\dfrac{2}{2-1}=2$

103_ 답 ④

$y=\dfrac{k}{x}$에 $x=3$, $y=4$를 대입하면 $4=\dfrac{k}{3}$, $k=12$

$y=\dfrac{12}{x}$에 $x=2$, $y=m$을 대입하면

$m=\dfrac{12}{2}=6$

따라서 $k+m=12+6=18$

104_ 답 $p=2$, $q=1$, $k=-6$

점근선의 방정식이 $x=2$, $y=1$이므로

$y=\dfrac{k}{x-2}+1$로 나타낼 수 있으므로 $p=2$, $q=1$이다.

이 함수의 그래프가 점 $(0, 4)$를 지나므로 $x=0$, $y=4$를 대입하면

$4=\dfrac{k}{0-2}+1$, $k=-6$

105_ 답 ③

점 $(0, 3)$을 지나므로 $x=0$, $y=3$을

대입하면 $3=\dfrac{k}{0-1}+2$, $k=-1$

$y=\dfrac{-1}{x-1}+2$의 그래프를 그리면

오른쪽과 같다.

따라서 이 그래프가 지나지 않는 사분

면은 제3사분면이다.

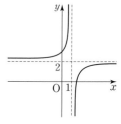

106_ 답 ③

치역이 $\{y|y\neq 2$인 실수$\}$이므로 $f(x)=\dfrac{k}{x-a}+2$이다.

원점을 지나므로 $x=0$, $y=0$을 대입하면 $k=2a$이다.

점 $(2, 4)$를 지나므로 $x=2$, $y=4$를 대입하면

$4=\dfrac{k}{2-a}+2$이다.

$$\begin{cases} k=2a & \cdots\cdots \text{㉠} \\ 4=\dfrac{k}{2-a}+2 & \cdots\cdots \text{㉡} \end{cases}$$

㉡에서 $4(2-a)=k+2(2-a)$

㉠을 대입하면

$8-4a=2a+4-2a$

$-4a=-4$, $a=1$

㉠에 대입하면 $k=2\times 1=2$

$f(x)=\dfrac{2}{x-1}+2$이므로

$3\leq x\leq 6$에서 함수 $f(x)$의 최댓값은

$f(3)=\dfrac{2}{3-1}+2=3$

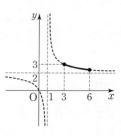

107_ 답 ③

$$y=\frac{x+1}{x-1}=\frac{x-1+2}{x-1}=1+\frac{2}{x-1}$$

따라서 $a=2$, $b=1$이므로 $a+b=2+1=3$

108_ 답 ②

$$y=\frac{3x-1}{x+1}=\frac{3(x+1)-4}{x+1}=-\frac{4}{x+1}+3$$이므로

이 함수의 그래프의 점근선의 방정식은 $x=-1$, $y=3$이다.

따라서 $a=-1$, $b=3$이므로 $a+b=-1+3=2$

109_ 답 ④

ㄴ. $y=\dfrac{3}{x-1}+2$는 $y=\dfrac{3}{x}$의 그래프를 x축의 방향으로 1만큼,

y축의 방향으로 2만큼 평행이동한 그래프의 식이다.

ㄷ. $y=\dfrac{-2x+5}{x-1}=\dfrac{-2(x-1)+3}{x-1}=\dfrac{3}{x-1}-2$이므로 이 함수

의 그래프는 $y=\dfrac{3}{x}$의 그래프를 x축의 방향으로 1만큼, y축의

방향으로 -2만큼 평행이동한 것이다.

110_ 답 ④

$y=\dfrac{3x+1}{x-2}=\dfrac{3(x-2)+7}{x-2}=\dfrac{7}{x-2}+3$이므로

주어진 식의 그래프는 다음과 같다.

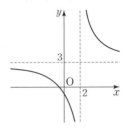

$x=-3$일 때 최대, $x=1$일 때 최소가 된다.

따라서 $M=\dfrac{3\times(-3)+1}{-3-2}=\dfrac{8}{5}$, $m=\dfrac{3\times1+1}{1-2}=-4$이므로

$Mm=-\dfrac{32}{5}$

111_ 답 ③

$g(4)=k$라 하면

$f(k)=4$이므로 $\dfrac{k-1}{k+2}=4$, $k-1=4(k+2)$, $k=-3$

따라서 $g(4)=k=-3$

112_ 답 ④

ㄱ. $\dfrac{2\sqrt{x}+4}{\sqrt{x}+2}=\dfrac{2(\sqrt{x}+2)}{\sqrt{x}+2}=2$

ㄴ. $(\sqrt{x+1})^2=x+1$

이므로 무리식은 ㄷ, ㄹ이다.

113_ 답 (1) $\sqrt{x}+1$ (2) $\sqrt{x+2}+\sqrt{x}$

(1) $\dfrac{x-1}{\sqrt{x}-1}=\dfrac{(x-1)(\sqrt{x}+1)}{(\sqrt{x}-1)(\sqrt{x}+1)}=\sqrt{x}+1$

(2) $\dfrac{2}{\sqrt{x+2}-\sqrt{x}}=\dfrac{2(\sqrt{x+2}+\sqrt{x})}{(\sqrt{x+2}-\sqrt{x})(\sqrt{x+2}+\sqrt{x})}$

$=\sqrt{x+2}+\sqrt{x}$

114_ 답 ②

주어진 무리식의 값이 실수가 되기 위해서는

$8-2x\ge0$, $x+1\ge0$이어야 한다.

$-1\le x\le4$이므로 해당하는 정수의 개수는 6

115_ 답 ③

$f(x)=\sqrt{2x-1}$ 의 정의역은 $2x-1\ge0$이어야 하므로

$\left\{x\middle|x\ge\dfrac{1}{2}\right\}$이다.

또한, $g(x)=\sqrt{2-3x}$의 정의역은 $2-3x\ge0$이어야 하므로

$\left\{x\middle|x\le\dfrac{2}{3}\right\}$이다.

따라서 $a=\dfrac{1}{2}$, $b=\dfrac{2}{3}$이므로 $ab=\dfrac{1}{2}\times\dfrac{2}{3}=\dfrac{1}{3}$

116_ 답 ④

$y=(x-2)^2+2$에서 $x-2=\pm\sqrt{y-2}$

$x\le2$이므로 $x-2=-\sqrt{y-2}$, $x=-\sqrt{y-2}+2$

역함수는 $y=-\sqrt{x-2}+2$

따라서 $a=2$, $b=2$이므로 $a+b=2+2=4$

117_ 답 $y=\sqrt{3(x-2)}+3$

$y=\sqrt{3x}$의 그래프를 x축의 방향으로 2만큼 평행이동한 그래프의

식은 $y=\sqrt{3(x-2)}$이고, 이를 y축의 방향으로 3만큼 평행이동

한 그래프의 식은 $y=\sqrt{3(x-2)}+3$이다.

118_ 답 ②

그래프가 점 $(8, 4)$를 지나므로

$x=8$, $y=4$를 대입하면 $4=\sqrt{8k}$, $k=2$

따라서 $f(2)=\sqrt{2\times2}=2$

119_ 답 ④

$f(x)=\sqrt{kx}$의 그래프를 x축의 방향으로 2만큼, y축의 방향으로

3만큼 평행이동한 그래프의 식은 $y=\sqrt{k(x-2)}+3$이다.

점 $(6, 7)$을 지나므로 $x=6$, $y=7$을 대입하면

$7=\sqrt{4k}+3$, $4=\sqrt{4k}$

따라서 $k=4$

120_ 답 ①

각각의 그래프를 그리면 오른쪽과 같다.

따라서 제4사분면을 지나는 것은 ㄱ이다.

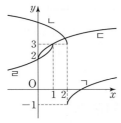

121_ 답 ③

$y=\sqrt{2x-1}=\sqrt{2\left(x-\dfrac{1}{2}\right)}$이므로

$y=\sqrt{2x-1}$은 $y=\sqrt{2x}$의 그래프를 x축의 방향으로 $\dfrac{1}{2}$만큼 평행이동한 그래프의 식이다.

$y=\sqrt{2x+3}-1=\sqrt{2\left(x+\dfrac{3}{2}\right)}-1$이므로

$y=\sqrt{2x}$의 그래프를 x축의 방향으로 $-\dfrac{3}{2}$만큼, y축의 방향으로 -1만큼 평행이동한 그래프의 식이다.

122_ 답 정의역 : $\{x\,|\,x\geq1\}$
치역 : $\{y\,|\,y\geq2\}$

$y=\sqrt{3x}$의 그래프를 x축의 방향으로 1만큼 평행이동하면 $y=\sqrt{3(x-1)}$이고, 이를 y축의 방향으로 2만큼 평행이동하면 $y=\sqrt{3(x-1)}+2$이다.

따라서 정의역은 $\{x\,|\,x\geq1\}$, 치역은 $\{y\,|\,y\geq2\}$

123_ 답 ⑤

$y=\sqrt{x-2}+a$는 정의역은 $\{x\,|\,x\geq2\}$이고,

치역은 $\{y\,|\,y\geq a\}$이므로 $x=2$일 때 최솟값 a를 가진다.

따라서 $a=3$, $b=2$이므로

$a+b=3+2=5$

124_ 답 ④

정의역이 $\{x\,|\,x\leq4\}$이므로 $c=4$이다.

또한 치역이 $\{y\,|\,y\leq1\}$이므로 $b=1$이다.

그래프가 점 $(3,0)$을 지나므로 $x=3$, $y=0$을 대입하면

$0=a\sqrt{-3+4}+1=a+1$, $a=-1$

따라서 $a+b+c=-1+1+4=4$

125_ 답 ②

$y=-\sqrt{x-2}+3$의 그래프는 오른쪽과 같다.

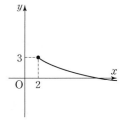

$x=a$일 때 최댓값 1, $x=b$일 때 최솟값 -2를 가진다.

$1=-\sqrt{a-2}+3$에서

$\sqrt{a-2}=2$

$a-2=4$, $a=6$

$-2=-\sqrt{b-2}+3$에서

$\sqrt{b-2}=5$

$b-2=25$, $b=27$

따라서 $a+b=6+27=33$

126_ 답 ②

$f(2)=3$, $f(3)=2$이므로

$3=\sqrt{2a+b}$, $2=\sqrt{3a+b}$이다.

$9=2a+b$, $4=3a+b$이므로 두 식을 연립하여 풀면

$a=-5$, $b=19$

따라서 $f(x)=\sqrt{-5x+19}$이다.

$-1\leq x\leq3$에서 $x=3$일 때 최솟값을 가지므로

최솟값은 $f(3)=\sqrt{-5\times3+19}=\sqrt{4}=2$

THEME 06
도형

001_ 답 ㉠, ㉣
㉠ 선분 AB
㉡ 반직선 BA
㉢ 반직선 AB
㉣ 선분 BA
㉤ 곡선이므로 선분이 아니다.
㉥ 꺾인 부분이 있으므로 선분이 아니다.

002_ 답 ㉡
반직선 BA는 점 B에서 시작하여 점 A의 방향으로 한없이 계속되는 직선의 일부분이다.

003_ 답 3
한 직선 위에 있지 않은 세 점 A, B, C를 이용하여 그을 수 있는 서로 다른 직선은 $\overleftrightarrow{AB}$, $\overleftrightarrow{BC}$, $\overleftrightarrow{AC}$의 3개이다.

004_ 답 ①
②, ⑤ 시작점과 방향이 각각 같은 반직선은 서로 같다.
③ $\overleftrightarrow{AB}$, $\overleftrightarrow{AC}$, $\overleftrightarrow{BA}$, $\overleftrightarrow{BC}$, $\overleftrightarrow{CA}$, $\overleftrightarrow{CB}$는 모두 같은 직선이다.
④ 양 끝점이 같은 선분은 서로 같다.

005_ 답 ②
② $\overrightarrow{AB}$와 $\overrightarrow{BA}$는 시작점도 다르고, 방향도 반대인 서로 다른 반직선이다.

006_ 답 10
두 점 A, B 사이의 거리는 $\overline{AB}$의 길이와 같으므로 $x=3$
두 점 B, C 사이의 거리는 $\overline{BC}$의 길이와 같으므로 $y=7$

007_ 답 ⑤
⑤ $\overline{AN}=\overline{AM}+\overline{MN}=2\overline{MN}+\overline{MN}=3\overline{MN}$

008_ 답 12 cm
$\overline{AB}=2\overline{AC}$
$\quad=2\times2\overline{DC}=4\overline{DC}$
$\quad=4\times3=12\,(\text{cm})$

009_ 답 ④
④ ∠D$=110°$이므로 둔각이다.

010_ 답 ①
① $180°$는 평각이다.

011_ 답 ④
④ ∠AOE의 맞꼭지각은 ∠BOF이다.

012_ 답 23
맞꼭지각의 크기는 서로 같으므로
$2x+39=5x-30$
$3x=69$
따라서 $x=23$

013_ 답 ∠$a=55°$, ∠$b=80°$
맞꼭지각의 크기는 서로 같으므로 ∠$a=55°$
∠$b=180°-(55°+45°)=180°-100°=80°$

014_ 답 195°
∠a의 동위각은 ∠c이고
∠$c=100°$ (맞꼭지각)
∠b의 엇각은 ∠d이고
∠$d=180°-85°=95°$
따라서
∠c+∠$d=100°+95°=195°$

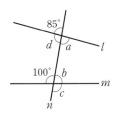

015_ 답 ③
③ ∠d의 크기는 ∠b의 크기와 같다.

016_ 답 ④

④ 삼각형의 세 내각의 크기의 합은 180°인데
$15° + 65° + 90° = 170°$이므로 $15°$, $65°$, $90°$는 삼각형의 세 내각이 될 수 없다.

017_ 답 65°

사각형의 네 내각의 크기의 합은 360°이므로
$140° + 70° + 85° + \angle D = 360°$
$295° + \angle D = 360°$
따라서 $\angle D = 65°$

018_ 답 52°

삼각형의 세 내각의 크기의 합은 180°이므로
$\angle x + \angle x + 76° = 180°$
$2\angle x + 76° = 180°$
$2\angle x = 104°$
따라서 $\angle x = 52°$

019_ 답 ③

① $\angle ABC = 45°$이므로 예각이다.
② $\angle C = 180° - (35° + 45°) = 100°$
④ 크기가 같은 두 각이 없으므로 이등변삼각형이 아니다.
⑤ $\angle A + \angle B = 35° + 45° = 80°$
$\angle ACB = 100°$이므로 $\angle A$와 $\angle B$의 크기의 합은 $\angle ACB$의 크기보다 작다.

020_ 답 (1) 30°   (2) 60°

(1) $\overline{AB} = \overline{AC}$인 이등변삼각형 ABC에서
$\angle B = \angle C$이므로
$\angle A + \angle B + \angle C$
$= 120° + 2\angle B = 180°$
따라서 $2\angle B = 60°$이므로 $\angle B = 30°$
(2) $\overline{AB} = \overline{BC} = \overline{AC} = 6$ cm인 정삼각형이므로
$\angle A = \angle B = \angle C$이다.
$\angle A + \angle B + \angle C$
$= 3\angle B = 180°$
따라서 $\angle B = 60°$

021_ 답 ①, ③

주어진 세 변의 길이에 대해 가장 긴 한 변의 길이가 다른 두 변의 길이의 합보다 작아야 삼각형이 될 수 있다.
① $2 + 3 > 4$이므로 삼각형이 될 수 있다.
② $4 + 5 = 9$이므로 삼각형이 될 수 없다.
③ $5 + 5 > 5$이므로 삼각형이 될 수 있다.
④ $2 + 5 < 8$이므로 삼각형이 될 수 없다.
⑤ $1 + 8 < 10$이므로 삼각형이 될 수 없다.

022_ 답 ②

② 두 변의 길이와 그 끼인각의 크기가 아닌 다른 각의 크기가 주어지면 삼각형이 하나로 정해지지 않는다.

023_ 답 ④

④ 점 A와 점 B 사이의 거리는 $\overline{AB}$의 길이와 같으므로 3 cm보다 길다.

024_ 답 (1) 2   (2) 2   (3) ⊥

(1) $\overline{AM} = \overline{BM}$이므로
$\overline{AB} = \overline{AM} + \overline{BM} = 2\overline{BM}$
(2) $\overline{AM} = \frac{1}{2}\overline{AB}$
$= \frac{1}{2} \times 4 = 2\,(\text{cm})$
(3) 직선 l과 $\overline{AB}$는 수직이므로 $l \perp \overline{AB}$

025_ 답 $\angle a = 120°$, $\angle b = 60°$

$l /\!/ m$일 때 동위각의 크기가 같으므로
$\angle a = 120°$
$\angle b = 180° - \angle a$
$= 180° - 120° = 60°$

026_ 답 $\angle a = 50°$, $\angle b = 130°$, $\angle c = 45°$

$l /\!/ m$일 때, 엇각의 크기는 같으므로
$\angle a = 50°$, $\angle c = 45°$
$\angle b = 180° - \angle a$
$= 180° - 50° = 130°$

027_ 답 (1) 10° (2) 125°

(1) 오른쪽 그림과 같이 두 직선 l, m에 평행한 직선 n을 그으면 $l /\!/ m /\!/ n$이므로

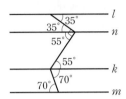

∠x+40°=50°

따라서 ∠x=10°

(2) 오른쪽 그림과 같이 두 직선 l, m에 평행한 직선 n, k를 그으면 $l /\!/ m /\!/ n /\!/ k$이므로

∠x=55°+70°=125°

028_ 답 ⑤

$l /\!/ m$이므로 평행선의 성질에 의해

∠ABC=33°+72°=105°

∠ABD=2∠DBC이므로

∠ABC=∠ABD+∠DBC

　　　　=2∠DBC+∠DBC

　　　　=3∠DBC

따라서

∠DBC=$\frac{1}{3}$∠ABC

　　　　=$\frac{1}{3}$×105°=35°

029_ 답 ②

접은 부분의 각의 크기는 서로 같으므로

∠DEF=∠GEF=62°

$\overline{\text{AD}} /\!/ \overline{\text{BC}}$이므로 엇각의 크기가 같다.

따라서 ∠EFG=∠DEF=62°

△EGF에서

∠EGF=180°−(62°+62°)

　　　　=180°−124°=56°

030_ 답 ∠a=55°, ∠b=55°

동위각의 크기가 같으면 평행하므로

$p /\!/ q$이려면 ∠a=55°

$l /\!/ m$이려면 ∠b=∠a=55°이어야 한다.

031_ 답 ③

엇각의 크기가 같으면 평행하므로

∠x=∠a=180°−130°=50°

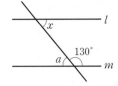

032_ 답 ④

① 맞꼭지각의 크기는 같으므로

　∠a=70°

② 엇각의 크기가 같으므로 $p /\!/ q$, 평행하면 동위각의 크기가 같으므로

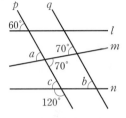

　∠b=∠c=180°−120°=60°

③ 동위각의 크기가 같지 않으므로 두 직선 l과 m은 평행하지 않다.

④ 동위각의 크기가 같으므로 $l /\!/ n$

⑤ 직선 p와 직선 m이 이루는 각의 크기는 70°이므로 두 직선은 서로 수직이 아니다.

033_ 답 정십오각형

변의 길이가 모두 같고 각의 크기가 모두 같은 다각형은 정다각형이고, 변의 개수가 15인 정다각형은 정십오각형이다.

034_ 답 24 cm

정다각형은 변의 길이가 모두 같으므로 한 변의 길이가 3 cm인 정팔각형의 둘레의 길이는 3×8=24(cm)이다.

035_ 답 10

정다각형은 변의 길이가 모두 같으므로 한 변의 길이가 4 cm이고, 둘레의 길이가 40 cm인 정다각형의 변의 개수는 40÷4=10이다.

036_ 답 ④

n각형의 한 꼭짓점에서 그을 수 있는 대각선의 개수가 (n−3)이므로 n−3=6, n=9

따라서 한 꼭짓점에서 그을 수 있는 대각선의 개수가 6인 다각형은 구각형이다.

037_ 답 (1) 9　(2) 170

(1) 육각형의 대각선의 개수는

$$\frac{6(6-3)}{2}=9$$

(2) 이십각형의 대각선의 개수는

$$\frac{20(20-3)}{2}=170$$

038_ 답 8

대각선의 개수가 20인 다각형의 변의 개수를 n이라 하면

$$\frac{n(n-3)}{2}=20, \ n^2-3n=40, \ (n+5)(n-8)=0$$

$n>3$이므로 $n=8$

따라서 대각선의 개수가 20인 다각형의 변의 개수는 8이다.

039_ 답 (1) 75°　(2) 130°

(1) ∠C=105°이므로

∠C의 외각의 크기는 $180°-105°=75°$

(2) ∠A$=180°-(25°+105°)$

$=180°-130°=50°$

따라서 ∠A의 외각의 크기는 $180°-50°=130°$

040_ 답 85°

∠BCD$=360°-(65°+90°+110°)$

$=360°-265°=95°$

따라서 ∠BCD의 외각의 크기는 $180°-95°=85°$

041_ 답 120°

정다각형은 모든 내각의 크기가 같으므로 한 외각의 크기가 60°이면 한 내각의 크기는

$180°-60°=120°$

042_ 답 (1) 42°　(2) 105°

(1) $66°+72°+∠x=180°$

$138°+∠x=180°$

따라서 ∠$x=42°$

(2) 삼각형의 한 외각의 크기는 이와 이웃하지 않는 두 내각의 크기의 합과 같으므로

∠$x=60°+45°=105°$

043_ 답 40°

삼각형의 세 내각의 크기의 합은 180°이므로 세 내각 중 크기가 가장 작은 내각의 크기는

$$\frac{2}{2+3+4}×180°=\frac{2}{9}×180°=40°$$

044_ 답 109°

△ABC에서 세 내각의 크기의 합이 180°이므로

∠BAC$=180°-(∠B+∠C)$

$=180°-(30°+68°)=82°$

또, ∠DAC=∠BAD$=\dfrac{1}{2}$∠BAC

$=\dfrac{1}{2}×82°=41°$

따라서

∠ADB=∠DAC+∠C

$=41°+68°=109°$

045_ 답 ③

한 꼭짓점에서 그은 대각선에 의해 생기는 삼각형의 개수가 3인 다각형의 내각의 크기의 합은

$180°×3=540°$

046_ 답 (1) 100°　(2) 140°

(1) 오각형의 내각의 크기의 합은

$180°×(5-2)=180°×3=540°$이므로

∠$x+100°+120°+85°+135°=540°$

∠$x+440°=540°$

따라서 ∠$x=100°$

(2) 육각형의 내각의 크기의 합은

$180°×(6-2)=180°×4=720°$이므로

$90°+110°+90°+∠x+130°+160°=720°$

∠$x+580°=720°$

따라서 ∠$x=140°$

047_ 답 정육각형

한 내각의 크기가 $120°$인 정다각형의 변의 개수를 n이라 하면

$$\frac{180° \times (n-2)}{n} = 120°$$

$180n - 360 = 120n$, $60n = 360$, $n = 6$

따라서 한 내각의 크기가 $120°$인 정다각형은 정육각형이다.

048_ 답 (1) $110°$ (2) $70°$

(1) $\angle x + 110° + 140° = 360°$

$\angle x + 250° = 360°$

따라서 $\angle x = 110°$

(2) $115° + 75° + \angle x + 100° = 360°$

$\angle x + 290° = 360°$

따라서 $\angle x = 70°$

049_ 답 $135°$

$\angle x$의 외각의 크기는 $180° - \angle x$, $105°$의 외각의 크기는 $75°$이므로

$(180° - \angle x) + 60° + 70° + 50° + 75° + 60° = 360°$

$495° - \angle x = 360°$

따라서 $\angle x = 135°$

050_ 답 ④

한 내각의 크기와 한 외각의 크기의 비가 $5 : 1$인 정다각형의 한 외

각의 크기는 $\dfrac{1}{5+1} \times 180° = 30°$이다.

한 외각의 크기가 $30°$인 정n각형에 대해 $\dfrac{360°}{n} = 30°$

$n = 12$이므로 정십이각형이다.

051_ 답 ②

□ABCD≡□EFGH이므로

① $\overline{AB} = \overline{EF}$

③ $\overline{DC} = \overline{HG}$

④ $\angle A = \angle E$

⑤ $\angle C = \angle G$

052_ 답 112

□ABCD≡□PQRS이므로 대응변의 길이와 대응각의 크기가

각각 같다.

$\overline{RQ} = \overline{CB} = 7$ cm이므로 $x = 7$

또, $\angle QPS = \angle BAD = 105°$이므로 $y = 105$

따라서 $x + y = 7 + 105 = 112$

053_ 답 (1) $110°$ (2) 12 cm

(1) $\angle D = \angle A = 180° - (30° + 40°) = 110°$

(2) $\overline{EF} = \overline{BC} = 12$ cm

054_ 답 △ABC≡△EDF (SAS 합동)

△ABC와 △EDF에서

$\overline{AB} = \overline{ED} = 3$ cm, $\overline{BC} = \overline{DF} = 5$ cm

$\angle B = \angle D = 50°$

△ABC≡△EDF (SAS 합동)

055_ 답 ㉠과 ㉢, ㉡과 ㉺, ㉢과 ㉣

㉠과 ㉢은 세 쌍의 변의 길이가 각각 같으므로 합동이다. (SSS 합동)

㉡과 ㉺은 한 쌍의 변의 길이가 같고, 그 양 끝각의 크기가 각각 같

으므로 합동이다. (ASA 합동)

㉢과 ㉣은 두 쌍의 변의 길이가 각각 같고, 그 끼인각의 크기가 같

으므로 합동이다. (SAS 합동)

056_ 답 ②, ④

두 쌍의 변의 길이가 각각 같으므로 나머지 한 쌍의 변의 길이가 같

거나 그 끼인각의 크기가 같으면 두 삼각형은 합동이다.

057_ 답 ②

$\angle R = 180° - (60° + 80°) = 40°$이므로

⑤ △MNO와 △QPR에서

$\overline{MO} = \overline{QR} = 7$ cm,

$\angle M = \angle Q = 80°$, $\angle O = \angle R = 40°$

이므로 △MNO≡△QPR (ASA 합동)

① $\angle N = \angle P$ ③ $\overline{NO} = \overline{PR}$ ④ $\overline{MN} = \overline{QP}$

058_ 답 ㉡, ㉢, ㉣

두 쌍의 대변이 각각 평행한 사각형은 ㉡, ㉢, ㉣이다.

059_ 답 ㉢

한 쌍의 대변만 평행한 사각형은 ㉢이다.

060_ 답 8 cm

평행사변형의 두 쌍의 대변의 길이는 각각 같으므로
$\overline{BC}=\overline{AD}=5$ cm, $\overline{AB}=\overline{DC}$
$10+2\overline{AB}=26$, $2\overline{AB}=16$
따라서 $\overline{AB}=8$ cm

061_ 답 ②

② 마름모는 일반적으로 네 내각의 크기가 모두 같지 않으므로 정
사각형이 아니다.

062_ 답 6 cm

$\overline{AB}=\overline{DC}=2$ cm
$\overline{BC}=\overline{AD}=4$ cm이므로
$\overline{AB}+\overline{BC}=2+4=6$(cm)

063_ 답 ⑤

두 대각선이 서로를 이등분하는 사각형은 평행사변형이다.
따라서 두 대각선이 서로 수직이고, 두 대각선의 길이가 같으며
평행사변형의 성질을 만족하는 사각형은 정사각형이다.

064_ 답 9 cm

직사각형의 세로의 길이를 x cm라 하면
$(6+x)\times2=30$, $6+x=15$
따라서 $x=9$이므로
직사각형의 세로의 길이는 9 cm이다.

065_ 답 10 cm

직사각형의 가로의 길이를 x cm라 하면
정사각형의 둘레의 길이가 $7\times4=28$(cm)이므로
$(x+4)\times2=28$, $x+4=14$
따라서 $x=10$이므로
직사각형의 가로의 길이는 10 cm이다.

066_ 답 18 cm

정사각형의 한 변의 길이를 x cm라 하면
직사각형의 둘레의 길이가 $(20+16)\times2=72$(cm)이므로
$4x=72$
따라서 $x=18$이므로 정사각형의 한 변의 길이는 18 cm이다.

067_ 답 6 cm

정사각형의 한 변의 길이를 x cm라 하면
직사각형의 넓이가 $9\times4=36$(cm^2)이므로
$x^2=36$, $x>0$이므로 $x=6$
따라서 정사각형의 한 변의 길이는 6 cm이다.

068_ 답 24 cm^2

직사각형에서 길이가 8 cm인 변과 이웃한 변의 길이를 x cm라 하면
$(8+x)\times2=22$, $8+x=11$
따라서 $x=3$이므로
직사각형의 넓이는 $8\times3=24$(cm^2)이다.

069_ 답 36 cm^2

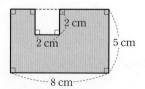

큰 직사각형의 넓이는 $8\times5=40$(cm^2),
정사각형의 넓이는 $2\times2=4$(cm^2)이므로
색칠한 부분의 넓이는 $40-4=36$(cm^2)이다.

070_ 답 48 cm^2

$8 \times 6 = 48(\text{cm}^2)$

071_ 답 9

$3 \times 6 = x \times 2$, $2x = 18$

따라서 $x = 9$

072_ 답 42 cm^2

겹친 부분은 밑변의 길이가 7 cm이고, 높이는 6 cm인 평행사변형이므로 넓이는 $7 \times 6 = 42(\text{cm}^2)$이다.

073_ 답 (1) 14 cm^2 (2) $\dfrac{15}{2} \text{ cm}^2$

(1) $\dfrac{1}{2} \times 7 \times 4 = 14(\text{cm}^2)$

(2) $\dfrac{1}{2} \times 5 \times 3 = \dfrac{15}{2}(\text{cm}^2)$

074_ 답 5

삼각형의 밑변의 길이를 10 cm, 높이를 8 cm라 하면

넓이는 $\dfrac{1}{2} \times 10 \times 8 = 40(\text{cm}^2)$

삼각형의 밑변의 길이를 16 cm, 높이를 $x \text{ cm}$라 하면

넓이는 $\dfrac{1}{2} \times 16 \times x = 40$, $8x = 40$이므로 $x = 5$

075_ 답 4

색칠한 부분의 넓이는 다음 그림과 같이 밑변의 길이가 $x \text{ cm}$이고, 높이가 각각 $a \text{ cm}$, $b \text{ cm}$인 두 삼각형의 넓이의 합과 같다.

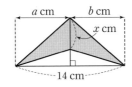

이때 $a + b = 14$이므로

$\dfrac{1}{2} \times x \times a + \dfrac{1}{2} \times x \times b = \dfrac{1}{2} \times x \times (a+b) = \dfrac{1}{2}x \times 14 = 28$

따라서 $7x = 28$이므로 $x = 4$

076_ 답 (1) 39 cm^2 (2) 20 cm^2

(1) $\dfrac{1}{2} \times (5+8) \times 6$

$= \dfrac{1}{2} \times 13 \times 6 = 39(\text{cm}^2)$

(2) $\dfrac{1}{2} \times (5+3) \times 5$

$= \dfrac{1}{2} \times 8 \times 5 = 20(\text{cm}^2)$

077_ 답 86 cm^2

사다리꼴의 넓이는

$\dfrac{1}{2} \times (7+13) \times 6 = \dfrac{1}{2} \times 20 \times 6 = 60(\text{cm}^2)$

삼각형의 넓이는 $\dfrac{1}{2} \times 13 \times 4 = 26(\text{cm}^2)$

따라서 다각형의 넓이는 $60 + 26 = 86(\text{cm}^2)$이다.

078_ 답 높이 : 24 cm, 넓이 : 1080 cm^2

사다리꼴의 높이를 $x \text{ cm}$라 하면

밑변의 길이를 50 cm로 하는 직각삼각형의 높이도 $x \text{ cm}$이므로

$\dfrac{1}{2} \times 30 \times 40 = \dfrac{1}{2} \times 50 \times x$, $x = 24$

따라서 사다리꼴의 높이는 24 cm이므로 넓이는

$\dfrac{1}{2} \times (40+50) \times 24$

$= \dfrac{1}{2} \times 90 \times 24$

$= 1080(\text{cm}^2)$

079_ 답 (1) 20 cm^2 (2) 30 cm^2

(1) $\dfrac{1}{2} \times 8 \times 5 = 20(\text{cm}^2)$

(2) $\dfrac{1}{2} \times 10 \times 6 = 30(\text{cm}^2)$

080_ 답 96 cm^2

가로의 길이가 16 cm, 세로의 길이가 12 cm인 직사각형의 각 변의 중점을 이어서 만든 마름모는 두 대각선의 길이가 각각 16 cm, 12 cm이므로

넓이는 $\dfrac{1}{2} \times 16 \times 12 = 96(\text{cm}^2)$이다.

081_ 답 288 cm²

마름모의 두 대각선의 길이가 모두 24 cm이므로 넓이는

$\frac{1}{2} \times 24 \times 24 = 288(\text{cm}^2)$

082_ 답 ②

② 직육면체의 꼭짓점의 개수는 8이다.

083_ 답 2

직육면체의 면의 개수는 6, 모서리의 개수는 12, 꼭짓점의 개수는 8이므로 $a=6$, $b=12$, $c=8$

따라서 $a-b+c=6-12+8=2$

084_ 답 $a=7$, $b=5$, $c=3$

전개도에서 직육면체의 가로의 길이가 a cm,
세로의 길이가 b cm, 높이가 c cm이므로
$a=7$, $b=5$, $c=3$

085_ 답 72 cm

정육면체의 모서리의 길이는 모두 같고, 모서리의 개수는 12개이므로 모든 모서리의 길이의 합은
$6 \times 12 = 72(\text{cm})$이다.

086_ 답 4 cm

정육면체의 한 모서리의 길이를 x cm라 하면
직육면체의 모서리의 길이의 합이
$4 \times (4+3+5) = 4 \times 12 = 48(\text{cm})$이므로
$12x=48$, $x=4$
따라서 정육면체의 한 모서리의 길이는 4 cm이다.

087_ 답 ④

④ $\overline{CD}$는 $\overline{AB}$와 평행하므로 만나지 않는다.

088_ 답 ⑤

⑤ 점 B와 직선 AD 사이의 거리는 다음 그림과 같이 점 B에서 직선 AD에 내린 수선 $\overline{BH}$의 길이와 같다.

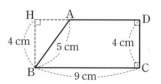

즉, $\overline{BH}=\overline{CD}=4$ cm
이므로 점 B와 직선 AD 사이의 거리는 4 cm이다.

089_ 답 ⑤

⑤ $\overline{CG}$는 $\overline{CD}$와 한 점에서 만나는 모서리이다.

090_ 답 (1) 2   (2) 5   (3) 5

(1) $\overline{AB}$를 포함하는 면은
    면 ABCDE, 면 AFGB의 2개이다.
(2) 면 FGHIJ와 평행한 모서리는
    $\overline{AB}$, $\overline{BC}$, $\overline{CD}$, $\overline{DE}$, $\overline{EA}$의 5개이다.
(3) 면 ABCDE에 수직인 모서리는
    $\overline{AF}$, $\overline{BG}$, $\overline{CH}$, $\overline{DI}$, $\overline{EJ}$의 5개이다.

091_ 답 ④

④ 대칭축을 중심으로 접었을 때 완전히 겹쳐지지 않는다.

092_ 답 ④

④ $\overline{EF}$의 길이는 7 cm보다 짧다.

093_ 답 ②

점대칭도형은 대칭의 중심을 기준으로 $180°$ 돌리면 완전히 겹쳐지는 도형이다. 두 대각선이 서로 다른 것을 이등분하는 평행사변형은 점대칭도형이므로 평행사변형의 성질을 만족하는 직사각형, 마름모, 정사각형도 점대칭도형이다.
② 사다리꼴은 일반적으로 점대칭도형이 아니다.

094_ 답 ①
① $\overline{BC}$의 대응변은 $\overline{EF}$이므로 $\overline{BC}=\overline{EF}=5\,\text{cm}$

095_ 답 8 cm
원 O에서 $\overline{OB}=\overline{OA}=5\,\text{cm}$이고,
원 O′에서 $\overline{O'B}=\overline{O'C}=3\,\text{cm}$이므로
$\overline{OO'}=\overline{OB}+\overline{O'B}=5+3=8\,(\text{cm})$

096_ 답 ②
① $\overline{AC}$는 원 O의 지름이므로 $\overline{AC}=2\times3=6\,(\text{cm})$
② $\overline{BC}$의 길이는 알 수 없다.
③ $\overline{OA}$, $\overline{OB}$는 반지름이므로 $\overline{OA}=\overline{OB}=3\,\text{cm}$
④ 반원은 호와 지름인 현으로 이루어진 도형은 활꼴이다.
⑤ 두 반지름과 호로 이루어진 도형이므로 부채꼴이다.
따라서 옳지 않은 것은 ②이다.

097_ 답 2 cm
원의 반지름의 길이를 $x\,\text{cm}$라 하면 다음 그림과 같이
직사각형의 가로의 길이는 $4x\,\text{cm}$, 세로의 길이는 $2x\,\text{cm}$이다.

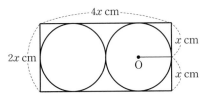

$2\times(4x+2x)=24,\ 12x=24,\ x=2$
따라서 원의 반지름의 길이는 2 cm이다.

098_ 답 (1) 8π cm   (2) 12 cm
(1) 반지름의 길이가 4 cm인 원의 원주는
$2\pi\times4=8\pi\,(\text{cm})$이다.
(2) 원주가 12π cm인 원의 지름의 길이를 $x\,\text{cm}$라 하면
$\pi x=12\pi,\ x=12$
따라서 지름의 길이는 12 cm이다.

099_ 답 80π cm
$\overline{PP'}$의 길이는 반지름의 길이가 40 cm인 원의 원주와 같으므로
$2\pi\times40=80\pi\,(\text{cm})$

100_ 답 54π cm
원 O의 원주는 $\pi\times36=36\pi\,(\text{cm})$
원 O′의 지름의 길이는 $\dfrac{1}{2}\times36=18\,(\text{cm})$이므로
원 O′의 원주는 $\pi\times18=18\pi\,(\text{cm})$
따라서 색칠한 부분의 둘레의 길이는
$36\pi+18\pi=54\pi\,(\text{cm})$

101_ 답 (1) 36π cm² (2) 10 cm
(1) 반지름의 길이가 6 cm인 원의 넓이는
$\pi\times6^2=36\pi\,(\text{cm}^2)$
(2) 넓이가 25π cm²인 원의 반지름의 길이를 $r\,\text{cm}$라 하면
$\pi r^2=25\pi,\ r^2=25$
$r>0$이므로 $r=5$
따라서 지름의 길이는 $5\times2=10\,(\text{cm})$

102_ 답 가로의 길이 : 8π cm,
　　　　세로의 길이 : 8 cm
직사각형의 가로의 길이는 원주의 $\dfrac{1}{2}$이므로
$\pi\times8=8\pi\,(\text{cm})$
세로의 길이는 반지름의 길이와 같으므로 8 cm이다.

103_ 답 $(144-36\pi)$ cm²
정사각형 내부에 꼭 맞는 원의 지름의 길이가 12 cm이므로
반지름의 길이는 $\dfrac{1}{2}\times12=6\,(\text{cm})$이다.
원의 넓이가 $\pi\times6^2=36\pi\,(\text{cm}^2)$이고,
정사각형의 넓이는 $12\times12=144\,(\text{cm}^2)$이므로
색칠한 부분의 넓이는 $(144-36\pi)\,\text{cm}^2$

104_ 탭 8

사다리꼴의 넓이는 $\frac{1}{2} \times (14+18) \times 4\pi = 64\pi(\text{cm}^2)$이므로

$\pi x^2 = 64\pi$, $x^2 = 64$

$x > 0$이므로 $x = 8$

105_ 탭 48π cm^2

큰 원의 넓이는 $\pi \times 8^2 = 64\pi(\text{cm}^2)$

작은 원의 넓이는 $\pi \times 4^2 = 16\pi(\text{cm}^2)$이므로

색칠한 부분의 넓이는 $64\pi - 16\pi = 48\pi(\text{cm}^2)$

106_ 탭 18π cm^2

오른쪽 그림에서 빗금친 부분의 넓이는 같으므로 색칠한 부분의 넓이는 반원의 넓이와 같다. 따라서

(색칠한 부분의 넓이)

$= \frac{1}{2} \times (\pi \times 6^2) = 18\pi(\text{cm}^2)$

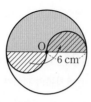

107_ 탭 $\frac{4}{3}\pi$ cm

반지름의 길이가 4 cm이고,

중심각의 크기가 60°인 부채꼴의 호의 길이는

$2\pi \times 4 \times \frac{60}{360} = 2\pi \times 4 \times \frac{1}{6} = \frac{4}{3}\pi(\text{cm})$

108_ 탭 24π cm^2

반지름의 길이가 6 cm이고,

중심각의 크기가 240°인 부채꼴의 넓이는

$\pi \times 6^2 \times \frac{240}{360} = \pi \times 36 \times \frac{2}{3} = 24\pi(\text{cm}^2)$

109_ 탭 12 cm

부채꼴의 반지름의 길이를 r cm라 하면

$2\pi \times r \times \frac{150}{360} = 10\pi$

$\frac{5}{6}r = 10$, $r = 12$

따라서 부채꼴의 반지름의 길이는 12 cm이다.

110_ 탭 (1) 18π cm^2 (2) 10π cm^2

(1) 반지름의 길이가 12 cm이고,

호의 길이가 3π cm인 부채꼴의 넓이는

$\frac{1}{2} \times 12 \times 3\pi = 18\pi(\text{cm}^2)$

(2) 반지름의 길이가 5 cm이고,

호의 길이가 4π cm인 부채꼴의 넓이는

$\frac{1}{2} \times 5 \times 4\pi = 10\pi(\text{cm}^2)$

111_ 탭 4 cm

호의 길이가 18π cm이고, 넓이가 36π cm^{2}인

부채꼴의 반지름의 길이를 r cm라 하면

$\frac{1}{2} r \times 18\pi = 36\pi$, $9\pi r = 36\pi$, $r = 4$

따라서 부채꼴의 반지름의 길이는 4 cm이다.

112_ 탭 8π cm

반지름의 길이가 6 cm이고, 넓이가 24π cm^{2}인

부채꼴의 호의 길이를 l cm라 하면

$\frac{1}{2} \times 6 \times l = 24\pi$, $3l = 24\pi$, $l = 8\pi$

따라서 부채꼴의 호의 길이는 8π cm이다.

113_ 탭 (1) 40   (2) 6

(1) $2 : 6 = x : 120$, $6x = 240$

따라서 $x = 40$

(2) $x : 3 = 100 : 50$, $50x = 300$

따라서 $x = 6$

114_ 탭 36π cm^2

$\angle \text{AOB} : \angle \text{COD} = 30° : 90° = 1 : 3$이므로

부채꼴 COD의 넓이는 부채꼴 AOB의 넓이의 3배이다.

따라서 부채꼴 COD의 넓이는 $12\pi \times 3 = 36\pi(\text{cm}^2)$

115_ 답 ①, ⑤

② 현의 길이는 중심각의 크기에 비례하지 않는다.

③ $\widehat{AB}$의 길이는 $\overline{AB}$의 길이보다 길다.

④ △OBC와 △OAB는 밑변의 길이와 높이가 같으므로 넓이가
  같다.

116_ 답 ③

$\overline{OA}=\overline{OB}$이므로

$\angle OAB=\angle OBA=\dfrac{1}{2}(180°-140°)=20°$

$\overline{AB}\,/\!/\,\overline{CD}$이므로 엇각의 크기가 같다.

따라서 $\angle AOC=\angle OAB=20°$,

$\angle BOD=\angle OBA=20°$에서 $\angle AOC=\angle BOD$이다.

중심각의 크기가 같으면 호의 길이도 같으므로

$\widehat{BD}=\widehat{AC}=3\,\text{cm}$

117_ 답 ①

△AOD에서 $\overline{OA}=\overline{OD}$이므로

$\angle ODA=\angle DAO=60°$

따라서 $\angle AOD=180°-(60°+60°)=60°$

또, $\overline{AD}\,/\!/\,\overline{OC}$이므로 $\angle COB=\angle DAO=60°$

$\angle AOD=\angle COB$이고 중심각의 크기가 같으면 부채꼴의 넓이도

같으므로 부채꼴 AOD의 넓이는 $50\,\text{cm}^2$이다.

118_ 답 ②

② 곡면이 있으므로 다면체가 아니다.

119_ 답 (1) 삼각형　　(2) 6, 육　　(3) 4

(3) 모서리의 개수는 9, 꼭짓점의 개수는 5이므로
  그 차는 $9-5=4$이다.

120_ 답 정팔면체

면의 모양이 정삼각형이고, 한 꼭짓점에 모인 면의 개수가 4인
정다면체는 정팔면체이다.

121_ 답 ①

① 정사면체의 모서리의 개수는 6이다.

②, ③, ④, ⑤는 그 개수가 모두 12이다.

122_ 답 ⑤

⑤ 이웃하지 않은 옆면은 일반적으로 평행하지 않다.

123_ 답 10

팔각기둥은 밑면의 개수가 2, 옆면의 개수가 8이므로
면의 개수는 $2+8=10$이다.

124_ 답 오각기둥

평행한 두 밑면과 직사각형인 옆면을 가지는 다면체는 각기둥이고,
면의 개수가 7이므로 오각기둥이다.

125_ 답 겉넓이 : $288\,\text{cm}^2$, 부피 : $240\,\text{cm}^3$

밑면의 넓이는 $\dfrac{1}{2}\times8\times6=24\,(\text{cm}^2)$

옆면의 넓이는 $(8+10+6)\times10=240\,(\text{cm}^2)$이므로

겉넓이는 $24\times2+240=288\,(\text{cm}^2)$

부피는 $24\times10=240\,(\text{cm}^3)$이다.

126_ 답 9 cm

주어진 전개도로 만들어지는 입체도형은 삼각기둥이다.

이 삼각기둥의 높이를 $x\,\text{cm}$라 하자.

밑면의 넓이는 $\dfrac{1}{2}\times12\times5=30\,(\text{cm}^2)$

옆면의 넓이는 $(5+12+13)\times x=30x\,(\text{cm}^2)$이고,

겉넓이가 $330\,\text{cm}^2$이므로

$30\times2+30x=330$

$30x=270$, $x=9$

따라서 입체도형의 높이는 $9\,\text{cm}$이다.

127_ 답 ④

④ 육각뿔의 꼭짓점의 개수는 7이다.

128_ 답 ①

면의 개수가 10인 각뿔은 구각뿔이므로 꼭짓점의 개수는 10이다.

129_ 답 20

십각뿔대의 꼭짓점의 개수는 20이다.

130_ 답 ④

①, ②, ③, ⑤는 면의 개수가 7이고, ④는 면의 개수가 6이다.

131_ 답 ②

① 두 밑면은 합동이 아니다.
③ 옆면이 한 꼭짓점에서 만나는 입체도형은 각뿔이다.
④ 각뿔대의 면의 개수는 밑면의 변의 개수보다 2만큼 크고, 각뿔대의 모서리의 개수는 밑면의 변의 개수의 3배이다.
⑤ 각뿔대의 꼭짓점의 개수는 밑면의 변의 개수의 2배이다.

132_ 답 $72 \, cm^2$

정사각뿔에서 밑면의 넓이는 $4 \times 4 = 16 (cm^2)$
옆면의 넓이는 $4 \times \left(\dfrac{1}{2} \times 4 \times 7 \right) = 56 (cm^2)$이므로
겉넓이는 $16 + 56 = 72 (cm^2)$

133_ 답 $105 \, cm^2$

전개도에서 밑면의 넓이는 $5 \times 5 = 25 (cm^2)$
옆면의 넓이는 $4 \times \left(\dfrac{1}{2} \times 5 \times 8 \right) = 80 (cm^2)$이므로
겉넓이는 $25 + 80 = 105 (cm^2)$

134_ 답 5

밑면의 넓이는 $4 \times 4 = 16 (cm^2)$
옆면의 넓이는 $4 \times \left(\dfrac{1}{2} \times 4 \times x \right) = 8x (cm^2)$이고
겉넓이가 $56 \, cm^2$이므로
$16 + 8x = 56$, $8x = 40$, $x = 5$

135_ 답 $70 \, cm^3$

사각뿔의 부피는 $\dfrac{1}{3} \times (6 \times 5) \times 7 = 70 (cm^3)$

136_ 답 $6 \, cm$

정사각뿔의 높이를 $h \, cm$라 하면 부피가 $50 \, cm^3$이므로
$\dfrac{1}{3} \times (5 \times 5) \times h = 50$, $\dfrac{25}{3} h = 50$, $h = 6$
따라서 높이는 $6 \, cm$이다.

137_ 답 $9 \, cm$

사각뿔 B의 높이를 $h \, cm$라 하면
사각뿔 A의 부피는 $\dfrac{1}{3} \times (6 \times 6) \times 5 = 60 (cm^3)$이므로
$\dfrac{1}{3} \times (5 \times 4) \times h = 60$, $\dfrac{20}{3} h = 60$, $h = 9$
따라서 사각뿔 B의 높이는 $9 \, cm$이다.

138_ 답 $178 \, cm^2$

두 밑면의 넓이의 합은 $(3 \times 3) + (7 \times 7) = 9 + 49 = 58 (cm^2)$
옆면의 넓이는 $4 \times \left\{ \dfrac{1}{2} \times (3 + 7) \times 6 \right\} = 120 (cm^2)$이므로
겉넓이는 $58 + 120 = 178 (cm^2)$

139_ 답 $20 \, cm^2$

육각뿔대의 한 옆면의 넓이를 $x \, cm^2$라 하면
두 밑면의 넓이의 합은 $12 + 48 = 60 (cm^2)$이고,
겉넓이가 $180 \, cm^2$이므로 $60 + 6x = 180$, $6x = 120$, $x = 20$
따라서 육각뿔대의 한 옆면의 넓이는 $20 \, cm^2$이다.

140_ 답 5 cm

옆면인 사다리꼴의 높이를 h cm라 하면

두 밑면의 넓이의 합은 $(4 \times 4) + (8 \times 8) = 16 + 64 = 80(\text{cm}^2)$

겉넓이는 200 cm²이므로

$$80 + 4 \times \left\{ \frac{1}{2} \times (4+8) \times h \right\} = 200$$

$80 + 24h = 200,\ 24h = 120,\ h = 5$

따라서 옆면인 사다리꼴의 높이는 5 cm이다.

141_ 답 $\dfrac{784}{3}$ cm³

큰 사각뿔의 부피는 $\dfrac{1}{3} \times (10 \times 10) \times 10 = \dfrac{1000}{3}(\text{cm}^3)$

작은 사각뿔의 부피는 $\dfrac{1}{3} \times (6 \times 6) \times 6 = 72(\text{cm}^3)$이므로

(사각뿔대의 부피) = (큰 사각뿔의 부피) - (작은 사각뿔의 부피)

$$= \frac{1000}{3} - 72 = \frac{1000 - 216}{3} = \frac{784}{3}(\text{cm}^3)$$

142_ 답 280 cm³

큰 삼각뿔의 부피는 $\dfrac{1}{3} \times \left(\dfrac{1}{2} \times 12 \times 8 \right) \times 20 = 320(\text{cm}^3)$

작은 삼각뿔의 부피는 $\dfrac{1}{3} \times \left(\dfrac{1}{2} \times 6 \times 4 \right) \times 10 = 40(\text{cm}^3)$이므로

삼각뿔대의 부피는 $320 - 40 = 280(\text{cm}^3)$

143_ 답 4

큰 사각뿔의 부피는 $\dfrac{1}{3} \times (6 \times 6) \times 2x = 24x(\text{cm}^3)$

작은 사각뿔의 부피는 $\dfrac{1}{3} \times (3 \times 3) \times x = 3x(\text{cm}^3)$

따라서 사각뿔대의 부피는 $24x - 3x = 21x(\text{cm}^3)$이므로

$21x = 84,\ x = 4$

144_ 답 ③

주어진 회전체가 되는 평면도형은 ③이다.

145_ 답 ②

② 회전축에 수직인 평면으로 자른 단면은 모두 원이지만 합동은 아니다.

146_ 답 ㉠, ㉢, ㉣

원뿔대, 원뿔, 구는 회전체이고, 육각기둥, 정십이면체, 삼각뿔대는 다면체이다.

147_ 답 ①

② 원뿔은 직각삼각형을 1회전시켜 얻은 입체도형이다.

③ 원뿔대는 사다리꼴을 1회전시켜 얻은 입체도형이다.

④ 구는 반원을 1회전시켜 얻은 입체도형이다.

⑤ 반구는 사분원을 1회전시켜 얻은 입체도형이다.

148_ 답 ④

구는 어떤 평면으로 잘라도 그 단면이 항상 원이 된다.

149_ 답 $x = 6\pi,\ y = 5$

전개도의 옆면의 가로의 길이는 밑면인 원의 둘레의 길이와 같고, 세로의 길이는 높이와 같다.

따라서 $x = 2\pi \times 3 = 6\pi,\ y = 5$

150_ 답 80π cm²

주어진 전개도로 만들어지는 입체도형은 밑면의 반지름의 길이가 4 cm이고, 높이가 6 cm인 원기둥이므로 겉넓이는

$2 \times (\pi \times 4^2) + (2\pi \times 4) \times 6$

$= 32\pi + 48\pi = 80\pi(\text{cm}^2)$

151_ 답 (1) 겉넓이 : 150π cm², 부피 : 250π cm³

(2) 겉넓이 : 32π cm², 부피 : 24π cm³

(1) (겉넓이) $= 2 \times (\pi \times 5^2) + (2\pi \times 5) \times 10$

$\qquad = 50\pi + 100\pi = 150\pi(\text{cm}^2)$

(부피) $= \pi \times 5^2 \times 10 = 250\pi(\text{cm}^3)$

(2) (겉넓이) $= 2 \times (\pi \times 2^2) + (2\pi \times 2) \times 6$

$\qquad = 8\pi + 24\pi = 32\pi(\text{cm}^2)$

(부피) $= \pi \times 2^2 \times 6 = 24\pi(\text{cm}^3)$

152_ 답 12π cm³

원기둥의 높이를 h cm라 하면 겉넓이가 20π cm²이므로
$2\times(\pi\times2^2)+(2\pi\times2)\times h=20\pi$, $8\pi+4\pi h=20\pi$
$4\pi h=12\pi$, $h=3$
따라서 원기둥의 부피는 $\pi\times2^2\times3=12\pi$ (cm³)

153_ 답 72π cm²

원기둥의 높이를 h cm라 하면 부피가 80π cm³이므로
$\pi\times4^2\times h=80\pi$
$16\pi h=80\pi$, $h=5$
따라서 원기둥의 겉넓이는
$2\times(\pi\times4^2)+(2\pi\times4)\times5=32\pi+40\pi=72\pi$ (cm²)

154_ 답 $\dfrac{25}{2}$ cm

원기둥 B의 높이를 h cm라 하면
원기둥 A의 부피가 $\pi\times5^2\times8=200\pi$ (cm³)이고,
두 원기둥 A, B의 부피가 같으므로 $\pi\times4^2\times h=200\pi$
$16\pi h=200\pi$, $h=\dfrac{25}{2}$
따라서 원기둥 B의 높이는 $\dfrac{25}{2}$ cm이다.

155_ 답 (1) 40π cm² (2) 132π cm²

(1) $\pi\times4^2+\pi\times6\times4=16\pi+24\pi=40\pi$ (cm²)
(2) $\pi\times6^2+\pi\times16\times6=36\pi+96\pi=132\pi$ (cm²)

156_ 답 55π cm²

밑면의 넓이가 25π cm²이므로 밑면의 반지름의 길이를 r cm라
하면 $\pi r^2=25\pi$, $r^2=25$
$r>0$이므로 $r=5$
따라서 옆면의 넓이가 $\pi\times6\times5=30\pi$ (cm²)이므로
겉넓이는 $25\pi+30\pi=55\pi$ (cm²)

157_ 답 90π cm²

모선의 길이가 9 cm이고,
옆면인 부채꼴의 중심각의 크기가 240°이므로

밑면의 반지름의 길이를 r cm라 하면
$2\pi r=2\pi\times9\times\dfrac{240}{360}$, $r=6$
따라서 원뿔의 겉넓이는
$\pi\times6^2+\pi\times9\times6=36\pi+54\pi=90\pi$ (cm²)

158_ 답 50π cm³

원뿔의 부피는 $\dfrac{1}{3}\times\pi\times5^2\times6=50\pi$ (cm³)

159_ 답 ①

원뿔의 밑면의 반지름의 길이를 r cm라 하면
$\dfrac{1}{3}\times\pi\times r^2\times8=24\pi$, $\dfrac{8\pi}{3}r^2=24\pi$, $r^2=9$
$r>0$이므로 $r=3$
따라서 밑면의 반지름의 길이는 3 cm이다.

160_ 답 24π cm³

주어진 입체도형의 부피는 두 원뿔의 부피의 합과 같으므로
$\dfrac{1}{3}\times\pi\times3^2\times5+\dfrac{1}{3}\times\pi\times3^2\times3$
$=15\pi+9\pi=24\pi$ (cm³)

161_ 답 (1) 90π (2) 120π (3) 210π

(1) $(\pi\times3^2)+(\pi\times9^2)=9\pi+81\pi=90\pi$ (cm²)
(2) $(\pi\times15\times9)-(\pi\times5\times3)=135\pi-15\pi=120\pi$ (cm²)
(3) $90\pi+120\pi=210\pi$ (cm²)

162_ 답 183π cm²

두 밑면의 넓이의 합은
$(\pi\times3^2)+(\pi\times8^2)$
$=9\pi+64\pi=73\pi$ (cm²)
옆면의 넓이는
$(\pi\times16\times8)-(\pi\times6\times3)$
$=128\pi-18\pi=110\pi$ (cm²)
따라서 겉넓이는 $73\pi+110\pi=183\pi$ (cm²)

163_ 탑 (1) $104\pi \text{ cm}^3$　(2) $468\pi \text{ cm}^3$

(1) 큰 원뿔의 부피는 $\dfrac{1}{3} \times \pi \times 6^2 \times 9 = 108\pi (\text{cm}^3)$

　　작은 원뿔의 부피는 $\dfrac{1}{3} \times \pi \times 2^2 \times 3 = 4\pi (\text{cm}^3)$이므로

　　원뿔대의 부피는 $108\pi - 4\pi = 104\pi (\text{cm}^3)$

(2) $\dfrac{1}{3} \times \pi \times 10^2 \times 15 - \dfrac{1}{3} \times \pi \times 4^2 \times 6$

　　$= 500\pi - 32\pi$

　　$= 468\pi (\text{cm}^3)$

164_ 탑 ④

자르기 전의 큰 원뿔의 부피는 $\dfrac{1}{3} \times \pi \times 6^2 \times 8 = 96\pi (\text{cm}^3)$

작은 원뿔의 부피는 $\dfrac{1}{3} \times \pi \times 3^2 \times 4 = 12\pi (\text{cm}^3)$이므로

원뿔대의 부피는 $96\pi - 12\pi = 84\pi (\text{cm}^3)$

따라서 옳지 않은 것은 ④이다.

165_ 탑 겉넓이 : $36\pi \text{ cm}^2$, 부피 : $36\pi \text{ cm}^3$

반지름의 길이가 3 cm인 구에서

겉넓이는 $4\pi \times 3^2 = 36\pi (\text{cm}^2)$

부피는 $\dfrac{4}{3} \times \pi \times 3^3 = 36\pi (\text{cm}^3)$

166_ 탑 (1) $144\pi \text{ cm}^3$　(2) $125\pi \text{ cm}^3$

(1) $\dfrac{1}{2} \times \left(\dfrac{4}{3} \times \pi \times 6^3 \right) = 144\pi (\text{cm}^3)$

(2) $\dfrac{3}{4} \times \left(\dfrac{4}{3} \times \pi \times 5^3 \right) = 125\pi (\text{cm}^3)$

167_ 탑 $\dfrac{32}{3}\pi \text{ cm}^3$

구의 반지름의 길이를 r cm라 하면

$4\pi r^2 = 16\pi$, $r^2 = 4$

$r > 0$이므로 $r = 2$

따라서 반지름의 길이가 2 cm이므로 구의 부피는

$\dfrac{4}{3} \times \pi \times 2^3 = \dfrac{32}{3}\pi (\text{cm}^3)$

168_ 탑 $75\pi \text{ cm}^3$

원뿔의 부피는 $\dfrac{1}{3} \times \pi \times 3^2 \times 4 = 12\pi (\text{cm}^3)$,

원기둥의 부피는 $\pi \times 3^2 \times 5 = 45\pi (\text{cm}^3)$,

반구의 부피는 $\dfrac{1}{2} \times \left(\dfrac{4}{3} \times \pi \times 3^3 \right) = 18\pi (\text{cm}^3)$이므로

입체도형의 부피는 $12\pi + 45\pi + 18\pi = 75\pi (\text{cm}^3)$

169_ 탑 ③

③ ㉢에 들어갈 알맞은 수는 $\dfrac{1}{3}$이다.

170_ 탑 12 cm

원기둥 모양의 추의 높이를 h cm라 하면,

구의 부피가 $\dfrac{4}{3} \times \pi \times 9^3 = 972\pi (\text{cm}^3)$이므로

$\pi \times 9^2 \times h = 972\pi$, $81\pi h = 972\pi$, $h = 12$

따라서 추의 높이는 12 cm이다.

171_ 탑 (1) 70　(2) 50

(1) 이등변삼각형의 두 밑각의 크기는 서로 같으므로 $x = 70$

(2) $x = 180 - 2 \times 65 = 180 - 130 = 50$

172_ 탑 $\angle x = 56°$, $\angle y = 124°$

$\overline{AC} = \overline{BC}$이므로 $\angle BAC = \angle x$이다.

$\angle x = \dfrac{1}{2} \times (180° - 68°)$

　　$= \dfrac{1}{2} \times 112° = 56°$

이므로 $\angle y = 56° + 68° = 124°$

173_ 탑 $30°$

$\overline{AB} = \overline{AC}$이므로 $\angle ABC = \angle C = 70°$

$\overline{BC} = \overline{BD}$이므로 $\angle BDC = \angle C = 70°$

$\triangle BCD$에서 $\angle DBC = 180° - 2 \times 70° = 40°$

따라서

$\angle ABD = \angle ABC - \angle DBC$

　　　　$= 70° - 40° = 30°$

174_ 답 55°

$\angle CAD = \angle BAD = 35°$이고,

$\overline{AD}$는 이등변삼각형의 꼭지각의 이등분선으로

밑변을 수직이등분하므로 $\angle ADC = 90°$이다.

따라서 $\triangle ADC$에서 $\angle ACD = 90° - 35° = 55°$

175_ 답 (1) $x = 90, y = 65$ (2) $x = 35, y = 3$

(1) 이등변삼각형의 꼭지각의 이등분선은 밑변을 수직이등분하므로

$x = 90, y = 90 - 25 = 65$

(2) 이등변삼각형의 밑변의 수직이등분선은 꼭지각을 이등분하므로

$x = 90 - 55 = 35, y = \dfrac{1}{2} \times 6 = 3$

176_ 답 45°

이등변삼각형의 꼭지각의 이등분선은 밑변을 수직이등분하므로

$\overline{BD} = \dfrac{1}{2} \times 16 = 8$, $\angle ADB = 90°$이다.

$\triangle ABD$에서 $\overline{AD} = \overline{BD}$이므로

$\angle B = \angle BAD$

$\quad = \dfrac{1}{2} \times (180° - 90°) = 45°$

177_ 답 5 cm

$\angle B = 180° - (\angle A + \angle C)$

$\quad = 180° - (100° + 40°)$

$\quad = 180° - 140° = 40°$

에서 $\angle B = \angle C$이므로 $\overline{AC} = \overline{AB} = 5$ cm

178_ 답 ④

④ 110°인 외각에 대한 내각의 크기가 70°이므로

삼각형의 세 내각의 크기는 50°, 60°, 70°이다.

크기가 같은 두 각이 없으므로 이등변삼각형이 아니다.

179_ 답 4

$\triangle DBC$는 $\angle DBC = \angle DCB$인 이등변삼각형이므로

$\overline{DC} = \overline{DB} = x$

$\triangle ADC$에서 $\angle DCA = 90° - 40° = 50°$이므로

$\triangle ADC$는 $\angle DCA = \angle DAC = 50°$인 이등변삼각형이다.

따라서 $\overline{DC} = \overline{DA} = 4$이므로 $x = 4$

180_ 답 3

직각삼각형 ABC와 DBC에서 $\overline{BC}$는 공통

$\angle ACB = \angle DCB$이므로

$\triangle ABC \equiv \triangle DBC$ (RHA 합동)

따라서 $\overline{AC} = \overline{DC}$이므로

$2x + 4 = 3x + 1$

따라서 $x = 3$

181_ 답 $x = 60, y = 2$

직각삼각형 ABD와 CDB에서

$\overline{AD} = \overline{CB}$, $\overline{BD}$는 공통이므로

$\triangle ABD \equiv \triangle CDB$ (RHS 합동)

$x° = \angle DAB = 90° - 30° = 60°$, $x = 60$

또, $\overline{AB} = \overline{CD}$이므로

$y = 6y - 10$, $5y = 10$, $y = 2$

182_ 답 7 cm

직각삼각형 ABC와 CDE에서 $\overline{AC} = \overline{CE}$

$\angle BAC = 90° - \angle ACB = \angle DCE$이므로

$\triangle ABC \equiv \triangle CDE$ (RHA 합동)

따라서 $\overline{BC} = \overline{DE} = 4$ cm, $\overline{CD} = \overline{AB} = 3$ cm이므로

$\overline{BD} = \overline{BC} + \overline{CD} = 4 + 3 = 7$(cm)

183_ 답 ④

① $\overline{AE} = \overline{CE} = 4$

②, ③ $\overline{OA} = \overline{OB} = \overline{OC} = 5$

④ $\overline{OD}$의 길이는 주어진 그림에서 알 수 없다.

⑤ $\overline{OA}, \overline{OB}, \overline{OC}$는 모두 외접원의 반지름의 길이이므로 5이다.

따라서 옳지 않은 것은 ④이다.

184_ 답 ④

$\overline{BD}=\overline{AD}=6$ cm, $\overline{CE}=\overline{BE}=4$ cm,

$\overline{AF}=\overline{CF}=5$ cm이므로

△ABC의 둘레의 길이는

$2\times(6+4+5)=30$ (cm)

185_ 답 20°

$\angle x+30°+40°=90°$, $\angle x+70°=90°$

따라서 $\angle x=20°$

186_ 답 60°

$\overline{OA}=\overline{OB}$이므로

$\angle OBA=\angle OAB=30°$

따라서 $\angle AOB=180°-(30°+30°)=120°$

$2\angle C=\angle AOB=120°$

따라서 $\angle C=60°$

187_ 답 7

△ABC의 외심 O에서

△ABC의 세 꼭짓점에 이르는 거리는 모두 같으므로

$\overline{OA}=\overline{OB}=\overline{OC}$

따라서 $\overline{OB}=\dfrac{1}{2}\times\overline{AC}=\dfrac{1}{2}\times14=7$

188_ 답 50°

점 O는 직각삼각형 ABC의 빗변의 중점이므로 외심이다.

따라서 $\overline{OA}=\overline{OC}$이므로

$\angle OAC=\angle C=25°$

△OAC에서

$\angle BOA=\angle OAC+\angle C$

$\qquad\quad=25°+25°=50°$

189_ 답 5

점 O는 직각삼각형 ABC의 빗변의 중점이므로 외심이다.

따라서 $\overline{OA}=\overline{OB}=\overline{OC}$이므로 $\angle OAC=\angle C=60°$

이때, $\angle AOC=180°-(60°+60°)=60°$이므로

$\angle OAC=\angle C=\angle AOC$

△AOC가 정삼각형이므로

$\overline{OA}=\overline{AC}=5$이다.

따라서 △ABC의 외접원의 반지름의 길이는 5이다.

190_ 답 ⑤

①, ② $\overline{ID}=\overline{IE}=\overline{IF}=2$

③ $\overline{IB}$는 $\angle ABC$의 이등분선이므로 $\angle IBF=\angle IBD$

④ $\overline{IC}$는 $\angle ACB$의 이등분선이므로 $\angle ICD=\angle ICE$

⑤ $\overline{ID}$, $\overline{IE}$, $\overline{IF}$는 모두 내접원의 반지름의 길이이므로 2이다.

따라서 옳지 않은 것은 ⑤이다.

191_ 답 $x=35$, $y=2$

$\overline{AI}$는 $\angle A$의 이등분선이므로

$\angle IAF=\angle IAE=35°$

따라서 $x=35$

또, $\overline{ID}=\overline{IF}$이므로 $y=2$

192_ 답 25°

$\angle x+20°+45°=90°$, $\angle x+65°=90°$

따라서 $\angle x=25°$

193_ 답 125°

$\dfrac{1}{2}\angle BAC=\angle BAI=35°$이므로

$\angle BIC=90°+\dfrac{1}{2}\angle BAC$

$\qquad\quad=90°+35°=125°$

194_ 답 2 cm

△ABC의 내접원의 반지름의 길이를 r cm라 하면

△ABC의 넓이는 $\dfrac{1}{2}\times12\times5=30$ (cm²)

둘레의 길이는 $13+12+5=30$ (cm)이므로

$30=\dfrac{r}{2}\times30$, $r=2$

따라서 내접원의 반지름의 길이는 2 cm이다.

195_ 답 $\pi\,\mathrm{cm}^2$

$\triangle ABC$의 내접원의 반지름의 길이를 $r\,\mathrm{cm}$라 하면

$30=\dfrac{r}{2}\times 60,\ 30r=30,\ r=1$

따라서 내접원의 넓이는 $\pi\times 1^2=\pi\,(\mathrm{cm}^2)$

196_ 답 7 cm

$\overline{AD}=\overline{AF}=6\,\mathrm{cm}$이므로

$\begin{aligned}\overline{BE}=\overline{BD}&=\overline{AB}-\overline{AD}\\&=13-6=7(\mathrm{cm})\end{aligned}$

197_ 답 (1) $x=5,\ y=4$ (2) $x=4,\ y=3$

(1) 평행사변형의 두 대각선은 서로를 이등분하므로

$x=5,\ y=\dfrac{1}{2}\times 8=4$

(2) 평행사변형은 두 쌍의 대변의 길이가 각각 같으므로

$2x-1=7,\ 2x=8,\ x=4$

$2y=x+2=6,\ y=3$

198_ 답 $72°$

평행사변형은 두 쌍의 대각의 크기가 각각 같으므로

$\angle A+\angle B+\angle C+\angle D$

$=2(\angle A+\angle B)=360°$

$\angle A+\angle B=180°$

따라서

$\begin{aligned}\angle C=\angle A&=\dfrac{2}{2+3}\times 180°\\&=\dfrac{2}{5}\times 180°=72°\end{aligned}$

199_ 답 6

$\overline{AD}/\!/\overline{BC}$이므로 $\angle AEB=\angle EAD$ (엇각)

$\triangle ABE$는 $\overline{BE}=\overline{AB}$인 이등변삼각형이다.

평행사변형의 두 쌍의 대변의 길이는 각각 같으므로

$\overline{AB}=\overline{DC}=6$

따라서 $\overline{BE}=6$

200_ 답 $x=60,\ y=7$

$\square ABCD$는 $\overline{AD}/\!/\overline{BC},\ \overline{AD}=\overline{BC}$일 때 평행사변형이 되므로

$x=180-120=60,\ y=7$

201_ 답 $\overline{DF}$

점 F는 DC의 중점이므로 $\dfrac{1}{2}\overline{DC}=\overline{DF}$이고,

$\overline{AB}/\!/\overline{DC}$이므로 $\overline{EB}/\!/\overline{DF}$이다.

202_ 답 $\angle x=50°,\ \angle y=40°$

직사각형의 두 대각선의 길이는 같고 서로를 이등분하므로

$\overline{OA}=\overline{OD}$이고, $\angle x=\angle ADO=50°$

따라서 직사각형의 네 내각은 모두 직각이므로 $\triangle ACD$에서

$\angle y=90°-\angle x$

$=90°-50°=40°$

203_ 답 67

$x=2\overline{OB}=2\times 6=12$

$\triangle ABC$는 직각삼각형이므로

$y=90-35=55$

따라서 $x+y=12+55=67$

204_ 답 $50°$

직사각형은 두 대각선이 서로를 이등분하므로

$\overline{OA}=\overline{OB}$이고

$\angle OAB=\angle OBA=90°-40°=50°$

205_ 답 $60°$

$\overline{AB}=\overline{AD}$이므로 $\angle ADO=\angle ABO=30°$

마름모의 두 대각선은 서로를 수직이등분하므로

$\angle AOD=90°$

따라서 $\angle OAD=90°-30°=60°$

206 _ 답 $x=6, y=30$

마름모의 두 대각선은 서로를 수직이등분하므로

$x=\overline{OD}=6$

$y°=\angle ADO=90°-\angle OAD=90°-60°=30°$

즉, $y=30$

207 _ 답 $50°$

$\angle ABO=\angle ADO=90°-65°=25°$

따라서

$\angle ABC=2\angle ABO$

$\qquad =2\times25°=50°$

208 _ 답 $\angle x=45°, \angle y=90°$

정사각형의 두 대각선은 길이가 같고, 서로를 수직이등분한다.

$\overline{OA}=\overline{OD}$이므로 $\angle OAD=\angle ODA=\angle x$이고,

$\angle AOD=90°$이다.

따라서

$\angle x=\dfrac{1}{2}\times(180°-90°)=\dfrac{1}{2}\times90°=45°, \angle y=90°$

209 _ 답 ③

① 두 대각선은 길이가 같고 서로를 이등분하므로

$\overline{OC}=\dfrac{1}{2}\overline{AC}=\dfrac{1}{2}\overline{BD}=\overline{OB}=3$

② $\overline{AC}=2\overline{OC}=2\times3=6$

③ $\angle ABO=\dfrac{1}{2}\times(180°-90°)=\dfrac{1}{2}\times90°=45°$

④ 정사각형은 두 대각선이 서로 수직이므로 $\overline{AC}\perp\overline{BD}$

⑤ $\overline{OC}=\overline{OD}$이므로 $\triangle OCD$는 이등변삼각형이다.

따라서 옳지 않은 것은 ③이다.

210 _ 답 $\angle x=30°, \angle y=75°$

$\angle ECB=\angle EBC=\angle BEC=60°$이므로

$\angle x=90°-\angle ECB=90°-60°=30°$

$\overline{AB}=\overline{EB}$이므로 $\angle y=\angle BEA$이고,

$\angle ABE=90°-60°=30°$

따라서 $\angle y=\dfrac{1}{2}\times(180°-30°)=\dfrac{1}{2}\times150°=75°$

211 _ 답 $115°$

$\overline{AB}$의 연장선 위에 점 E를 잡으면

$\overline{AD}/\!/\overline{BC}$이므로 $\angle EAD=\angle B=65°$ (동위각)

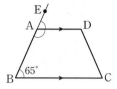

따라서

$\angle BAD=180°-\angle EAD$

$\qquad =180°-65°=115°$

212 _ 답 ③

① $\overline{AC}=\overline{BD}=8$

② $\overline{AB}=\overline{DC}=5$

③ $\overline{AD}$의 길이는 알 수 없다.

④ $\angle DCB=\angle ABC=70°$

⑤ $\angle BAD=180°-\angle ABC=180°-70°=110°$

따라서 옳지 않은 것은 ③이다.

213 _ 답 $40°$

$\angle A=\angle ADC=180°-\angle C$

$\qquad =180°-80°=100°$

이므로

$\angle ABD=\dfrac{1}{2}\times(180°-100°)$

$\qquad =\dfrac{1}{2}\times80°=40°$

$\angle ABC=\angle C=80°$이므로

$\angle DBC=\angle ABC-\angle ABD$

$\qquad =80°-40°=40°$

214 _ 답 ①, ②

③, ④는 마름모가 되기 위한 조건이다.

⑤ 평행사변형의 성질이다.

215 _ 답 ③

③ 두 대각선이 서로 수직인 평행사변형은 마름모이다.

①, ②, ④는 직사각형이 되기 위한 조건이다.

216_ 답 15 cm^2

밑변의 길이와 높이가 각각 같은 두 삼각형의 넓이는 서로 같다.

따라서 $\triangle DBC = \triangle ABC = 15 \text{ cm}^2$

217_ 답 ②

$\triangle ACD = \triangle ACE$이므로

$\square ABCD$

$= \triangle ABC + \triangle ACD$

$= \triangle ABC + \triangle ACE$

$40 = 24 + \triangle ACE$

따라서 $\triangle ACE = 16 \text{ cm}^2$

218_ 답 ④

①, ②, ③ 밑변의 길이와 높이가 각각 같은 삼각형이므로 넓이가 같다.

④ $\overline{BC}$와 $\overline{CE}$의 길이를 알 수 없으므로 넓이가 같다고 할 수 없다.

⑤ $\square ACED$

$= \triangle ACD + \triangle DCE$

$= \triangle DBC + \triangle DCE$

$= \triangle DBE$

따라서 옳지 않은 것은 ④이다.

219_ 답 30 cm^2

$\triangle DBC = \triangle ABC = 50 \text{ cm}^2$이므로

$\triangle OBC = \triangle DBC - \triangle DOC$

$\qquad = 50 - 20 = 30(\text{cm}^2)$

220_ 답 ①

점 P를 지나고 $\overline{AD}$에 평행한 직선이

$\overline{AB}$, $\overline{DC}$와 만나는 점을 각각 E, F라 하자.

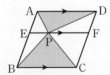

$\square AEFD$, $\square EBCF$는 평행사변형이므로

$\triangle PDA = \dfrac{1}{2} \square AEFD$

$\triangle PBC = \dfrac{1}{2} \square EBCF$

따라서 색칠한 부분의 넓이는

$\triangle PDA + \triangle PBC$

$= \dfrac{1}{2} \square AEFD + \dfrac{1}{2} \square EBCF$

$= \dfrac{1}{2} \square ABCD$

$= \dfrac{1}{2} \times 48 = 24(\text{cm}^2)$

221_ 답 ②

② 두 원은 항상 닮은 도형이다.

222_ 답 ④

① $\angle C = \angle G = 120°$이므로

   $\angle B = 360° - (85° + 120° + 60°) = 95°$

② $\angle F = \angle B = 95°$

③ 닮음비는 $\overline{CD} : \overline{GH} = 6 : 4 = 3 : 2$이다.

④ $\overline{BC} : \overline{FG} = 3 : 2$이므로 $3 : \overline{FG} = 3 : 2$

   따라서 $\overline{FG} = 2 \text{ cm}$

⑤ $\overline{AB}$에 대응하는 변은 $\overline{EF}$이다.

따라서 옳은 것은 ④이다.

223_ 답 $x = 6, y = \dfrac{8}{3}$

대응하는 모서리의 길이의 비가 닮음비이므로

$\overline{FG} : \overline{F'G'} = 12 : 8 = 3 : 2$

$x : 4 = 3 : 2$이므로 $x = 6$

$4 : y = 3 : 2$이므로 $y = \dfrac{8}{3}$

224_ 답 4 cm

원기둥의 높이의 비가 $4 : 8 = 1 : 2$이므로 닮음비가 $1 : 2$이다.

큰 원기둥의 밑면의 반지름의 길이를 $r \text{ cm}$라 하면

$2 : r = 1 : 2$, $r = 4$

따라서 큰 원기둥의 밑면의 반지름의 길이는 4 cm이다.

225_ 답 ④

④ 밑면의 반지름의 길이의 비도 닮음비와 같으므로 2 : 3이다.

226_ 답 ④

$\overline{AB} : \overline{DF} = \overline{BC} : \overline{FE} = \overline{CA} : \overline{ED} = 1 : 2$이므로

$\triangle ABC \backsim \triangle DFE$ (SSS 닮음)

① $\angle B = \angle F$

② $\triangle ABC \backsim \triangle DFE$

③ 닮음비는 1 : 2이다.

⑤ 변 BC에 대응하는 변은 변 FE이다.

227_ 답 $\dfrac{45}{8}$

$\triangle ABC$와 $\triangle ACD$에서

$\angle B = \angle ACD$, $\angle A$는 공통이므로

$\triangle ABC \backsim \triangle ACD$ (AA 닮음)

$\overline{AB} : \overline{AC} = \overline{BC} : \overline{CD}$

$8 : 5 = 9 : \overline{CD}$, $8\overline{CD} = 45$

따라서 $\overline{CD} = \dfrac{45}{8}$

228_ 답 $\dfrac{16}{3}$

$\overline{AB}^2 = \overline{BD} \times \overline{BC}$이므로

$4^2 = 3 \times \overline{BC}$, $3 \times \overline{BC} = 16$

따라서 $\overline{BC} = \dfrac{16}{3}$

229_ 답 5

$\overline{AC}^2 = \overline{CD} \times \overline{CB}$이므로

$\overline{AC}^2 = 2 \times \left(\dfrac{21}{2} + 2 \right)$

$\quad\quad = 2 \times \dfrac{25}{2} = 25$

$\overline{AC} > 0$이므로 $\overline{AC} = 5$

230_ 답 $\dfrac{9}{2}$

$\overline{AD}^2 = \overline{BD} \times \overline{DC}$이므로

$6^2 = \overline{BD} \times 8$, $8\overline{BD} = 36$

따라서 $\overline{BD} = \dfrac{9}{2}$

231_ 답 150 cm²

$\overline{AC}^2 = \overline{CD} \times \overline{CB}$이므로 $15^2 = 9 \times \overline{CB}$, $\overline{CB} = 25$ cm

$\overline{BD} = \overline{CB} - \overline{CD} = 25 - 9 = 16$(cm)

$\overline{AD}^2 = \overline{BD} \times \overline{DC}$이므로 $\overline{AD}^2 = 16 \times 9 = 144$

$\overline{AD} > 0$이므로 $\overline{AD} = 12$ cm

따라서 $\triangle ABC$의 넓이는

$\dfrac{1}{2} \times \overline{BC} \times \overline{AD} = \dfrac{1}{2} \times 25 \times 12 = 150$(cm²)

232_ 답 8

$\overline{AC} : \overline{AE} = \overline{BC} : \overline{DE}$이므로

$9 : 6 = 12 : \overline{DE}$

따라서 $\overline{DE} = 8$

233_ 답 9

$\overline{AD} : \overline{DC} = \overline{BE} : \overline{EC}$이므로

$12 : 8 = \overline{BE} : 6$

따라서 $\overline{BE} = 9$

234_ 답 6

$\overline{BC} /\!/ \overline{DE}$이기 위해서는

$\overline{AB} : \overline{AD} = \overline{AC} : \overline{AE}$이어야 하므로

$\overline{AB} : 3 = (6-2) : 2$, $\overline{AB} : 3 = 4 : 2$

따라서 $\overline{AB} = 6$

235_ 답 (1) 6 (2) $\dfrac{48}{5}$

(1) $l /\!/ m /\!/ n$이므로 $\overline{AB} : \overline{BC} = \overline{DE} : \overline{EF}$

$\quad 6 : (10-6) = 9 : x$, $6x = 36$

$\quad$ 따라서 $x = 6$

(2) $l /\!/ m /\!/ n$이므로 $12 : 8 = (24-x) : x$

$12x = 8(24-x)$, $12x = 192-8x$, $20x = 192$

따라서 $x = \dfrac{48}{5}$

236_ 답 $\dfrac{51}{5}$

$l /\!/ m /\!/ n$일 때, $3 : 5 = x : 9 = y : 8$이므로

$5x = 27$, $x = \dfrac{27}{5}$

$5y = 24$, $y = \dfrac{24}{5}$

따라서 $x+y = \dfrac{27}{5} + \dfrac{24}{5} = \dfrac{51}{5}$

237_ 답 ②

$\overline{AB} /\!/ \overline{CD}$이므로 △ABE와 △DCE에서

$\angle ABE = \angle DCE$ (엇각), $\angle BAE = \angle CDE$ (엇각)이므로

△ABE∽△DCE (AA 닮음)

$\overline{AB} : \overline{CD} = \overline{BE} : \overline{EC} = \overline{AE} : \overline{ED} = 2 : 4 = 1 : 2$

또, $\overline{AB} /\!/ \overline{EF}$이므로 △ABD에서

$\overline{BF} : \overline{FD} = \overline{AE} : \overline{ED} = 1 : 2$

①, ③. ④, ⑤는 길이의 비가 $1 : 2$

② △EFD와 △ABD에서

  $\angle EFD = \angle ABD = 90°$

  $\angle D$는 공통이므로

  △EFD∽△ABD (AA 닮음)

  $\overline{EF} : \overline{AB} = \overline{FD} : \overline{BD} = 2 : 3$

따라서 선분의 길이의 비가 나머지 넷과 다른 하나는 ②이다.

238_ 답 (1) 8   (2) $\dfrac{25}{3}$

(1) $\overline{AD}$가 $\angle A$의 이등분선이므로

  $\overline{AB} : \overline{AC} = \overline{BD} : \overline{DC}$

  $x : 12 = (10-6) : 6$, $6x = 48$, $x = 8$

(2) $\overline{AD}$가 $\angle A$의 외각의 이등분선이므로

  $\overline{AB} : \overline{AC} = \overline{BD} : \overline{DC}$

  $6 : 5 = 10 : x$, $6x = 50$, $x = \dfrac{25}{3}$

239_ 답 $\overline{EC}$

점 E는 점 C를 지나고 $\overline{AD}$에 평행한 직선 위의 점이므로 $\overline{AD} /\!/ \overline{EC}$이다.

240_ 답 (1) 20   (2) 5

(1) $\overline{AD} = \overline{BD} = 12$, $\overline{BE} = \overline{CE} = 11$이므로

  $x = 2\overline{DE} = 2 \times 10 = 20$

(2) $\overline{BE} = \overline{CE} = 7$, $\overline{AB} /\!/ \overline{DE}$이므로

  $x = \overline{DE} = \dfrac{1}{2}\overline{AB} = \dfrac{1}{2} \times 10 = 5$

241_ 답 ④

① $\overline{AM} = \overline{BM}$, $\overline{AN} = \overline{CN}$이므로 $\overline{MN} /\!/ \overline{BC}$

② $\overline{MN} = \dfrac{1}{2}\overline{BC} = \dfrac{1}{2} \times 12 = 6$

③ △ABC와 △AMN에서

  $\overline{AB} : \overline{AM} = \overline{AC} : \overline{AN} = 2 : 1$,

  $\angle A$는 공통이므로

  △ABC∽△AMN (SAS 닮음)

④ $\overline{AM}$, $\overline{AN}$의 길이를 알 수 없으므로

  △AMN의 둘레의 길이를 구할 수 없다.

⑤ 대응변의 길이의 비가 $2 : 1$이므로 닮음비는 $2 : 1$이다.

따라서 옳지 않은 것은 ④이다.

242_ 답 12 cm

$\overline{MN} = \dfrac{1}{2}\overline{BC} = \overline{PQ} = 12$ cm

243_ 답 10

$\overline{MN} = \dfrac{1}{2}(\overline{AD} + \overline{BC})$이므로

$7 = \dfrac{1}{2}(4+x)$, $14 = 4+x$

따라서 $x = 10$

244_ 답 2 cm

$\overline{EF} = \dfrac{1}{2}(\overline{BC} - \overline{AD})$

$\phantom{\overline{EF}} = \dfrac{1}{2} \times (10-6) = \dfrac{1}{2} \times 4 = 2$ (cm)

245_ 답 8 cm

$\overline{PQ}=\dfrac{1}{2}(\overline{BC}-\overline{AD})$이므로

$6=\dfrac{1}{2}(20-\overline{AD})$, $12=20-\overline{AD}$

따라서 $\overline{AD}=8$ cm

246_ 답 $x=6$, $y=5$

점 G가 △ABC의 무게중심이므로

$\overline{CG}:\overline{GE}=2:1$, $x:3=2:1$, $x=6$

점 D는 $\overline{AC}$의 중점이므로 $y=\overline{AD}=5$

247_ 답 11

점 G가 △ABC의 무게중심이므로

$\overline{AG}:\overline{GD}=2:1$

$\overline{EF}/\!/\overline{BC}$이므로 $\overline{AF}:\overline{FC}=\overline{AG}:\overline{GD}$

$6:x=2:1$, $x=3$

$\overline{GF}/\!/\overline{DC}$이므로

$\overline{GF}:\overline{DC}=\overline{AG}:\overline{AD}$이고

$\overline{DC}=\overline{BD}=4$이므로

$y:4=2:3$, $y=\dfrac{8}{3}$

따라서 $x+3y=3+3\times\dfrac{8}{3}=11$

248_ 답 8 cm

$\overline{GD}=\dfrac{1}{3}\overline{AD}=\dfrac{1}{3}\times36=12(\text{cm})$

$\overline{GG'}=\dfrac{2}{3}\overline{GD}=\dfrac{2}{3}\times12=8(\text{cm})$

249_ 답 12 cm²

점 G가 △ABC의 무게중심이므로

$\triangle GAF=\triangle GBD=\triangle GCE$

$\qquad=\dfrac{1}{6}\triangle ABC$

$\qquad=\dfrac{1}{6}\times24=4(\text{cm}^2)$

따라서 $\triangle GAF+\triangle GBD+\triangle GCE=4+4+4=12(\text{cm}^2)$

250_ 답 ②

점 G가 △ABC의 무게중심이므로

$\triangle GCA=\dfrac{1}{3}\triangle ABC$

따라서 $\triangle ABC=3\triangle GCA=3\times5=15(\text{cm}^2)$

251_ 답 7 cm

$\overline{EF}=\dfrac{1}{3}\overline{BD}=\dfrac{1}{3}\times21=7(\text{cm})$

252_ 답 5 cm²

점 P가 △ABC의 무게중심이므로

$\triangle APO=\dfrac{1}{6}\triangle ABC=\dfrac{1}{6}\times\dfrac{1}{2}\square ABCD$

$\qquad=\dfrac{1}{12}\square ABCD=\dfrac{1}{12}\times60=5(\text{cm}^2)$

253_ 답 72 cm²

△ABC∽△DEF이고 닮음비가 $4:6=2:3$이므로

넓이의 비는 $2^2:3^2=4:9$이다.

따라서 $\triangle DEF=\dfrac{9}{4}\times32=72(\text{cm}^2)$

254_ 답 8 cm

△ABC와 △ADE에서 $\overline{BC}/\!/\overline{DE}$이므로

$\angle ABC=\angle ADE$(엇각), $\angle ACB=\angle AED$(엇각)

따라서 △ABC∽△ADE(AA닮음)

△ABC와 △ADE의 넓이의 비가 $1:4=1^2:2^2$이므로

닮음비는 $1:2$이다.

$\overline{AB}:\overline{AD}=1:2$, $4:\overline{AD}=1:2$

따라서 $\overline{AD}=8$ cm

255_ 답 55π cm²

두 원의 반지름의 길이의 비가 $3:8$이므로

넓이의 비는 $3^2:8^2=9:64$이다.

큰 원의 넓이가 64π cm²이므로

작은 원의 넓이는 $\dfrac{9}{64}\times64\pi=9\pi(\text{cm}^2)$이다.

따라서 색칠한 부분의 넓이는 $64\pi-9\pi=55\pi(\text{cm}^2)$

256_ 답 128 cm^3

직육면체 A, B의 모서리의 길이의 비가 $3 : 4$이므로
부피의 비는 $3^3 : 4^3 = 27 : 64$이다.
직육면체 A의 부피가 54 cm^3이므로
직육면체 B의 부피는 $54 \times \dfrac{64}{27} = 128 (\text{cm}^3)$

257_ 답 ④

원뿔을 모선의 삼등분점을 지나고 밑면에 평행한 평면으로 자르면
세 원뿔 A, (A+B), (A+B+C)의 닮음비가 $1 : 2 : 3$이므로
부피의 비는 $1^3 : 2^3 : 3^3 = 1 : 8 : 27$이다.
따라서 원뿔 A와 원뿔대 B, C의 부피의 비는
$1 : (8-1) : (27-8) = 1 : 7 : 19$

258_ 답 216 mL

원뿔 모양의 종이컵에 가득 채울 수 있는 물의 양과
채워진 물의 양은 닮음비가 $6 : 4 = 3 : 2$이므로
부피의 비는 $3^3 : 2^3 = 27 : 8$이다.
채워진 물의 양이 64 mL이므로
종이컵에 가득 채울 수 있는 물의 양은
$64 \times \dfrac{27}{8} = 216 (\text{mL})$

259_ 답 ④

두 공의 부피의 비는 $27 : 125 = 3^3 : 5^3$이므로
닮음비는 $3 : 5$이다.
따라서 큰 공의 반지름의 길이가 5 cm일 때,
작은 공의 반지름의 길이는 $5 \times \dfrac{3}{5} = 3 (\text{cm})$

260_ 답 ②

삼각뿔 A, B의 겉넓이의 비가 $16 : 25 = 4^2 : 5^2$이므로
닮음비는 $4 : 5$이고 부피의 비는 $4^3 : 5^3 = 64 : 125$이다.
삼각뿔 A의 부피가 128 cm^3이므로
삼각뿔 B의 부피는 $128 \times \dfrac{125}{64} = 250 (\text{cm}^3)$

261_ 답 (1) 10　　(2) $4\sqrt{2}$

(1) $x^2 = 8^2 + 6^2 = 100$
　$x > 0$이므로 $x = 10$

(2) $x^2 + x^2 = 8^2$, $2x^2 = 64$, $x^2 = 32$
　$x > 0$이므로 $x = \sqrt{32} = 4\sqrt{2}$

262_ 답 $x = 13$, $y = 2\sqrt{30}$

$x^2 = 12^2 + 5^2 = 169$
$x > 0$이므로 $x = 13$
$y^2 + 7^2 = 13^2$, $y^2 = 120$
$y > 0$이므로 $y = \sqrt{120} = 2\sqrt{30}$

263_ 답 $x = 4$, $y = \sqrt{65}$

$x^2 + 3^2 = 5^2$, $x^2 = 16$
$x > 0$이므로 $x = 4$
$y^2 = 4^2 + 7^2 = 16 + 49 = 65$
$y > 0$이므로 $y = \sqrt{65}$

264_ 답 24

직각삼각형이 되려면 $7^2 + x^2 = (x+1)^2$
$49 + x^2 = x^2 + 2x + 1$, $2x = 48$
따라서 $x = 24$

265_ 답 ①

① $5^2 + 7^2 = 25 + 49 = 74 \neq 64 = 8^2$이므로 직각삼각형의 세 변의
　길이가 될 수 없다.
② $1^2 + 2^2 = 1 + 4 = 5 = (\sqrt{5})^2$
③ $4^2 + 5^2 = 16 + 25 = 41 = (\sqrt{41})^2$
④ $(3\sqrt{2})^2 + (3\sqrt{2})^2 = 18 + 18 = 36 = 6^2$
⑤ $7^2 + 24^2 = 49 + 576 = 625 = 25^2$

266_ 답 ①, ⑤

(ⅰ) 빗변의 길이가 8인 경우
　　$6^2 + x^2 = 8^2$, $x^2 = 28$
　　$x > 0$이므로 $x = 2\sqrt{7}$

(ii) 빗변의 길이가 x인 경우

$6^2+8^2=x^2$, $x^2=100$

$x>0$이므로 $x=10$

따라서 직각삼각형이 되도록 하는 x의 값은 $2\sqrt{7}$ 또는 10이다.

267_ 답 ④

$\overline{EB}=\overline{AB}-\overline{AE}$

$\quad=17-5=12(\text{cm})$

$\overline{BF}=\overline{AE}=5\text{ cm}$이므로

직각삼각형 EBF에서

$\overline{EF}^2=\overline{EB}^2+\overline{BF}^2$

$\quad=12^2+5^2$

$\quad=144+25=169$

$\overline{EF}>0$이므로

$\overline{EF}=13\text{ cm}$

268_ 답 ④

직각삼각형 AEH에서

$\overline{EH}^2=\overline{AE}^2+\overline{AH}^2$

$\quad=3^2+6^2$

$\quad=9+36=45$

$\overline{EH}>0$이므로

$\overline{EH}=\sqrt{45}=3\sqrt{5}(\text{cm})$

□EFGH는 정사각형이므로 □EFGH의 둘레의 길이는

$3\sqrt{5}\times4=12\sqrt{5}(\text{cm})$

269_ 답 ①

□ABCD는 넓이가 169 cm^2인 정사각형이므로 한 변의 길이가 13 cm이다.

$\overline{AB}=13\text{ cm}$이므로 직각삼각형 ABF에서

$\overline{BF}=\sqrt{\overline{AB}^2-\overline{AF}^2}$

$\quad=\sqrt{13^2-12^2}=5(\text{cm})$

이때, $\overline{AE}=\overline{BF}=5\text{ cm}$이므로

$\overline{EF}=\overline{AF}-\overline{AE}$

$\quad=12-5=7(\text{cm})$

따라서 □EFGH는 한 변의 길이가 7 cm인 정사각형이므로 넓이는 $7^2=49(\text{cm}^2)$이다.

270_ 답 ③

□EFGH는 정사각형이고, 넓이가 49 cm^2이므로 한 변의 길이는 7 cm이다.

따라서 $\overline{EH}=7\text{ cm}$이므로

$\overline{BE}=\overline{AH}=\overline{AE}+\overline{EH}$

$\quad=8+7$

$\quad=15(\text{cm})$

직각삼각형 ABE에서

$\overline{AB}=\sqrt{\overline{AE}^2+\overline{BE}^2}$

$\quad=\sqrt{8^2+15^2}$

$\quad=17(\text{cm})$

따라서 □ABCD는 한 변의 길이가 17 cm인 정사각형이므로 둘레의 길이는 $4\times17=68(\text{cm})$이다.

271_ 답 $3\sqrt{3}$

$\overline{BE}^2+\overline{CD}^2=\overline{DE}^2+\overline{BC}^2$이므로

$5^2+\overline{CD}^2=4^2+6^2$, $\overline{CD}^2=27$

$\overline{CD}>0$이므로

$\overline{CD}=\sqrt{27}=3\sqrt{3}(\text{cm})$

272_ 답 30 cm^2

색칠한 부분의 넓이는 △ABC의 넓이와 같다.

직각삼각형 ABC에서

$\overline{AC}=\sqrt{13^2-12^2}=5(\text{cm})$

이므로 △ABC의 넓이는

$\dfrac{1}{2}\times12\times5=30(\text{cm}^2)$

따라서 색칠한 부분의 넓이도 30 cm^2이다.

273_ 답 157

$\overline{AB}^2+\overline{CD}^2=\overline{AD}^2+\overline{BC}^2$이므로

$x^2+y^2=6^2+11^2$

$\quad=36+121=157$

274_ 답 $\sqrt{10}$

$\overline{AP}^2 + \overline{CP}^2 = \overline{BP}^2 + \overline{DP}^2$ 이므로

$5^2 + 7^2 = \overline{BP}^2 + 8^2$, $\overline{BP}^2 = 10$

$\overline{BP} > 0$ 이므로 $\overline{BP} = \sqrt{10}$

275_ 답 $\sqrt{23}$

$\overline{CP} = \overline{AP} = 4$, $\overline{AP}^2 + \overline{CP}^2 = \overline{BP}^2 + \overline{DP}^2$ 이므로

$4^2 + 4^2 = 3^2 + \overline{DP}^2$, $\overline{DP}^2 = 23$

$\overline{DP} > 0$ 이므로 $\overline{DP} = \sqrt{23}$

276_ 답 $2, \sqrt{2}$

직각이등변삼각형이므로

$x : \sqrt{2} : y = \sqrt{2} : 1 : 1$

$x : \sqrt{2} = \sqrt{2} : 1$에서 $x = \boxed{2}$

$\sqrt{2} : y = 1 : 1$에서 $y = \boxed{\sqrt{2}}$

277_ 답 (1) $x = 3\sqrt{2}$, $y = 3\sqrt{2}$
(2) $x = 3$, $y = 3\sqrt{2}$

(1) $6 : x : y = \sqrt{2} : 1 : 1$

$6 : x = \sqrt{2} : 1$에서 $x = 3\sqrt{2}$

$6 : y = \sqrt{2} : 1$에서 $y = 3\sqrt{2}$

(2) $y : x : 3 = \sqrt{2} : 1 : 1$

$x : 3 = 1 : 1$에서 $x = 3$

$y : 3 = \sqrt{2} : 1$에서 $y = 3\sqrt{2}$

278_ 답 8

한 내각의 크기가 $45°$인 직각삼각형은 직각이등변삼각형이므로

세 변의 길이의 비는 $\sqrt{2} : 1 : 1$이다.

나머지 두 변의 길이를 x, y라 하면

$4\sqrt{2} : x : y = \sqrt{2} : 1 : 1$

$4\sqrt{2} : x = \sqrt{2} : 1$에서 $x = 4$

$4\sqrt{2} : y = \sqrt{2} : 1$에서 $y = 4$

따라서 두 변의 길이의 합은

$x + y = 4 + 4 = 8$

279_ 답 $3, 3\sqrt{3}$

$6 : x : y = 2 : 1 : \sqrt{3}$

$6 : x = 2 : 1$에서 $x = \boxed{3}$

$6 : y = 2 : \sqrt{3}$에서 $y = \boxed{3\sqrt{3}}$

280_ 답 (1) $x = 2\sqrt{3}$, $y = 2$　(2) $x = 3$, $y = \sqrt{3}$

(1) $4 : y : x = 2 : 1 : \sqrt{3}$

$4 : x = 2 : \sqrt{3}$에서 $x = 2\sqrt{3}$

$4 : y = 2 : 1$에서 $y = 2$

(2) $2\sqrt{3} : y : x = 2 : 1 : \sqrt{3}$

$2\sqrt{3} : x = 2 : \sqrt{3}$에서 $x = 3$

$2\sqrt{3} : y = 2 : 1$에서 $y = \sqrt{3}$

281_ 답 3

$\angle A = 30°$이고, 빗변의 길이가 6인 직각삼각

형 ABC를 그리면 오른쪽 그림과 같다.

$\angle A$의 대변은 $\overline{BC}$이므로

$6 : \overline{BC} = 2 : 1$

따라서 $\overline{BC} = 3$

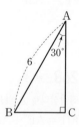

282_ 답 (1) 12　(2) $3\sqrt{2}$

(1) $x = \sqrt{13^2 - 5^2} = \sqrt{144} = 12$

(2) $x = \sqrt{2} \times 3 = 3\sqrt{2}$

283_ 답 $20\ \text{cm}^2$

직사각형의 세로의 길이는

$\sqrt{(\sqrt{41})^2 - 4^2} = \sqrt{25} = 5\,(\text{cm})$

이므로 직사각형의 넓이는

$4 \times 5 = 20\,(\text{cm}^2)$

284_ 답 ②

정사각형의 한 변의 길이를 $x\ \text{cm}$라 하면

대각선의 길이가 $8\ \text{cm}$이므로

$\sqrt{2}x = 8$, $x = 4\sqrt{2}$

따라서 정사각형의 한 변의 길이는 $4\sqrt{2}\ \text{cm}$이므로

둘레의 길이는 $4 \times 4\sqrt{2} = 16\sqrt{2}\,(\text{cm})$

285_ 답 4

높이가 $2\sqrt{3}$이므로 $\dfrac{\sqrt{3}}{2}x=2\sqrt{3}$

따라서 $x=4$

286_ 답 $12\sqrt{3}\ \text{cm}^2$

정삼각형의 한 변의 길이를 x cm라 하면

높이가 6 cm이므로 $\dfrac{\sqrt{3}}{2}x=6$, $x=4\sqrt{3}$

따라서 정삼각형의 한 변의 길이는 $4\sqrt{3}$ cm이므로

넓이는 $\dfrac{\sqrt{3}}{4}\times(4\sqrt{3})^2=\dfrac{\sqrt{3}}{4}\times48=12\sqrt{3}(\text{cm}^2)$

참고 한 변의 길이가 $4\sqrt{3}$ cm, 높이가 6 cm이므로

삼각형의 넓이 공식을 이용하여 $\dfrac{1}{2}\times4\sqrt{3}\times6=12\sqrt{3}(\text{cm}^2)$

으로 구하여도 결과는 같다.

287_ 답 ④

정삼각형의 넓이가 $4\sqrt{3}$이므로

$\dfrac{\sqrt{3}}{4}a^2=4\sqrt{3}$, $a^2=16$

$a>0$이므로 $a=4$

따라서 높이 $h=\dfrac{\sqrt{3}}{2}\times4=2\sqrt{3}$

288_ 답 6

$\overline{\text{AB}}=\sqrt{(1-a)^2+(-1-2)^2}$
$\quad=\sqrt{a^2-2a+10}=\sqrt{34}$

$a^2-2a+10=34$, $a^2-2a-24=0$, $(a+4)(a-6)=0$

점 A는 제1사분면 위의 점이므로 $a>0$

따라서 $a=6$

289_ 답 $2\sqrt{2}$, $2\sqrt{2}$, 4, $\overline{\text{AC}}$

$\overline{\text{AB}}=\sqrt{(1-3)^2+(2-4)^2}=\sqrt{(-2)^2+(-2)^2}=\sqrt{8}=\boxed{2\sqrt{2}}$

$\overline{\text{BC}}=\sqrt{(3-1)^2+(0-2)^2}=\sqrt{2^2+(-2)^2}=\sqrt{8}=\boxed{2\sqrt{2}}$

$\overline{\text{AC}}=\sqrt{(3-3)^2+(0-4)^2}=\sqrt{0^2+(-4)^2}=\sqrt{16}=\boxed{4}$이므로

$(2\sqrt{2})^2+(2\sqrt{2})^2=4^2$에서 $\overline{\text{AB}}^2+\overline{\text{BC}}^2=\overline{\text{AC}}^2$

따라서 $\triangle$ABC는 빗변이 $\boxed{\overline{\text{AC}}}$이고,

$\overline{\text{AB}}=\overline{\text{BC}}$인 직각이등변삼각형이다.

290_ 답 $4\sqrt{5}$

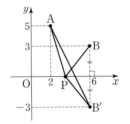

점 B를 x축에 대하여 대칭이동한 점을 B′이라 하면

B′(6, -3)이고, $\overline{\text{BP}}=\overline{\text{B′P}}$이므로

$\overline{\text{AP}}+\overline{\text{BP}}=\overline{\text{AP}}+\overline{\text{B′P}}\geq\overline{\text{AB′}}$이다.

$\overline{\text{AB′}}=\sqrt{4^2+(-8)^2}=\sqrt{80}=4\sqrt{5}$

따라서 $\overline{\text{AP}}+\overline{\text{BP}}\geq4\sqrt{5}$이므로

$\overline{\text{AP}}+\overline{\text{BP}}$의 최솟값은 $4\sqrt{5}$이다.

291_ 답 -4, $\sqrt{37}$, $\sqrt{37}$

점 B를 y축에 대하여 대칭이동한 점을 B′이라 하면

B′($\boxed{-4}$, 2)이고,

$\overline{\text{BP}}=\overline{\text{B′P}}$이므로

$\overline{\text{AP}}+\overline{\text{BP}}=\overline{\text{AP}}+\overline{\text{B′P}}\geq\overline{\text{AB′}}=\sqrt{6^2+1^2}=\boxed{\sqrt{37}}$

따라서 $\overline{\text{AP}}+\overline{\text{BP}}$의 최솟값은 $\boxed{\sqrt{37}}$이다.

292_ 답 (1) $\sqrt{77}$ (2) $3\sqrt{3}$

(1) $\overline{\text{AG}}=\sqrt{4^2+5^2+6^2}=\sqrt{77}$

(2) $\overline{\text{AG}}=\sqrt{3}\times3=3\sqrt{3}$

293_ 답 $5\sqrt{3}$

$\sqrt{x^2+3^2+4^2}=10$, $\sqrt{x^2+25}=10$

$x^2+25=100$, $x^2=75$

$x>0$이므로 $x=\sqrt{75}=5\sqrt{3}$

294_ 답 $\sqrt{30}$

직육면체의 높이를 x라 하면

$\sqrt{3^2+5^2+x^2}=8$, $\sqrt{x^2+34}=8$,

$x^2+34=64$, $x^2=30$

$x>0$이므로 $x=\sqrt{30}$

따라서 직육면체의 높이는 $\sqrt{30}$이다.

295_ 답 $2\sqrt{7}$

직각삼각형 AOB에서

$h=\sqrt{8^2-6^2}=\sqrt{28}=2\sqrt{7}$

296_ 답 45π

직각삼각형 AOB에서

$\overline{\mathrm{OB}}=\sqrt{9^2-6^2}=\sqrt{45}=3\sqrt{5}$

따라서 밑면인 원의 반지름의 길이가 $3\sqrt{5}$이므로

밑면의 넓이는 $\pi \times (3\sqrt{5})^2=45\pi$

297_ 답 $h=3\sqrt{3}$, $V=9\sqrt{3}\pi$

직각삼각형 AOB에서

원뿔의 높이는 '

$h=\sqrt{6^2-3^2}=\sqrt{27}=3\sqrt{3}$

원뿔의 부피는

$V=\dfrac{1}{3}\times\pi\times 3^2\times 3\sqrt{3}=9\sqrt{3}\pi$

298_ 답 ①

$\overline{\mathrm{AC}}=4\sqrt{2}$이므로

$\overline{\mathrm{AH}}=\dfrac{1}{2}\overline{\mathrm{AC}}=\dfrac{1}{2}\times 4\sqrt{2}=2\sqrt{2}$

직각삼각형 OAH에서

$\overline{\mathrm{OH}}=\sqrt{\overline{\mathrm{OA}}^2-\overline{\mathrm{AH}}^2}=\sqrt{6^2-(2\sqrt{2})^2}=2\sqrt{7}$

299_ 답 ④

$\overline{\mathrm{AC}}=8\sqrt{2}$이므로

$\overline{\mathrm{AH}}=\dfrac{1}{2}\overline{\mathrm{AC}}=\dfrac{1}{2}\times 8\sqrt{2}=4\sqrt{2}$

직각삼각형 OAH에서

정사각뿔의 높이 $h=\overline{\mathrm{OH}}=\sqrt{(5\sqrt{2})^2-(4\sqrt{2})^2}=3\sqrt{2}$

정사각뿔의 부피 $V=\dfrac{1}{3}\times 8^2\times 3\sqrt{2}=64\sqrt{2}$

300_ 답 $h=\dfrac{2\sqrt{6}}{3}$, $V=\dfrac{2\sqrt{2}}{3}$

$h=\dfrac{\sqrt{6}}{3}\times 2=\dfrac{2\sqrt{6}}{3}$

$V=\dfrac{\sqrt{2}}{12}\times 2^3=\dfrac{2\sqrt{2}}{3}$

301_ 답 ⑤

정사면체의 한 모서리의 길이를 x라 하면

$\dfrac{\sqrt{6}}{3}x=4\sqrt{6}$

따라서 $x=12$

302_ 답 $27\sqrt{3}$

정사면체의 한 모서리의 길이를 x라 하면

$\dfrac{\sqrt{6}}{3}x=6$, $x=3\sqrt{6}$

따라서 정사면체의 한 모서리의 길이가 $3\sqrt{6}$이므로 부피는

$\dfrac{\sqrt{2}}{12}\times (3\sqrt{6})^3=27\sqrt{3}$

303_ 답 $8\sqrt{2}\ \mathrm{cm}$

다음 전개도에서 구하는 최단 거리는 $\overline{\mathrm{AG}}$의 길이와 같다.

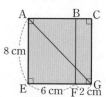

직각삼각형 AEG에서

$\overline{\mathrm{AG}}=\sqrt{8^2+(6+2)^2}$

$\qquad =8\sqrt{2}(\mathrm{cm})$

304_ 답 25 cm

다음 전개도에서 구하는 최단 거리는 $\overline{\text{BH}}$의 길이와 같다.

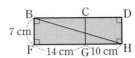

직각삼각형 BFH에서
$$\overline{\text{BH}}=\sqrt{7^2+(14+10)^2}$$
$$=25(\text{cm})$$

305_ 답 10π cm

다음과 같이 원기둥의 옆면의 전개도를 그리면 필요한 실의 길이의 최솟값은 $\overline{\text{AB}}$의 길이와 같다.

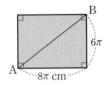

$\overline{\text{AB}}$를 빗변으로 하는 직각삼각형에서
$$\overline{\text{AB}}=\sqrt{(8\pi)^2+(6\pi)^2}$$
$$=10\pi(\text{cm})$$

306_ 답 8π cm

원기둥의 높이를 x cm라 하자.

다음과 같이 원기둥의 옆면의 전개도를 그리면 필요한 실의 길이의 최솟값은 $\overline{\text{BA}}$의 길이와 같다.

$\overline{\text{BA}}$를 빗변으로 하는 직각삼각형에서
$$x=\sqrt{(10\pi)^2-(6\pi)^2}$$
$$=8\pi(\text{cm})$$
따라서 원기둥의 높이는 8π cm이다.

307_ 답 ③

③ $\tan A=\dfrac{\overline{\text{BC}}}{\overline{\text{AB}}}=\dfrac{5}{12}$

308_ 답 $\sin A=\dfrac{\sqrt{5}}{5}$, $\cos A=\dfrac{2\sqrt{5}}{5}$, $\tan A=\dfrac{1}{2}$

$\overline{\text{AC}}=\sqrt{2^2+1^2}=\sqrt{5}$이므로

$\sin A=\dfrac{\overline{\text{BC}}}{\overline{\text{AC}}}=\dfrac{1}{\sqrt{5}}=\dfrac{\sqrt{5}}{5}$

$\cos A=\dfrac{\overline{\text{AB}}}{\overline{\text{AC}}}=\dfrac{2}{\sqrt{5}}=\dfrac{2\sqrt{5}}{5}$

$\tan A=\dfrac{\overline{\text{BC}}}{\overline{\text{AB}}}=\dfrac{1}{2}$

309_ 답 $\dfrac{5\sqrt{13}}{13}$

$\overline{\text{AC}}=\sqrt{3^2+2^2}=\sqrt{13}$이므로

$\sin A=\dfrac{\overline{\text{BC}}}{\overline{\text{AC}}}=\dfrac{2}{\sqrt{13}}=\dfrac{2\sqrt{13}}{13}$

$\cos A=\dfrac{\overline{\text{AB}}}{\overline{\text{AC}}}=\dfrac{3}{\sqrt{13}}=\dfrac{3\sqrt{13}}{13}$

따라서 $\sin A+\cos A=\dfrac{2\sqrt{13}}{13}+\dfrac{3\sqrt{13}}{13}=\dfrac{5\sqrt{13}}{13}$

310_ 답 6 cm

$\cos B=\dfrac{\overline{\text{BC}}}{\overline{\text{AB}}}$이므로

$\overline{\text{BC}}=\overline{\text{AB}}\cos B=10\times\dfrac{3}{5}=6(\text{cm})$

311_ 답 6 cm

$\sin A=\dfrac{\overline{\text{BC}}}{\overline{\text{AB}}}$이므로

$\overline{\text{AB}}=\dfrac{\overline{\text{BC}}}{\sin A}=4\div\dfrac{2}{3}=4\times\dfrac{3}{2}=6(\text{cm})$

312_ 답 $3\sqrt{10}$ cm

$\tan C=\dfrac{\overline{\text{AB}}}{\overline{\text{BC}}}$이므로

$\overline{\text{BC}}=\dfrac{\overline{\text{AB}}}{\tan C}=3\div\dfrac{1}{3}=3\times3=9(\text{cm})$

직각삼각형 ABC에서
$\overline{\text{AC}}=\sqrt{3^2+9^2}=\sqrt{90}=3\sqrt{10}(\text{cm})$

313_ 답 $\frac{3}{5}$

$\sin A = \dfrac{\overline{BC}}{\overline{AC}} = \dfrac{4}{5}$이므로

$\overline{AC} = 5a \ (a > 0)$라 하면 $\overline{BC} = 4a$이고,

$\overline{AB} = \sqrt{(5a)^2 - (4a)^2} = 3a$

따라서 $\cos A = \dfrac{\overline{AB}}{\overline{AC}} = \dfrac{3a}{5a} = \dfrac{3}{5}$

314_ 답 $\frac{\sqrt{2}}{4}$

$\sin A = \dfrac{\overline{BC}}{\overline{AC}} = \dfrac{1}{3}$이므로

$\overline{BC} = a \ (a > 0)$라 하면 $\overline{AC} = 3a$이고,

$\overline{AB} = \sqrt{(3a)^2 - a^2} = \sqrt{8}a = 2\sqrt{2}a$

따라서

$\tan A = \dfrac{\overline{BC}}{\overline{AB}} = \dfrac{a}{2\sqrt{2}a} = \dfrac{1}{2\sqrt{2}} = \dfrac{\sqrt{2}}{4}$

315_ 답 $\frac{20}{41}$

$\tan A = \dfrac{\overline{BC}}{\overline{AB}} = \dfrac{5}{4}$이므로

$\overline{AB} = 4a \ (a > 0)$라 하면 $\overline{BC} = 5a$이고,

$\overline{AC} = \sqrt{(4a)^2 + (5a)^2} = \sqrt{41}a$

$\sin A = \dfrac{\overline{BC}}{\overline{AC}} = \dfrac{5a}{\sqrt{41}a} = \dfrac{5}{\sqrt{41}}$

$\cos A = \dfrac{\overline{AB}}{\overline{AC}} = \dfrac{4a}{\sqrt{41}a} = \dfrac{4}{\sqrt{41}}$

따라서 $\sin A \times \cos A = \dfrac{5}{\sqrt{41}} \times \dfrac{4}{\sqrt{41}} = \dfrac{20}{41}$

316_ 답 $\frac{\sqrt{2}}{2}$

$\overline{BH} = \sqrt{3^2 + 4^2 + 5^2}$
$\quad = \sqrt{50} = 5\sqrt{2} \, (\text{cm})$

$\overline{FH} = \sqrt{3^2 + 4^2}$
$\quad = \sqrt{25} = 5 \, (\text{cm})$

따라서

$\cos x = \dfrac{\overline{FH}}{\overline{BH}} = \dfrac{5}{5\sqrt{2}} = \dfrac{1}{\sqrt{2}} = \dfrac{\sqrt{2}}{2}$

317_ 답 ④

④ $\tan x = \dfrac{\overline{BF}}{\overline{FH}}$

$\quad = \dfrac{3}{3\sqrt{2}} = \dfrac{1}{\sqrt{2}} = \dfrac{\sqrt{2}}{2}$

318_ 답 $\frac{1}{2}$

$\cos 30° \times \tan 60° - \sin 45° \div \cos 45°$

$= \dfrac{\sqrt{3}}{2} \times \sqrt{3} - \dfrac{\sqrt{2}}{2} \div \dfrac{\sqrt{2}}{2}$

$= \dfrac{3}{2} - 1 = \dfrac{1}{2}$

319_ 답 ②

$\sin 60° : \cos 60° : \tan 60°$

$= \dfrac{\sqrt{3}}{2} : \dfrac{1}{2} : \sqrt{3}$

$= \sqrt{3} : 1 : 2\sqrt{3}$

320_ 답 ③

① $\cos 60° - \sin 30° = \dfrac{1}{2} - \dfrac{1}{2} = 0$

② $\sin 45° \times \tan 45° = \dfrac{\sqrt{2}}{2} \times 1 = \dfrac{\sqrt{2}}{2}$

③ $\cos 30° + \sin 60° = \dfrac{\sqrt{3}}{2} + \dfrac{\sqrt{3}}{2} = \sqrt{3}$

④ $\sin 90° \div \tan 30° + \cos 90° = 1 \div \dfrac{\sqrt{3}}{3} + 0 = \sqrt{3}$

⑤ $\sin 0° \times \tan 60° - \cos 0° = 0 \times \sqrt{3} - 1 = -1$

따라서 옳은 것은 ③이다.

321_ 답 (1) $2\sqrt{2}$　　(2) 10

(1) $\cos 45° = \dfrac{x}{4} = \dfrac{\sqrt{2}}{2}$

　따라서 $x = 2\sqrt{2}$

(2) $\sin 30° = \dfrac{5}{x} = \dfrac{1}{2}$

　따라서 $x = 10$

322_ 탭 $x=3,\ y=3\sqrt{2}$

$\sin 30°=\dfrac{x}{6}=\dfrac{1}{2},\ x=3$

$\sin 45°=\dfrac{x}{y}=\dfrac{3}{y}=\dfrac{\sqrt{2}}{2},\ y=3\sqrt{2}$

323_ 탭 $x=4\sqrt{3},\ y=4$

$\tan 45°=\dfrac{x}{4\sqrt{3}}=1,\ x=4\sqrt{3}$

$\tan 60°=\dfrac{x}{y}=\dfrac{4\sqrt{3}}{y}=\sqrt{3},\ y=4$

324_ 탭 ⑤

⑤ $\tan z=\dfrac{\overline{\mathrm{AD}}}{\overline{\mathrm{DE}}}=\dfrac{1}{\overline{\mathrm{DE}}}$

325_ 탭 0.4258

$\tan 50°=\dfrac{\overline{\mathrm{CD}}}{\overline{\mathrm{OC}}}=\overline{\mathrm{CD}}=1.1918$

$\sin 50°=\dfrac{\overline{\mathrm{AB}}}{\overline{\mathrm{OA}}}=\overline{\mathrm{AB}}=0.7660$이므로

$\tan 50°-\sin 50°$
$=1.1918-0.7660=0.4258$

326_ 탭 ⑤

$x=10\cos 21°=10\times 0.9336=9.336$

$y=5\tan(90°-68°)=5\tan 22°$
$\ \ =5\times 0.4040=2.02$

327_ 탭 $45°$

일차함수 $y=x-2$의 그래프가 x축과 이루는 예각의 크기를 $\angle a$라 하면

직선의 기울기는 1이므로 $\tan a=1=\tan 45°$

따라서 $\angle a=45°$

328_ 탭 $y=\sqrt{3}x+2\sqrt{3}$

직선의 기울기는 $\tan 60°=\sqrt{3}$이므로

$y=\sqrt{3}x+b$

x절편이 -2이므로

$-2\sqrt{3}+b=0,\ b=2\sqrt{3}$

따라서 구하고자 하는 직선의 방정식은

$y=\sqrt{3}x+2\sqrt{3}$

329_ 탭 $\dfrac{5}{4}$

$5x-4y+20=0$을 y에 관한 식으로 정리하면

$y=\dfrac{5}{4}x+5$이므로

$\tan a=(\text{직선의 기울기})=\dfrac{5}{4}$

330_ 탭 $9\,\mathrm{m}$

오른쪽 그림에서

$\overline{\mathrm{AB}}=3\sqrt{3}\tan 30°$
$\ \ \ \ \ =3\sqrt{3}\times\dfrac{\sqrt{3}}{3}=3\,(\mathrm{m})$

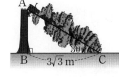

$\overline{\mathrm{AC}}=\dfrac{3\sqrt{3}}{\cos 30°}=3\sqrt{3}\times\dfrac{2}{\sqrt{3}}=6\,(\mathrm{m})$

따라서 처음 나무의 높이는

$\overline{\mathrm{AB}}+\overline{\mathrm{AC}}=3+6=9\,(\mathrm{m})$

331_ 탭 $\sqrt{3},\ 10,\ 5(\sqrt{3}-1),\ 5(\sqrt{3}-1)$

전봇대가 지면과 만나는 지점을 H 라 하자.

$\overline{\mathrm{AH}}=x\,\mathrm{m}$라 하면

$\angle\mathrm{BAH}=90°-30°=60°$이므로

$\overline{\mathrm{BH}}=x\times\tan 60°=\boxed{\sqrt{3}}\,x\,(\mathrm{m})$

$\angle\mathrm{CAH}=90°-45°=45°$이므로

$\overline{\mathrm{HC}}=x\times\tan 45°=x\,(\mathrm{m})$

$\overline{\mathrm{BC}}=\overline{\mathrm{BH}}+\overline{\mathrm{HC}}$이므로 $\boxed{10}=(\sqrt{3}+1)x$

$x=\dfrac{10}{\sqrt{3}+1}=\boxed{5(\sqrt{3}-1)}$

따라서 전봇대의 높이는 $\boxed{5(\sqrt{3}-1)}\,(\mathrm{m})$이다.

332_ 답 (1) $\dfrac{27\sqrt{3}}{2}$ (2) $\dfrac{15\sqrt{3}}{2}$

(1) $\triangle ABC = \dfrac{1}{2} \times 6 \times 9 \times \sin 60°$

$= \dfrac{1}{2} \times 6 \times 9 \times \dfrac{\sqrt{3}}{2}$

$= \dfrac{27\sqrt{3}}{2}$

(2) $\triangle ABC = \dfrac{1}{2} \times 5 \times 6 \times \sin(180° - 120°)$

$= \dfrac{1}{2} \times 5 \times 6 \times \sin 60°$

$= \dfrac{1}{2} \times 5 \times 6 \times \dfrac{\sqrt{3}}{2}$

$= \dfrac{15\sqrt{3}}{2}$

333_ 답 8 cm

$\dfrac{1}{2} \times 4\sqrt{2} \times \overline{BC} \times \sin 30° = 8\sqrt{2}$

$\dfrac{1}{2} \times 4\sqrt{2} \times \overline{BC} \times \dfrac{1}{2} = 8\sqrt{2}$

$\sqrt{2} \times \overline{BC} = 8\sqrt{2}$

따라서 $\overline{BC} = 8$ cm

334_ 답 150°

$\dfrac{1}{2} \times 4 \times 6 \times \sin(180° - \angle B) = 6$

$\sin(180° - \angle B) = \dfrac{1}{2}$

$\sin 30° = \dfrac{1}{2}$ 이므로

$180° - \angle B = 30°$

따라서 $\angle B = 150°$

335_ 답 $14\sqrt{3}$ cm^2

$\triangle ABC = \dfrac{1}{2} \times 4 \times 8 \times \sin 60°$

$= \dfrac{1}{2} \times 4 \times 8 \times \dfrac{\sqrt{3}}{2}$

$= 8\sqrt{3}(\text{cm}^2)$

$\overline{AC} = 8 \times \sin 60°$

$= 8 \times \dfrac{\sqrt{3}}{2}$

$= 4\sqrt{3}(\text{cm})$이므로

$\triangle ACD = \dfrac{1}{2} \times 4\sqrt{3} \times 6 \times \sin 30°$

$= \dfrac{1}{2} \times 4\sqrt{3} \times 6 \times \dfrac{1}{2}$

$= 6\sqrt{3}(\text{cm}^2)$

따라서

$\square ABCD = \triangle ABC + \triangle ACD$

$= 8\sqrt{3} + 6\sqrt{3} = 14\sqrt{3}(\text{cm}^2)$

336_ 답 $16\sqrt{3}$ cm^2

선분 BD를 그으면 $\square ABCD = \triangle ABD + \triangle DBC$이다.

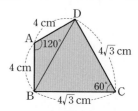

$\triangle ABD = \dfrac{1}{2} \times 4 \times 4 \times \sin(180° - 120°)$

$= \dfrac{1}{2} \times 4 \times 4 \times \dfrac{\sqrt{3}}{2}$

$= 4\sqrt{3}(\text{cm}^2)$

$\triangle DBC = \dfrac{1}{2} \times 4\sqrt{3} \times 4\sqrt{3} \times \sin 60°$

$= \dfrac{1}{2} \times 4\sqrt{3} \times 4\sqrt{3} \times \dfrac{\sqrt{3}}{2}$

$= 12\sqrt{3}(\text{cm}^2)$

따라서

$\square ABCD = \triangle ABD + \triangle DBC$

$= 4\sqrt{3} + 12\sqrt{3} = 16\sqrt{3}(\text{cm}^2)$

337_ 답 $\dfrac{7\sqrt{3}}{2}$ cm^2

선분 AC를 그으면 $\square ABCD = \triangle ABC + \triangle ACD$이다.

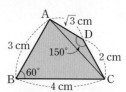

$\triangle ABC = \dfrac{1}{2} \times 3 \times 4 \times \sin 60°$

$= \dfrac{1}{2} \times 3 \times 4 \times \dfrac{\sqrt{3}}{2}$

$= 3\sqrt{3}(\text{cm}^2)$

$$\triangle \text{ACD} = \frac{1}{2} \times \sqrt{3} \times 2 \times \sin(180° - 150°)$$
$$= \frac{1}{2} \times \sqrt{3} \times 2 \times \frac{1}{2}$$
$$= \frac{\sqrt{3}}{2}(\text{cm}^2)$$

따라서
$$\square \text{ABCD} = \triangle \text{ABC} + \triangle \text{ACD}$$
$$= 3\sqrt{3} + \frac{\sqrt{3}}{2} = \frac{7\sqrt{3}}{2}(\text{cm}^2)$$

338_ 답 $70\sqrt{3}\,\text{cm}^2$

$$\square \text{ABCD} = 10 \times 14 \times \sin 60°$$
$$= 10 \times 14 \times \frac{\sqrt{3}}{2}$$
$$= 70\sqrt{3}(\text{cm}^2)$$

339_ 답 $72\sqrt{2}\,\text{cm}^2$

마름모는 네 변의 길이가 모두 같으므로
$$\square \text{ABCD} = 12 \times 12 \times \sin(180° - 135°)$$
$$= 12 \times 12 \times \frac{\sqrt{2}}{2}$$
$$= 72\sqrt{2}(\text{cm}^2)$$

340_ 답 6 cm

$$\square \text{ABCD} = 4 \times \overline{\text{BC}} \times \sin 60°$$
$$= 4 \times \overline{\text{BC}} \times \frac{\sqrt{3}}{2}$$
$$= 2\sqrt{3} \times \overline{\text{BC}} = 12\sqrt{3}(\text{cm}^2)$$

따라서 $\overline{\text{BC}} = 6\,\text{cm}$

341_ 답 $48\sqrt{3}\,\text{cm}^2$

$$\square \text{ABCD} = \frac{1}{2} \times 12 \times 16 \times \sin 60°$$
$$= \frac{1}{2} \times 12 \times 16 \times \frac{\sqrt{3}}{2}$$
$$= 48\sqrt{3}(\text{cm}^2)$$

342_ 답 $55\sqrt{3}\,\text{cm}^2$

$\overline{\text{AC}} = 2\overline{\text{OC}} = 2 \times 5 = 10(\text{cm})$, $\overline{\text{BD}} = 2\overline{\text{OB}} = 2 \times 11 = 22(\text{cm})$
이므로
$$\square \text{ABCD} = \frac{1}{2} \times 10 \times 22 \times \sin(180° - 120°)$$
$$= \frac{1}{2} \times 10 \times 22 \times \frac{\sqrt{3}}{2} = 55\sqrt{3}(\text{cm}^2)$$

343_ 답 3 cm

$$\square \text{ABCD} = \frac{1}{2} \times 4 \times \overline{\text{AC}} \times \sin 45°$$
$$= \frac{1}{2} \times 4 \times \overline{\text{AC}} \times \frac{\sqrt{2}}{2}$$
$$= \sqrt{2} \times \overline{\text{AC}} = 3\sqrt{2}(\text{cm}^2)$$

따라서 $\overline{\text{AC}} = 3\,\text{cm}$

344_ 답 8

직각삼각형 OAM에서
$$\overline{\text{AM}} = \sqrt{5^2 - 3^2} = 4(\text{cm})$$
$\overline{\text{OM}} \perp \overline{\text{AB}}$이므로 $\overline{\text{AM}} = \overline{\text{BM}}$
따라서 $x = 2\overline{\text{AM}} = 2 \times 4 = 8$

345_ 답 6, $x-4$, 6, $\dfrac{13}{2}$

$\overline{\text{OM}} \perp \overline{\text{AB}}$이므로
$$\overline{\text{AM}} = \overline{\text{BM}} = \boxed{6}\,(\text{cm})$$
$$\overline{\text{OM}} = \overline{\text{OC}} - \overline{\text{MC}} = \overline{\text{OA}} - \overline{\text{MC}} = \boxed{x-4}\,(\text{cm})$$
직각삼각형 OAM에서
$$\overline{\text{OM}}^2 + \overline{\text{AM}}^2 = \overline{\text{OA}}^2$$이므로
$$(x-4)^2 + \boxed{6}^2 = x^2$$
$$x^2 - 8x + 16 + 36 = x^2, \ 8x = 52$$

따라서 $x = \boxed{\dfrac{13}{2}}$

346_ 답 (1) 8　　(2) 2

(1) 원의 중심으로부터 같은 거리에 있는 두 현의 길이는 같으므로
$x = 8$

(2) 길이가 같은 두 현은 원의 중심으로부터 같은 거리에 있으므로
$x = 2$

347_ 답 $x=8, y=2\sqrt{5}$

원의 중심으로부터 같은 거리에 있는 두 현의 길이는 같으므로

$x=8$

$\overline{OM} \perp \overline{AB}$이므로

$\overline{AM}=\overline{BM}=\dfrac{1}{2}\times 8=4(\text{cm})$

직각삼각형 OAM에서

$y=\overline{OM}=\sqrt{6^2-4^2}=\sqrt{20}=2\sqrt{5}$

348_ 답 $70°$

$\overline{OM}=\overline{ON}$이므로 $\overline{AB}=\overline{AC}$

$\triangle ABC$는 이등변삼각형이므로

$\angle ABC=\angle ACB$

$\qquad =\dfrac{1}{2}(180°-40°)$

$\qquad =\dfrac{1}{2}\times 140°=70°$

349_ 답 3 cm

$\overline{PA} \perp \overline{OA}$이므로 $\triangle OPA$는 직각삼각형이다.

따라서 $\overline{OA}=\sqrt{5^2-4^2}=\sqrt{9}=3(\text{cm})$

350_ 답 8 cm

$\overline{PB}=\overline{PA}=\sqrt{10^2-6^2}=\sqrt{64}=8(\text{cm})$

351_ 답 34 cm

$\overline{OB}=\overline{OA}=5\ \text{cm},$

$\overline{PB}=\overline{PA}=\sqrt{13^2-5^2}=\sqrt{144}=12(\text{cm})$이므로

□OBPA의 둘레의 길이는

$5+12+12+5=34(\text{cm})$

352_ 답 $60°$

$\triangle OTP$에서

$\angle OTP=90°$이므로 $\angle POT=90°-30°=60°$

353_ 답 ⑤

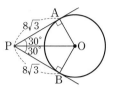

① $\overline{PA}=\overline{PB}=8\sqrt{3}$

② $\overline{OA}=\overline{PA}\tan 30°=8\sqrt{3}\times\dfrac{\sqrt{3}}{3}=8$

③ $\overline{OA} \perp \overline{PA}$이므로 $\angle OAP=90°$

④ $\angle AOB=180°-\angle APB=180°-60°=120°$

⑤ $\overline{PO}=\dfrac{8\sqrt{3}}{\cos 30°}$

$\qquad =8\sqrt{3}\div\cos 30°$

$\qquad =8\sqrt{3}\div\dfrac{\sqrt{3}}{2}$

$\qquad =8\sqrt{3}\times\dfrac{2}{\sqrt{3}}=16$

따라서 옳지 않은 것은 ⑤이다.

354_ 답 $50°$

$\triangle OAB$에서 $\overline{OA}=\overline{OB}$이므로

$\angle OBA=\angle OAB=25°$

따라서 $\angle AOB=180°-2\times 25°=130°$

$\angle APB+\angle AOB=180°$이므로

$\angle APB+130°=180°$

따라서 $\angle APB=50°$

355_ 답 6 cm

$\overline{BD}=\overline{BE}=4\ \text{cm}$

$\overline{AF}=\overline{AD}=9-4=5(\text{cm})$

따라서 $\overline{EC}=\overline{FC}=11-5=6(\text{cm})$

356_ 답 16 cm

$\overline{AD}=\overline{AF}=6\ \text{cm}$

$\overline{BE}=\overline{BD}=12-6=6(\text{cm})$

$\overline{CE}=\overline{CF}=16-6=10(\text{cm})$

따라서 $\overline{BC}=\overline{BE}+\overline{CE}=6+10=16(\text{cm})$

357_ 답 20 cm

$\overline{AF}=\overline{AD}=2\ cm$, $\overline{BD}=\overline{BE}=3\ cm$

$\overline{CE}=\overline{CF}=5\ cm$이므로

△ABC의 둘레의 길이는

$2(2+3+5)=2\times10=20(cm)$이다.

358_ 답 8

$\overline{AB}+\overline{CD}=\overline{AD}+\overline{BC}$이므로

$x+6=4+10$

따라서 $x=8$

359_ 답 10 cm

원 O의 반지름의 길이가 4 cm이므로

$\overline{AD}=4+8=12(cm)$

$\overline{AB}+\overline{CD}=\overline{AD}+\overline{BC}$이므로

$8+\overline{CD}=12+6$

따라서 $\overline{CD}=10\ cm$

360_ 답 26 cm

$\overline{DG}=\overline{DH}=2\ cm$이므로

$\overline{CD}=\overline{DG}+\overline{GC}=2+3=5(cm)$

$\overline{AD}+\overline{BC}=\overline{AB}+\overline{CD}$

$\qquad\qquad =8+5=13(cm)$

□ABCD의 둘레의 길이는

$\overline{AB}+\overline{BC}+\overline{CD}+\overline{AD}$

$=2(\overline{AB}+\overline{CD})$

$=2\times13=26(cm)$

361_ 답 (1) 75° (2) 80°

(1) 원주각의 크기는 중심각의 크기의 $\dfrac{1}{2}$배이므로

$\qquad\angle x=\dfrac{1}{2}\times150°=75°$

(2) 중심각의 크기는 원주각의 크기의 2배이므로

$\qquad\angle x=2\times40°=80°$

362_ 답 55°

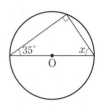

반원에 대한 원주각의 크기는 90°이므로

$\angle x=180°-(35°+90°)$

$\qquad =55°$

363_ 답 (1) 30° (2) 35°

(1) 한 호에 대한 원주각의 크기는 모두 같으므로

$\qquad\angle x=30°$

(2) 한 호에 대한 원주각의 크기는 모두 같으므로

$\qquad\angle x=35°$

364_ 답 ∠PBQ, 94, 64

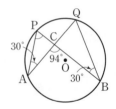

∠PAQ, ∠PBQ는 $\overset{\frown}{PQ}$에 대한 원주각

이므로

$\angle PAQ=\boxed{\angle PBQ}=30°$

△PAC에서

$\angle ACB=\angle APB+\angle PAQ$

$\boxed{94}°=\angle APB+30°$

따라서 $\angle APB=\boxed{64}°$

365_ 답 (1) 50 (2) 4

(1) 길이가 같은 호에 대한 원주각의 크기는 같으므로 $x=50$

(2) 호의 길이는 중심각의 크기에 비례하고, 중심각의 크기는 원주

각의 2배이므로 호의 길이는 원주각의 크기에도 비례한다.

$\qquad x:8=30:60$, $x=4$

366_ 답 ∠DCB, 64

$\overset{\frown}{AC}=\overset{\frown}{DB}$이므로

$\boxed{\angle DCB}=\angle ABC=32°$

△PCB에서

$\angle BPD=\angle ABC+\angle DCB$

$\qquad\qquad =32°+32°=\boxed{64}°$

367_ 답 ②, ③

② ∠BAC=∠BDC=90°이므로
　네 점 A, B, C, D가 한 원 위에 있다.
③ ∠ADB=∠ACB=50°이므로
　네 점 A, B, C, D가 한 원 위에 있다.

368_ 답 ∠x=60°, ∠y=80°

△ABC는 정삼각형이므로
∠BAC=∠ACB=60°
네 점 A, B, C, D가 한 원 위에 있으
려면
∠x=∠BAC=60°
또, ∠ACD=∠ABD=20°이므로
∠y=∠ACB+∠ACD
　　=60°+20°=80°

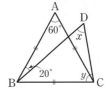

369_ 답 x=85, y=80

원에 내접하는 사각형 ABCD에 대하여
x+95=180이므로 x=85
y+100=180이므로 y=80

370_ 답 ∠x=95°, ∠y=80°

원에 내접하는 사각형 ABCD에 대하여
∠x+85°=180°이므로 ∠x=95°
(180°-∠y)+(180°-100°)=180°이므로 ∠y=80°

371_ 답 75°

△BCD에서 ∠C=180°-(35°+40°)=105°이고
∠A+∠C=180°이므로 ∠A+105°=180°
따라서 ∠A=75°

372_ 답 ①

□ABCD가 원에 내접하기 위해서는
∠A+∠C=180°이어야 한다.
즉, ∠A+82°=180°, ∠A=98°

△ABD에서
∠ABD=180°-(98°+50°)
　　　=180°-148°=32°

373_ 답 65°

∠BAC=∠BDC=55°이므로 □ABCD는 원에 내접한다.
$\overline{AB}$=$\overline{AD}$이므로
∠ABD=∠ADB=∠ACB=30°
△ABD에서
∠DAC=180°-(55°+30°+30°)
　　　=180°-115°=65°

374_ 답 (1) ∠x=60°, ∠y=70°　　(2) ∠x=90°, ∠y=30°

(1) 접선 AT와 현 AB가 이루는 ∠BAT의 크기는 $\widehat{AB}$에 대한
　원주각 ∠ACB의 크기와 같으므로 ∠x=60°
　또 접선 AT와 현 AC가 이루는 ∠y의 크기는 $\widehat{AC}$에 대한 원
　주각 ∠CBA의 크기와 같으므로 ∠y=70°
(2) 접선 AT와 현 AC가 이루는 ∠x의 크기는 $\widehat{AC}$에 대한 원주각
　∠CBA의 크기와 같으므로 ∠x=90°
　또 접선 AT와 현 AB가 이루는 ∠y의 크기는 $\widehat{AB}$에 대한 원
　주각 ∠BCA의 크기와 같으므로 ∠y=30°

375_ 답 45°

접선과 현이 이루는 각의 크기는 그 각의 내부에 있는 호에 대한 원
주각의 크기와 같으므로
∠DBE=∠DAB=70°
따라서 ∠CBE=∠DBE-∠DBC
　　　　　　=70°-25°=45°

376_ 답 65°

접선과 현이 이루는 각의 크기는 그 각의 내부에 있는 호에 대한 원
주각의 크기와 같으므로
∠DBE=∠DAB=100°
따라서 ∠CBE=∠DBE-∠DBC
　　　　　　=100°-35°=65°

377_ 답 46°

접선과 현이 이루는 각의 크기는 그 각의 내부에 있는 호에 대한 원
주각의 크기와 같으므로
∠ABC=∠DAC=72°

$\overline{PA}=\overline{PB}$이므로

$\angle PBA=\angle PAB=\dfrac{1}{2}\times(180°-56°)=\dfrac{1}{2}\times124°=62°$

따라서

$\angle CBE=180°-(\angle PBA+\angle ABC)$
$\qquad\quad=180°-(62°+72°)=180°-134°=46°$

378_ 답 108°

$\overline{BT}=\overline{BP}$이므로 $\angle BTP=\angle BPT=24°$

접선과 현이 이루는 각의 크기는 그 각의 내부에 있는 호에 대한 원주각의 크기와 같으므로

$\angle BAT=\angle BTP=24°$

한편, $\triangle BTP$에서 $\angle ABT=2\times24°=48°$

$\triangle ATB$에서

$\angle ATB=180°-(\angle BAT+\angle ABT)$
$\qquad\quad=180°-(24°+48°)$
$\qquad\quad=180°-72°=108°$

379_ 답 65°

$\overline{AD}=\overline{AF}$이므로

$\angle ADF=\angle AFD=\dfrac{1}{2}\times(180°-50°)=65°$

접선과 현이 이루는 각의 크기는 그 각의 내부에 있는 호에 대한 원주각의 크기와 같으므로 $\angle DEF=\angle ADF=65°$

380_ 답 ⑴ 3 ⑵ $\sqrt{7}$

⑴ $\overline{PA}\times\overline{PB}=\overline{PC}\times\overline{PD}$이므로

$\quad6\times4=x\times8,\ x=3$

⑵ $\overline{PA}=2x+x=3x\,(\mathrm{cm}),\ \overline{PB}=x\,\mathrm{cm}$이므로

$\quad\overline{PA}\times\overline{PB}=\overline{PC}\times\overline{PD}$에서

$\quad3x\times x=7\times3,\ 3x^2=21,\ x^2=7$

$\quad x>0$이므로 $x=\sqrt{7}$

381_ 답 4 cm

$\overline{PC}=x\,\mathrm{cm}$라 하면 $\overline{PA}\times\overline{PB}=\overline{PC}\times\overline{PD}$이므로

$5\times(5+3)=x\times(x+6),\ 40=x^2+6x$

$x^2+6x-40=0,\ (x-4)(x+10)=0$

$x>0$이므로 $x=4$

따라서 $\overline{PC}=4\,\mathrm{cm}$

382_ 답 5

$\overline{PT}^2=\overline{PA}\times\overline{PB}$이므로

$10^2=x\times(x+15),\ x^2+15x-100=0$

$(x-5)(x+20)=0,\ x>0$이므로 $x=5$이다.

383_ 답 $3\sqrt{2}$ cm

$\overline{AB}=x\,\mathrm{cm}$라 하면 $\overline{PA}=x\,\mathrm{cm},\ \overline{PB}=2x\,\mathrm{cm}$이고

$\overline{PT}^2=\overline{PA}\times\overline{PB}$이므로

$6^2=x\times2x,\ 2x^2=36,\ x^2=18$

$x>0$이므로 $x=\sqrt{18}=3\sqrt{2}$

따라서 $\overline{AB}=3\sqrt{2}\,\mathrm{cm}$

384_ 답 $\dfrac{9}{4}$ cm

원 O의 반지름의 길이를 $r\,\mathrm{cm}$라 하면

$\overline{PT}^2=\overline{PA}\times\overline{PB}$이므로 $10^2=8\times(8+2r)$

$16r+64=100,\ 16r=36,\ r=\dfrac{9}{4}$

따라서 원 O의 반지름의 길이는 $\dfrac{9}{4}\,\mathrm{cm}$이다.

385_ 답 4 cm

$\overline{PA}\times\overline{PB}=\overline{PC}\times\overline{PD}$이므로 $3\times8=\overline{PC}\times6$

따라서 $\overline{PC}=4\,\mathrm{cm}$

386_ 답 ②

$\overline{AC}\times\overline{CD}=\overline{BC}\times\overline{CE}$이므로

$6\times2=\overline{BC}\times(2+8)$

$10\overline{BC}=12$

따라서 $\overline{BC}=\dfrac{6}{5}\,\mathrm{cm}$

387_ 답 2 cm

$\overline{PA}\times\overline{PB}=\overline{PC}\times\overline{PD}$이므로 $4\times(4+8)=6\times(6+\overline{CD})$

$48=36+6\overline{CD},\ 6\overline{CD}=12$

따라서 $\overline{CD}=2\,\mathrm{cm}$

388_ 답 ⑤

$\overline{PA}\times\overline{PB}=\overline{PC}\times\overline{PD}$이므로 $4\times(4+3)=2\times(2+\overline{CD})$

$28=4+2\overline{CD},\ 2\overline{CD}=24$

따라서 $\overline{CD}=12\,\mathrm{cm}$

THEME 07
도형의 방정식

001_ 답 (1) 6 또는 -4 (2) 5 또는 15

(1) $\overline{AB} = |1-a| = 5$, $1-a = -5$ 또는 $1-a = 5$

    따라서 $a=6$ 또는 $a=-4$

(2) $\overline{CD} = |b-10| = 5$, $b-10 = -5$ 또는 $b-10 = 5$

    따라서 $b=5$ 또는 $b=15$

002_ 답 2

$\overline{AB} = \sqrt{(a-1)^2 + (4-2)^2} = \sqrt{13}$ 이므로

$(a-1)^2 = 9$, $a-1 = \pm 3$

따라서 $a=4$ 또는 $a=-2$이므로

모든 a의 값의 합은 $4 + (-2) = 2$

003_ 답 -3

점 P는 y축 위의 점이므로 $a=0$이다.

점 P의 좌표를 $(0, b)$라 하면 $\overline{AP} = \overline{BP}$이므로

$\overline{AP}^2 = \overline{BP}^2$

즉, $(-1)^2 + (b-1)^2 = (-4)^2 + (b+2)^2$이다.

양변을 전개하여 정리하면

$b^2 - 2b + 2 = b^2 + 4b + 20$, $b = -3$

따라서 $a+b = 0 + (-3) = -3$

004_ 답 6

$A(2)$, $B(x)$에 대하여 선분 AB를 $3:1$로 내분하는 점의 좌표

는 $\dfrac{3 \times x + 1 \times 2}{3+1} = 5$이다.

$\dfrac{3x+2}{4} = 5$, $3x+2 = 20$

$3x = 18$, $x = 6$

005_ 답 4

선분 AB를 $2:3$으로 외분하는 점의 좌표는

$\dfrac{2 \times 3 - 3 \times x}{2-3} = 6$, $\dfrac{6-3x}{-1} = 6$

$6-3x = -6$, $3x = 12$, $x = 4$

006_ 답 ②

선분 AB의 중점은 선분 AB를 $1:1$로 내분하는 점이므로

좌표는 $\left(\dfrac{1 \times (-3) + 1 \times (-1)}{1+1}, \dfrac{1 \times 7 + 1 \times 3}{1+1} \right)$

즉, $(-2, 5)$이다.

따라서 $a=-2$, $b=5$이므로 $ab = (-2) \times 5 = -10$

007_ 답 (1) $P\left(\dfrac{1}{3}, -2 \right)$ (2) $Q(-13, -10)$

(1) 선분 AB를 $1:2$로 내분하는 점 P의 좌표는

    $P\left(\dfrac{1 \times (-3) + 2 \times 2}{1+2}, \dfrac{1 \times (-4) + 2 \times (-1)}{1+2} \right)$

    즉, $P\left(\dfrac{1}{3}, -2 \right)$

(2) 선분 AB를 $3:2$로 외분하는 점 Q의 좌표는

    $Q\left(\dfrac{3 \times (-3) - 2 \times 2}{3-2}, \dfrac{3 \times (-4) - 2 \times (-1)}{3-2} \right)$

    즉, $Q(-13, -10)$

008_ 답 ③

두 점 $A(a, 6)$, $B(b, a)$를 이은 선분 AB를 $1:2$로 외분하는

점 P의 좌표는 $\left(\dfrac{1 \times b - 2 \times a}{1-2}, \dfrac{1 \times a - 2 \times 6}{1-2} \right)$이다.

즉, $\dfrac{1 \times b - 2 \times a}{1-2} = -9$,

$\dfrac{1 \times a - 2 \times 6}{1-2} = 4$

$\dfrac{b-2a}{-1} = -9$, $\dfrac{a-12}{-1} = 4$

$b-2a = 9$, $a-12 = -4$

따라서 $a=8$, $b=25$이므로

$a+b = 8 + 25 = 33$

009_ 답 ③

두 점 $A(3, a)$, $B(b, 6)$을 이은 선분 AB를 $1:3$으로 내분하는

점의 좌표는 $\left(\dfrac{1 \times b + 3 \times 3}{1+3}, \dfrac{1 \times 6 + 3 \times a}{1+3} \right)$이다.

$\dfrac{1 \times b + 3 \times 3}{1+3} = 4$, $\dfrac{1 \times 6 + 3 \times a}{1+3} = 6$

$b+9 = 16$, $6+3a = 24$

따라서 $a=6$, $b=7$이므로 $a+b = 6+7 = 13$

010_ 답 ②

사각형 ABCD가 평행사변형이므로 두 대각선 AC와 BD의 중점이 일치한다.

선분 AC의 중점의 좌표는 $\left(\dfrac{2+6}{2}, \dfrac{4+b}{2}\right)$이고,

선분 BD의 중점의 좌표는 $\left(\dfrac{6+a}{2}, \dfrac{3+5}{2}\right)$이다.

두 점이 일치해야 하므로 $4=\dfrac{6+a}{2}$, $\dfrac{4+b}{2}=4$이다.

$8=6+a$, $8=4+b$

$a=2$, $b=4$

따라서 $ab=2\times4=8$

011_ 답 ④

무게중심 G의 좌표는 $G\left(\dfrac{3+3+0}{3}, \dfrac{0+6+0}{3}\right)$이므로

$G(2, 2)$이다.

따라서 $a=2$, $b=2$이므로 $ab=2\times2=4$

012_ 답 ⑤

무게중심 G의 x좌표는 $\dfrac{-3+1+(-7)}{3}=-3$이고,

y좌표는 $\dfrac{2+(-4)+5}{3}=1$이다.

따라서 무게중심 G의 좌표는 $(-3, 1)$이다.

013_ 답 ④

$\dfrac{1+0+2a}{3}=1$, $\dfrac{a+0+2b}{3}=3$이므로

$1+2a=3$, $a+2b=9$

$2a=2$, $a=1$이므로 $1+2b=9$, $2b=8$, $b=4$

따라서 $a=1$, $b=4$이므로 $ab=1\times4=4$

014_ 답 ①

선분 AM은 삼각형 ABC의 중선이고 이를 $2:1$로 내분하는 점은 삼각형 ABC의 무게중심이다.

구하는 점의 좌표는 $\left(\dfrac{1+3+2}{3}, \dfrac{2+2+8}{3}\right)$, 즉 $(2, 4)$이다.

따라서 $a=2$, $b=4$이므로 $a+b=2+4=6$

015_ 답 ⑤

세 점 $A(x_1, y_1)$, $B(x_2, y_2)$, $C(x_3, y_3)$에 대하여 $\overline{AB}$, $\overline{BC}$, $\overline{CA}$의 중점의 좌표는

$\left(\dfrac{x_1+x_2}{2}, \dfrac{y_1+y_2}{2}\right)$, $\left(\dfrac{x_2+x_3}{2}, \dfrac{y_2+y_3}{2}\right)$, $\left(\dfrac{x_3+x_1}{2}, \dfrac{y_3+y_1}{2}\right)$

삼각형 $A'B'C'$의 무게중심의 좌표는

$$\left(\dfrac{\frac{x_1+x_2}{2}+\frac{x_2+x_3}{2}+\frac{x_3+x_1}{2}}{3}, \dfrac{\frac{y_1+y_2}{2}+\frac{y_2+y_3}{2}+\frac{y_3+y_1}{2}}{3}\right)$$

이므로

$\left(\dfrac{x_1+x_2+x_3}{3}, \dfrac{y_1+y_2+y_3}{3}\right)$이다.

즉, 삼각형 $A'B'C'$의 무게중심 G의 좌표는 삼각형 ABC의 무게중심의 좌표와 같다.

이때 $G\left(\dfrac{1+2+3}{3}, \dfrac{2+4+3}{3}\right)$이므로 $G(2, 3)$이다.

따라서 $a+b=2+3=5$

016_ 답 ②

기울기가 2이고 점 $(1, 6)$을 지나는 직선의 방정식은

$y-6=2(x-1)$이므로 $y=2x+4$

017_ 답 $y=4x-20$

기울기가 4이고 점 $(5, 0)$을 지나는 직선의 방정식은

$y-0=4(x-5)$이므로 $y=4x-20$

018_ 답 ②

기울기가 -3이고 점 $(2, 4)$를 지나는 직선의 방정식은

$y-4=-3(x-2)$, $y=-3x+6+4$, $y=-3x+10$이다.

이 직선이 점 $A(4, a)$를 지나므로 $x=4$, $y=a$를 대입하면

$a=-3\times4+10=-2$

019_ 답 -2

두 점 $A(0, 2)$, $B(1, 1)$을 지나는 직선의 방정식은

$y-1=\dfrac{1-2}{1-0}(x-1)$이므로 $y-1=\dfrac{-1}{1}(x-1)$

$y-1=-x+1$, $y=-x+2$, 즉 $x+y-2=0$

따라서 $a=1$, $b=-2$이므로 $ab=1\times(-2)=-2$

020_ 답 (1) $x=3$ (2) $y=-1$

(1) 두 점의 x좌표가 같으므로 x축에 수직인 직선이다.
  따라서 $x=3$
(2) 두 점의 y좌표가 같으므로 y축에 수직인 직선이다.
  따라서 $y=-1$

021_ 답 8

두 점 $A(4, 3)$, $B(6, 5)$를 지나는 직선의 방정식은
$y-3=\dfrac{5-3}{6-4}(x-4)$이다.
즉, $y-3=\dfrac{2}{2}(x-4)$, $y-3=x-4$, $y=x-1$
점 $(k, 7)$이 이 직선 위에 있으므로
$x=k$, $y=7$을 대입하면 $7=k-1$
따라서 $k=8$

022_ 답 ③

$2x-3y+3=0$을 y에 관하여 풀면
$-3y=-2x-3$, $y=\dfrac{2}{3}x+1$

023_ 답 -3

연립방정식 $\begin{cases} -2x+y-5=0 & \cdots\cdots ㉠ \\ 3x+2y-3=0 & \cdots\cdots ㉡ \end{cases}$ 에서
㉠은 $y=2x+5$이므로 이를 ㉡에 대입하면
$3x+2(2x+5)-3=0$, $7x+7=0$
$x=-1$, $y=3$이므로 두 직선의 교점의 좌표는 $(-1, 3)$이다.
두 점 $(-1, 3)$, $(1, 2)$를 지나는 직선의 방정식
$y-2=\dfrac{2-3}{1-(-1)}(x-1)$, $y-2=-\dfrac{1}{2}(x-1)$
$y-2=-\dfrac{1}{2}x+\dfrac{1}{2}$, $y=-\dfrac{1}{2}x+\dfrac{5}{2}$
$2y+x-5=0$, $x+2y-5=0$
따라서 $a=2$, $b=-5$이므로 $a+b=2+(-5)=-3$

024_ 답 ①

제1, 2, 4사분면만을 지나기 위해서는 기울기는 음수, y절편은 양수이어야 한다.
① $x+y=1$은 $y=-x+1$이고 이 직선의 기울기는 -1, y절편은 1이므로 제1, 2, 4사분면만을 지나는 직선이다.

025_ 답 (1) $y=-2x+4$ (2) $y=\dfrac{1}{2}x+\dfrac{3}{2}$

(1) 직선 $2x+y=1$, 즉 $y=-2x+1$의 기울기가 -2이므로 구하는 직선의 방정식을 $y=-2x+b$로 놓을 수 있다.
  점 $(1, 2)$를 지나므로 $x=1$, $y=2$를 대입하면 $2=-2+b$
  따라서 $b=4$이므로 $y=-2x+4$
(2) 직선 $2x+y=1$, 즉 $y=-2x+1$에 수직이므로 구하는 직선의 기울기는 $\dfrac{1}{2}$이다.
  즉, 구하는 직선의 방정식을 $y=\dfrac{1}{2}x+b$로 놓을 수 있다.
  점 $(1, 2)$를 지나므로 $x=1$, $y=2$를 대입하면 $2=\dfrac{1}{2}+b$
  따라서 $b=\dfrac{3}{2}$이므로 $y=\dfrac{1}{2}x+\dfrac{3}{2}$

026_ 답 $y=\dfrac{1}{2}x-1$

두 점 $A(1, 2)$와 $B(3, -2)$를 지나는 직선의 기울기는
$\dfrac{-2-2}{3-1}=-2$이므로 선분 AB의 수직이등분선의 기울기는 $\dfrac{1}{2}$이다.
또한 선분 AB의 중점 $(2, 0)$을 지나므로 선분 AB의 수직이등분선의 방정식은 $y-0=\dfrac{1}{2}(x-2)$, $y=\dfrac{1}{2}x-1$이다.

027_ 답 ①

두 직선이 평행하려면 기울기가 같고 y절편이 달라야 한다.
$x-3y+1=0$은 $y=\dfrac{1}{3}x+\dfrac{1}{3}$이고
$2x+ay-5=0$은 $y=-\dfrac{2}{a}x+\dfrac{5}{a}$이므로
$\dfrac{1}{3}=-\dfrac{2}{a}$, $\dfrac{1}{3}\neq\dfrac{5}{a}$이다.
따라서 $a=-6$

028_ 답 $\dfrac{1}{2}$

원점 $(0, 0)$과 직선 $6x+8y+5=0$ 사이의 거리 d는
$d=\dfrac{|6\times0+8\times0+5|}{\sqrt{6^2+8^2}}=\dfrac{5}{10}=\dfrac{1}{2}$

029_ 답 ③

점 $(-1, 2)$와 직선 $3x+4y+10=0$ 사이의 거리 d는

$d=\dfrac{|3\times(-1)+4\times2+10|}{\sqrt{3^2+4^2}}=\dfrac{15}{5}=3$

030_ 답 $y=\dfrac{3}{4}x$

원점을 지나는 직선의 방정식을 $y=mx$로 놓을 수 있다.

즉, $mx-y=0$과 점 $(1, 2)$ 사이의 거리를 d라 하면

$d=\dfrac{|m-2|}{\sqrt{m^2+(-1)^2}}=1$

$(m-2)^2=m^2+1,\ m^2-4m+4=m^2+1,$

$-4m=-3,\ m=\dfrac{3}{4}$

따라서 구하는 직선의 방정식은 $y=\dfrac{3}{4}x$

031_ 답 ②

$x=a,\ y=6$을 $3x+2y-6=0$에 대입하면

$3a+12-6=0,\ a=-2$

032_ 답 $\sqrt{13}$

점 $(-2, 6)$과 직선 $3x+2y+7=0$ 사이의 거리를 d라 하면

$d=\dfrac{|3\times(-2)+2\times6+7|}{\sqrt{3^2+2^2}}=\dfrac{13}{\sqrt{13}}=\sqrt{13}$

033_ 답 ④

$y=2x+1,\ y=2x+11$이므로 두 직선은 평행하다.

직선 $y=2x+1$ 위의 점 $(0, 1)$과 직선 $y=2x+11$,

즉 $-2x+y-11=0$ 사이의 거리 d를 구하면 된다.

$d=\dfrac{|(-2)\times0+1\times1-11|}{\sqrt{(-2)^2+1^2}}=\dfrac{10}{\sqrt{5}}=2\sqrt{5}$

034_ 답 (1) $(x+1)^2+(y-3)^2=4$
(2) $(x-4)^2+(y+3)^2=25$

(1) 중심이 $(-1, 3)$이고 반지름의 길이가 2인 원은

$(x+1)^2+(y-3)^2=2^2$이므로

$(x+1)^2+(y-3)^2=4$이다.

(2) 중심이 $(4, -3)$인 원은 $(x-4)^2+(y+3)^2=r^2$이다.

이 원이 원점을 지나므로

$4^2+3^2=r^2,\ r^2=25$

따라서 $(x-4)^2+(y+3)^2=25$

035_ 답 ②

원 $(x-2)^2+(y-a)^2=3^2$은 중심의 좌표가 $(2, a)$이고 반지름의 길이가 3이다. 따라서 $r=3$

점 $(2, a)$가 직선 $y=2x$ 위에 있으므로 $x=2,\ y=a$를 대입하면

$a=2\times2,\ a=4$

따라서 $a+r=4+3=7$

036_ 답 $(3, 6)$

주어진 원의 중심의 좌표가 $(r, 2r)$이고 이 점이 제1사분면 위에 있으므로 $r>0$이다.

이 원의 반지름의 길이가 r이고 원의 둘레의 길이가 6π이므로

$2\pi r=6\pi,\ r=3$

따라서 원의 중심의 좌표는 $(3, 2\times3)$, 즉 $(3, 6)$

037_ 답 ④

구하는 원의 중심은 $\overline{AB}$의 중점이므로 $a=b=1$이다.

또한 지름의 길이는 $\sqrt{(2-0)^2+(0-2)^2}=2\sqrt{2}$이므로

반지름의 길이는 $\sqrt{2}$이다.

구하는 원의 방정식은 $(x-1)^2+(y-1)^2=2$이므로 $c=2$

따라서 $a=1,\ b=1,\ c=2$이므로 $a+b+c=4$

038_ 답 ④

원의 중심이 x축 위에 있으므로 중심의 좌표를 $(a, 0)$이라 할 수 있다.

중심의 좌표가 $(a, 0)$, 반지름의 길이가 r인 원의 방정식은 $(x-a)^2+y^2=r^2$이다.

두 점 $(0, -2),\ (1, 2)$를 각각 지나므로

$a^2+4=r^2,\ (1-a)^2+4=r^2$에서

$a^2+4=(1-a)^2+4$

$a^2+4=1-2a+a^2+4,\ 4-4-1=-2a,\ a=\dfrac{1}{2}$

$r^2=a^2+4=\dfrac{1}{4}+4=\dfrac{17}{4}$

따라서 원의 넓이는 $\pi r^2=\dfrac{17}{4}\pi$

039_ 답 $(x+3)^2+(y-2)^2=9$

원이 y축에 접하므로 중심의 x좌표의 절댓값과 반지름의 길이가 같다. x좌표의 절댓값이 $|-3|=3$이므로 반지름의 길이도 3이다. 주어진 조건을 만족하는 원의 방정식은

$(x+3)^2+(y-2)^2=9$이다.

040_ 답 ③

원의 중심이 직선 $y=2x$ 위에 있으므로 중심의 좌표를 $(t, 2t)$로 놓을 수 있다. 원이 x축에 접하므로 원의 방정식은

$(x-t)^2+(y-2t)^2=(2t)^2$

이 원이 점 $(1, 0)$을 지나므로 $x=1$, $y=0$을 대입하면

$(1-t)^2+(-2t)^2=(2t)^2$, $(1-t)^2=0$, $t=1$

따라서 원의 중심의 좌표는 $(1, 2)$이므로 $a+b=1+2=3$이다.

041_ 답 6

원의 반지름의 길이를 a라 하면 원이 x축에 접하므로 중심의 y좌표의 절댓값은 a와 같다. 그런데 원의 중심이 제1사분면 위에 있으므로 원의 중심의 y좌표는 a가 된다.

마찬가지로 원의 중심의 x좌표도 a가 된다.

즉, 원의 중심의 좌표가 (a, a)이고 반지름의 길이가 a이므로

$(x-a)^2+(y-a)^2=a^2$

이 원이 점 $(1, 2)$를 지나므로 $x=1$, $y=2$를 대입하면

$(1-a)^2+(2-a)^2=a^2$이다.

$1-2a+a^2+4-4a+a^2=a^2$, $a^2-6a+5=0$

$(a-1)(a-5)=0$, $a=5$ 또는 $a=1$

따라서 두 원의 반지름의 길이의 합은 6이다.

042_ 답 $k=0$ 또는 $k=1$

$(x-1)^2+(y-3)^2=k^2-k$가 한 점을 나타내기 위해서는

$k^2-k=0$이어야 한다. $k(k-1)=0$

따라서 $k=0$ 또는 $k=1$

043_ 답 원의 중심 : $(1, -3)$, 반지름의 길이 : 4

$x^2+y^2-2x+6y-6=0$을 변형하면

$x^2-2x+1+y^2+6y+9=16$

$(x-1)^2+(y+3)^2=16$이다.

따라서 원의 중심은 $(1, -3)$이고 반지름의 길이는 4

044_ 답 12

$x^2+y^2+4x-6y+k=0$을 변형하면

$x^2+4x+4+y^2-6y+9=13-k$

$(x+2)^2+(y-3)^2=13-k$이므로 원이 되려면

$13-k>0$, $k<13$이다.

따라서 이를 만족하는 자연수 k의 최댓값은 12이다.

045_ 답 (1) 서로 다른 두 점에서 만난다.
(2) 만나지 않는다.

(1) 원의 중심 $(0, 0)$과 직선 $x+2y=1$, 즉 $x+2y-1=0$ 사이의 거리 d는 $d=\dfrac{1}{\sqrt{1^2+2^2}}=\dfrac{\sqrt{5}}{5}$이고 반지름의 길이 r는 $\sqrt{5}$이다.

$d<r$이므로 원과 직선은 서로 다른 두 점에서 만난다.

(2) 원의 중심 $(0, 0)$과 직선 $y=-x+6$, 즉 $x+y-6=0$ 사이의 거리 d는 $d=\dfrac{6}{\sqrt{1^2+1^2}}=3\sqrt{2}$이고 원의 반지름의 길이 r는 3 이다.

$d>r$이므로 원과 직선은 만나지 않는다.

046_ 답 $2\sqrt{5}$

두 도형의 방정식을 연립하면

$x^2+(2x+k)^2-4=0$, $5x^2+4kx+k^2-4=0$이다.

두 도형이 한 점에서 만나므로

이 이차방정식의 판별식 D에 대하여 $D=0$이어야 한다.

$D=(4k)^2-4\times5\times(k^2-4)=0$, $-k^2+20=0$, $k^2=20$

$k>0$이므로 $k=2\sqrt{5}$

047_ 답 ④

원 $x^2+y^2=9$와 직선 $y=x+a$를 연립하면

$x^2+(x+a)^2=9$, $2x^2+2ax+a^2-9=0$ …… ㉠

원과 직선이 서로 다른 두 점에서 만나므로 ㉠의 판별식 $D>0$이 어야 한다.

$D=(2a)^2-4\times2\times(a^2-9)>0$, $4a^2-8a^2+72>0$

$-4a^2>-72$, $a^2<18$

따라서 이를 만족하는 자연수 a는 1, 2, 3, 4이므로 4개이다.

048_ 답 ④

점 $(1, 0)$과 점 $(0, 0)$ 사이의 거리가 1이므로 원의 반지름의 길이는 1이다.

따라서 원의 방정식은 $(x-1)^2+y^2=1$이다. $y=2x+a$를 대입하면 $(x-1)^2+(2x+a)^2=1$

$x^2-2x+1+4x^2+4ax+a^2=1$

$5x^2+(-2+4a)x+a^2=0$ …… ㉠

직선이 원에 접하므로 ㉠의 판별식 $D=0$이어야 한다.

$D=(-2+4a)^2-4\times5\times a^2=0$

$4-16a+16a^2-20a^2=0$, $-4a^2-16a+4=0$

이 이차방정식의 서로 다른 두 실근을 가지므로 두 근의 합은 근과 계수의 관계에서 $-\dfrac{-16}{-4}=-4$

049_ 답 ④

원의 중심의 좌표가 $(2, -1)$이므로

원의 중심과 직선 $-3x+4y-12=0$ 사이의 거리 d는

$d=\dfrac{|-3\times 2+4\times(-1)-12|}{\sqrt{(-3)^2+4^2}}=\dfrac{22}{5}$

이때 원과 직선이 만나지 않기 위해서는 $d>r$이어야 한다.

따라서 $r<\dfrac{22}{5}$이므로 자연수 r의 최댓값은 4이다.

050_ 답 (1) $y=-3x\pm2\sqrt{10}$　　(2) $y=2x\pm3\sqrt{5}$

(1) $r=2$, $m=-3$이므로 주어진 조건을 만족하는 직선의 방정식
은 $y=-3x\pm2\sqrt{10}$

(2) $r=3$, $m=2$이므로 주어진 조건을 만족하는 직선의 방정식은
$y=2x\pm3\sqrt{5}$

051_ 답 ②

$r=2$, $m=-1$이므로 주어진 조건을 만족하는 직선의 방정식은
$y=-x\pm2\sqrt{2}$이다. $x=\sqrt{2}$이면 $y=-\sqrt{2}\pm2\sqrt{2}$이므로
점 $(\sqrt{2}, \sqrt{2})$ 또는 점 $(\sqrt{2}, -3\sqrt{2})$를 지난다.

따라서 보기 중 이 직선 위에 있지 않은 점의 좌표는
$(\sqrt{2}, -\sqrt{2})$

052_ 답 ⑤

원 $x^2+y^2=25$에 접하고 기울기가 2인 접선의 방정식은
$y=2x\pm5\sqrt{2^2+1}$, 즉 $y=2x+5\sqrt{5}$, $y=2x-5\sqrt{5}$이다.

직선 $y=2x+5\sqrt{5}$의 x절편은

$0=2x+5\sqrt{5}$에서 $x=-\dfrac{5\sqrt{5}}{2}$

직선 $y=2x-5\sqrt{5}$의 x절편은

$0=2x-5\sqrt{5}$에서 $x=\dfrac{5\sqrt{5}}{2}$

따라서 두 접선의 x절편의 곱은 $-\dfrac{5\sqrt{5}}{2}\times\dfrac{5\sqrt{5}}{2}=-\dfrac{125}{4}$

053_ 답 ④

직선 $x+3y+2=0$, 즉 $y=-\dfrac{1}{3}x-\dfrac{2}{3}$의 기울기가 $-\dfrac{1}{3}$이므로
이와 수직인 직선의 기울기는 3이다.

$r=1$이고 $m=3$이므로 주어진 조건을 만족하는 직선의 방정식
은 $y=3x\pm\sqrt{10}$이다.

따라서 $-3x+y\pm\sqrt{10}=0$에서 $a=-3$, $b=\pm\sqrt{10}$이므로
$a^2+b^2=(-3)^2+(\pm\sqrt{10})^2=9+10=19$

054_ 답 ③

직선 $y=-\dfrac{1}{2}x+3$과 수직인 직선의 기울기는 2이다.

기울기가 2이고 원 $x^2+y^2=1$에 접하는 직선의 방정식은
$y=2x\pm1\times\sqrt{2^2+1}$, $y=2x\pm\sqrt{5}$이다.

이 중 y절편이 양수인 직선은 $y=2x+\sqrt{5}$이고

이 직선이 점 $(\sqrt{5}, a)$를 지나므로 $x=\sqrt{5}$, $y=a$를 대입하면
$a=2\sqrt{5}+\sqrt{5}=3\sqrt{5}$

055_ 답 (1) $2x+y=5$　　(2) $\sqrt{2}x+\sqrt{3}y=5$

056_ 답 $\left(0, \dfrac{10}{3}\right)$

$x^2+y^2=10$ 위의 점 $(1, 3)$에서의 접선의 방정식은 $x+3y=10$
이고 점 $(-1, 3)$에서의 접선의 방정식은 $-x+3y=10$이다.

두 접선이 만나는 점의 좌표를 구하기 위해서 두 식을 연립하여

풀면 $x=0$, $y=\dfrac{10}{3}$이다.

따라서 두 접선이 만나는 점의 좌표는 $\left(0, \dfrac{10}{3}\right)$이다.

057_ 답 ②

원 $x^2+y^2=8$ 위에 점 $(2, a)$가 있으므로 $x=2$, $y=a$를 대입하
면 $4+a^2=8$, $a^2=4$

따라서 $a=\pm2$

(i) $a=2$일 때, 점 $(2, 2)$에서의 접선의 방정식은
$2x+2y=8$, $x+y=4$이므로 $b=1$, $c=4$

(ii) $a=-2$일 때, 점 $(2, -2)$에서의 접선의 방정식은
$2x-2y=8$, $x-y=4$이므로 $b=-1$, $c=4$

따라서 어느 경우나 $abc=8$

058_ 답 ③

점 (a, b)에서의 접선의 방정식은 $ax+by=20$이므로

기울기는 $-\dfrac{a}{b}$이고 $-\dfrac{a}{b}=3$, $a=-3b$　　……　㉠

한편, 점 (a, b)는 원 $x^2+y^2=20$ 위의 점이므로

$a^2+b^2=20$　　……　㉡

㉠을 ㉡에 대입하면 $(-3b)^2+b^2=20$

$10b^2=20$, $b^2=2$

따라서 $ab=(-3b)\times b=-3b^2=(-3)\times2=-6$

059_ 답 $\sqrt{3}x+y=4$, $-\sqrt{3}x+y=4$

점 $(0, 4)$에서 원 $x^2+y^2=4$에 그은 접선의 접점을 (x_1, y_1)이라

하면 접선의 방정식은 $x_1x+y_1y=4$이다.

접선이 점 $(0, 4)$를 지나므로

$x_1 \times 0+y_1 \times 4=4$, $y_1=1$ ...... ㉠

점 (x_1, y_1)이 원 $x^2+y^2=4$ 위에 있으므로

$x_1^2+y_1^2=4$ ...... ㉡

㉠을 ㉡에 대입하면 $x_1^2=3$, $x_1=\pm\sqrt{3}$

따라서 접선의 방정식은 $\sqrt{3}x+y=4$, $-\sqrt{3}x+y=4$

060_ 답 ①

원 위의 접점을 (x_1, y_1)이라 하면 접선의 방정식은

$x_1x+y_1y=1$이다.

접선이 점 $(2, 1)$을 지나므로

$2x_1+y_1=1$, $y_1=1-2x_1$ ...... ㉠

점 (x_1, y_1)이 원 $x^2+y^2=1$ 위에 있으므로

$x_1^2+y_1^2=1$ ...... ㉡

㉠을 ㉡에 대입하면

$x_1^2+(1-2x_1)^2=1$, $5x_1^2-4x_1=0$, $x_1(5x_1-4)=0$

$x_1=0$, $y_1=1$ 또는 $x_1=\dfrac{4}{5}$, $y_1=-\dfrac{3}{5}$이다.

따라서 접선의 방정식은 $y=1$, $4x-3y=5$이고

이 중 제1, 3, 4사분면을 지나는 것은 $4x-3y=5$

즉, $4x-3y-5=0$이다.

따라서 $a=-3$, $b=-5$이므로

$a+b=(-3)+(-5)=-8$

061_ 답 ②

원 위의 접점의 좌표를 (x_1, y_1)이라 하면 접선의 방정식은

$x_1x+y_1y=2$

접선이 점 $(1, 3)$을 지나므로

$x_1 \times 1+y_1 \times 3=2$, $x_1+3y_1=2$ ...... ㉠

또한 점 (x_1, y_1)이 원 위에 있으므로

$x_1^2+y_1^2=2$ ...... ㉡

㉠에서 $x_1=2-3y_1$이고 이를 ㉡에 대입하면 $(2-3y_1)^2+y_1^2=2$

$9y_1^2-12y_1+4+y_1^2=2$, $10y_1^2-12y_1+2=0$

이차방정식의 두 실근은 접점의 y좌표이므로

그 합은 $-\dfrac{-12}{10}=\dfrac{6}{5}$

062_ 답 (1) $(-3, 7)$ (2) $(0, 4)$

(1) $(-1-2, 4+3)$이므로 $(-3, 7)$이다.

(2) $(2-2, 1+3)$이므로 $(0, 4)$이다.

063_ 답 $(x-3)^2+(y+2)^2=4$

주어진 원의 방정식에 x 대신 $x-3$, y 대신 $y+2$를 대입하면

$(x-3)^2+(y+2)^2=4$이다.

064_ 답 ①

직선 $2x-y+1=0$을 x축의 방향으로 1만큼, y축의 방향으로

-2만큼 평행이동시키면

$2(x-1)-(y+2)+1=0$이다.

이 직선이 점 $(2, k)$를 지나므로

$x=2$, $y=k$를 대입하면

$2(2-1)-(k+2)+1=0$

$2-k-1=0$, $k=1$

065_ 답 ②

직선 $4x-3y+1=0$을 x축의 방향으로 a만큼 평행이동한 직선

의 방정식은 $4(x-a)-3y+1=0$, 즉 $4x-3y-4a+1=0$이

다. 이 직선이 원에 접하므로 원의 중심 $(-1, 2)$와 직선과의 거

리가 원의 반지름의 길이 5와 같아야 한다.

$$\dfrac{|-4-6-4a+1|}{\sqrt{4^2+(-3)^2}}=5$$

$|9+4a|=25$이므로

$9+4a=25$일 때 $a=4$

$9+4a=-25$일 때 $a=-\dfrac{17}{2}$

따라서 가능한 실수 a의 값의 곱은 $4 \times \left(-\dfrac{17}{2}\right)=-34$

066_ 답 ⑤

원 $x^2+(y+1)^2=6$을 원 $(x-2)^2+(y-2)^2=6$으로 옮기는 평

행이동은 원의 중심을 $(0, -1)$에서 $(2, 2)$로 옮긴다.

즉, x축의 방향으로 2만큼, y축의 방향으로 3만큼 평행이동한 것

이다.

구하는 직선의 방정식은

$(x-2)+2(y-3)+1=0$

즉, $x+2y-7=0$이다.

따라서 $a=2$, $b=-7$이므로 $a+b=2+(-7)=-5$

067_ 답 (1) x축 : $(-1, -3)$, y축 : $(1, 3)$, 원점 : $(1, -3)$

(2) x축 : $(2, -3)$, y축 : $(-2, 3)$, 원점 : $(-2, -3)$

(1) 점 $(-1, 3)$을 x축에 대하여 대칭이동한 점의 좌표는
$(-1, -3)$

y축에 대하여 대칭이동한 점의 좌표는 $(1, 3)$

원점에 대하여 대칭이동한 점의 좌표는 $(1, -3)$

(2) 점 $(2, 3)$을 x축에 대하여 대칭이동한 점의 좌표는 $(2, -3)$

y축에 대하여 대칭이동한 점의 좌표는 $(-2, 3)$

원점에 대하여 대칭이동한 점의 좌표는 $(-2, -3)$

068_ 답 (1) x축 : $y=-2x+1$,

y축 : $y=-2x-1$,

원점 : $y=2x+1$

(2) x축 : $x^2+y^2+2x-4=0$,

y축 : $x^2+y^2-2x-4=0$,

원점 : $x^2+y^2-2x-4=0$

(1) 방정식 $y=2x-1$을 x축에 대하여 대칭이동한 도형의 방정식은
$-y=2x-1$, $y=-2x+1$

y축에 대하여 대칭이동한 도형의 방정식은 $y=-2x-1$

원점에 대하여 대칭이동한 도형의 방정식은
$-y=-2x-1$, $y=2x+1$

(2) 방정식 $x^2+y^2+2x-4=0$을 x축에 대하여 대칭이동한 도형
의 방정식은 $x^2+(-y)^2+2x-4=0$, $x^2+y^2+2x-4=0$

y축에 대하여 대칭이동한 도형의 방정식은
$(-x)^2+y^2+2\times(-x)-4=0$, $x^2+y^2-2x-4=0$

원점에 대하여 대칭이동한 도형의 방정식은
$(-x)^2+(-y)^2+2\times(-x)-4=0$, $x^2+y^2-2x-4=0$

069_ 답 ⑤

$B(-1, 2)$이고 $C(2, -1)$이다.

따라서 $\overline{BC}=\sqrt{(-1-2)^2+\{2-(-1)\}^2}=3\sqrt{2}$

070_ 답 $P(-3, 1)$

점 P의 좌표를 (a, b)라 하자.

이를 x축에 대하여 대칭이동한 점의 좌표는 $(a, -b)$이고

이를 다시 y축에 대하여 대칭이동한 점의 좌표는 $(-a, -b)$
이다.

$3=-a$, $-1=-b$이므로 $a=-3$, $b=1$

따라서 $P(-3, 1)$

071_ 답 ②

직선 $2x+y-1=0$을 직선 $y=x$에 대하여 대칭이동한 직선의
방정식은 $2y+x-1=0$이다.

이를 원점에 대하여 대칭이동하면 $-2y-x-1=0$이다.

이 직선이 점 $(3, k)$를 지나므로 $-2k-3-1=0$, $2k=-4$

따라서 $k=-2$

072_ 답 (1) $y<2x+1$

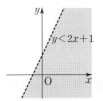

(2) $y>x^2+x$

(1) $y<2x+1$의 영역은 $y=2x+1$의 그래프의 아랫부분이다.

(2) $y>x^2+x$의 영역은 $y=x^2+x$의 그래프의 윗부분이다.

073_ 답 1

점 $(1, a)$는 직선 $y=x+1$의 아랫부분에 있으므로 $y<x+1$을
만족해야 한다. 따라서 $a<1+1$, $a<2$이다.

점 $(-2a, -3)$은 직선 $y=2x-1$의 윗부분에 있으므로
$y>2x-1$을 만족해야 한다.

따라서 $-3>2\times(-2a)-1$, $\dfrac{1}{2}<a$이다.

그러므로 $\dfrac{1}{2}<a<2$를 만족하는 정수는 1뿐이므로 개수는 1
이다.

074_ 답 $k<-4$ 또는 $k>1$

점 $(k, 2)$가 포물선 $y=x^2+3x-2$의 아랫부분에 있으므로
$y<x^2+3x-2$를 만족해야 한다. 따라서 $2<k^2+3k-2$

$k^2+3k-4>0$, $(k+4)(k-1)>0$

따라서 $k<-4$ 또는 $k>1$

075_ 답 (1)

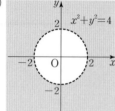

(2)

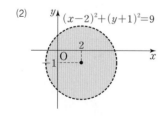

(1) $x^2+y^2>4$의 영역은 $x^2+y^2=4$의 외부이다.

(2) $(x-2)^2+(y+1)^2<9$의 영역은 $(x-2)^2+(y+1)^2=9$의 영역의 내부이다.

076_ 답 $(x-3)^2+(y-2)^2<1$

원의 중심의 좌표가 $(3, 2)$이고 반지름의 길이가 1이므로 원의 방정식은 $(x-3)^2+(y-2)^2=1$이다.

주어진 영역이 원의 내부이므로 $(x-3)^2+(y-2)^2<1$이다.

077_ 답 풀이 참조

연립부등식 $\begin{cases} y<2x+4 \\ y>-x-1 \end{cases}$ 의 영역은 $y=2x+4$의 그래프의 아랫부분과 $y=-x-1$의 그래프의 윗부분에 해당하므로 다음 그림과 같이 좌표평면 위에 나타낼 수 있다.

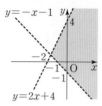

078_ 답 ②

연립부등식 $\begin{cases} y\geq2x \\ y\leq-x+3 \end{cases}$ 에 해당하는 영역 중에서 제1사분면에 있는 영역을 좌표평면에 표시하면 다음과 같다.

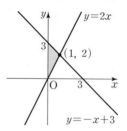

두 직선 $y=2x$, $y=-x+3$의 교점의 좌표가 $(1, 2)$이므로 구하는 넓이는 $\dfrac{1}{2}\times3\times1=\dfrac{3}{2}$이다.

079_ 답 ④

포물선이 점 $(-1, 1)$을 지나므로 $x=-1$, $y=1$을 $y=ax^2$에 대입하면

$1=a\times(-1)^2$, $a=1$

또한 직선이 점 $(-1, 1)$과 점 $(2, 4)$를 지나므로 직선의 방정식은 $y-1=\dfrac{4-1}{2-(-1)}\{x-(-1)\}$

$y-1=x+1$, $y=x+2$이므로 $b=1$, $c=2$이다.

따라서 $a+b+c=1+1+2=4$

080_ 답 $\begin{cases} y\leq x^2 \\ y\leq x+2 \end{cases}$

포물선의 아랫부분이면서 동시에 직선의 아랫부분이므로 구하는 연립부등식은 $\begin{cases} y\leq x^2 \\ y\leq x+2 \end{cases}$ 이다.

081_ 답 ③

부등식 $(x+1)^2+y^2\leq9$의 영역은 중심이 $(-1, 0)$이고 반지름의 길이가 3인 원의 내부이고, 부등식 $x+y\leq-1$의 영역은 직선 $x+y=-1$의 아랫부분이다.

한편 직선 $x+y=-1$은 원의 중심을 지나므로 주어진 연립부등식의 영역은 다음 그림과 같이 반원이 된다.

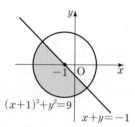

따라서 구하는 영역의 넓이는 $\dfrac{9}{2}\pi$이다.

082_ 답 풀이 참조

① $\begin{cases} x+2y-1>0 \\ 2x-y+3>0 \end{cases}$ 또는 ② $\begin{cases} x+2y-1<0 \\ 2x-y+3<0 \end{cases}$

이므로 다음 그림과 같다.

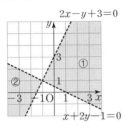

083_ 답 ④

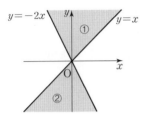

①의 영역은 $y \geq x$이고 $y \geq -2x$이다.
즉, ①의 영역은 $y-x \geq 0$이고 $y+2x \geq 0$이다.
②의 영역은 $y \leq x$이고 $y \leq -2x$이다.
즉, ②의 영역은 $y-x \leq 0$이고 $y+2x \leq 0$이다.
두 영역의 합집합이므로 색칠한 영역을 나타내는 식은
$(y-x)(y+2x) \geq 0$이다.

084_ 답 ①

점 $(3, 0)$과 $\left(0, \dfrac{3}{2}\right)$을 지나는 직선의 방정식은

$y-0 = \dfrac{0-\dfrac{3}{2}}{3-0}(x-3)$

$y = -\dfrac{1}{2}(x-3)$

$x+2y-3=0$이므로 $a=2, b=-3$
한편 원이 x축에 접하고 있으므로
중심의 y좌표는 반지름의 길이와 같다. 즉, $c=2$
원의 방정식은 $(x-1)^2+(y-2)^2=4$
따라서 $a=2, b=-3, c=2$이므로
$a+b+c=2+(-3)+2=1$

085_ 답 $(x+2y-3)\{(x-1)^2+(y-2)^2-4\}<0$

영역의 경계를 나타내는 원과 직선의 방정식은 각각
$x+2y-3=0, (x-1)^2+(y-2)^2=4$이다.

$\begin{cases} x+2y-3>0 \\ (x-1)^2+(y-1)^2-4<0 \end{cases}$ 또는 $\begin{cases} x+2y-3<0 \\ (x-1)^2+(y-1)^2-4>0 \end{cases}$

이므로 구하는 부등식은
$(x+2y-3)\{(x-1)^2+(y-2)^2-4\}<0$이다.

086_ 답 ①

주어진 영역의 경계는 원 $x^2+y^2=4$와 포물선 $y=x^2$이고,
경계선을 포함하지 않으므로

$\begin{cases} y-x^2>0 \\ x^2+y^2-4>0 \end{cases}$ 또는 $\begin{cases} y-x^2<0 \\ x^2+y^2-4<0 \end{cases}$

이므로 구하는 부등식은 $(y-x^2)(x^2+y^2-4)>0$이다.

087_ 답 풀이 참조

연립방정식 $\begin{cases} x+2y=6 \\ 2x+y=9 \end{cases}$의 해는 $(4, 1)$이므로

연립부등식 $\begin{cases} x+2y \leq 6 \\ 2x+y \leq 9 \end{cases}$의 영역을 좌표평면 위에 나타내면 다음과 같다.

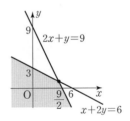

088_ 답 5

주어진 영역과 만나는 $x+y=k$의 그래프에 대하여 k의 값이 최대가 될 때를 고려하면 된다.
다음 그림과 같이 점 $(4, 1)$을 지날 때 k의 값이 최대이므로
$k=4+1=5$가 된다.
즉, 최댓값은 5

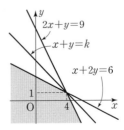

089_ 답 ⑤

연립부등식의 영역을 표시하면 다음와 같다.

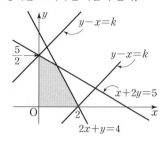

$y-x=k$라 하면 점 $\left(0, \dfrac{5}{2}\right)$와 $(2, 0)$을 지날 때 각각 k의 값이 최대, 최소가 된다.

따라서 최댓값은 $M=\dfrac{5}{2}-0=\dfrac{5}{2}$이고,

최솟값은 $m=0-2=-2$이므로

$Mm=\dfrac{5}{2}\times(-2)=-5$

090_ 답 최댓값 : 1, 최솟값 : $-\sqrt{10}$

연립부등식의 영역을 좌표평면 위에 나타내면 다음과 같다.

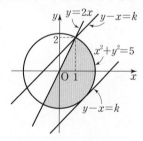

$y-x=k$라 하면 점 $(1, 2)$를 지날 때 k의 값이 최대가 되므로

$x=1$, $y=2$를 대입하면

$2-1=k$, $k=1$

따라서 최댓값은 1이다.

또 원과 제4사분면에서 접할 때 k의 값이 최소가 되므로

$y=x+k$를 $x^2+y^2=5$에 대입하면

$x^2+(x+k)^2=5$

$2x^2+2kx+k^2-5=0$의 판별식 $D=0$이어야 한다.

$D=(2k)^2-4\times2\times(k^2-5)=0$

$4k^2-8k^2+40=0$, $k^2=10$이므로

$k=\pm\sqrt{10}$

그런데 제4사분면에서 접하므로 $k=-\sqrt{10}$

즉, 최솟값은 $-\sqrt{10}$이다.

091_ 답 ⑤

A를 x개, B를 y개 생산한다고 하면 다음과 같은 연립부등식이 성립한다.

$8x+3y\leq17$, $3x+2y\leq9$, $x\geq0$, $y\geq0$

한편, 이익은 $(2x+y)$만 원이므로

주어진 연립부등식의 영역에서

$2x+y=k$의 최댓값을 구하면 된다.

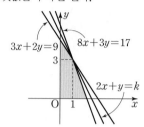

두 직선 $8x+3y=17$, $3x+2y=9$의 교점의 좌표가 $(1, 3)$이므로 $2x+y=k$는 점 $(1, 3)$을 지날 때 k의 값이 최대가 된다.

따라서 최댓값은 $2\times1+3=5$

그러므로 하루에 얻을 수 있는 최대 이익은 5만 원이다.

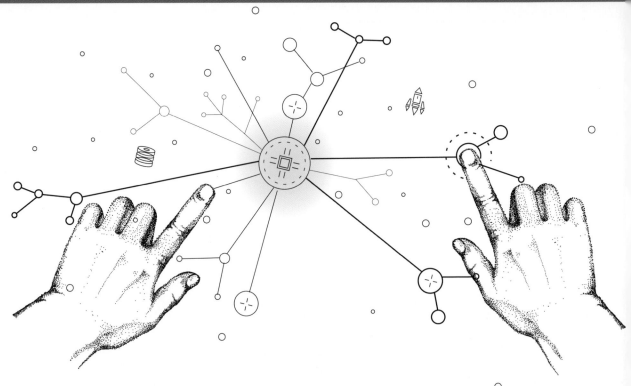

고등
예비
과정

개정 교육과정
새 교과서 반영

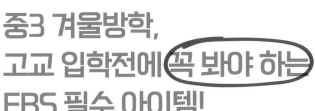

중3 겨울방학,
고교 입학전에 꼭 봐야 하는
EBS 필수 아이템!

–고등학교 새 학년에 배우는 **주요 개념들을 일목요연하게 정리**

–**단기간에 쉽게** 학습할 수 있도록 구성

–학교 시험에 쉽게 적응할 수 있는 필수 유형

–내신 대비 서술형·주관식 문항 강화

국어 / 수학 / 영어 / 사회 / 과학 / 한국사

수능, 모의평가, 학력평가에서 뽑은

800개의 핵심 기출 문장으로

중학 영어에서 **수능 영어로**

수능

학력평가

모의평가

업그레이드!